Werkstoff-Forschung und -Technik
Herausgegeben von B. Ilschner
Band 2

M. Schlimmer

Zeitabhängiges mechanisches Werkstoffverhalten

Grundlagen, Experimente, Rechenverfahren für die Praxis

Mit 112 Abbildungen

Springer-Verlag
Berlin Heidelberg New York Tokyo 1984

Dr.-Ing. Michael Schlimmer
Privatdozent, Laboratorium für Werkstoff- und Fügetechnik
Fachbereich 10 – Maschinentechnik I
Universität-Gesamthochschule Paderborn

Dr. rer. nat. Bernhard Ilschner
Professor, Laboratoire de Métallurgie Méchanique
Département des Matériaux
Ecole Polytechnique Fédérale de Lausanne/Schweiz

CIP-Kurztitelaufnahme der Deutschen Bibliothek
Schlimmer, Michael:
Zeitabhängiges mechanisches Werkstoffverhalten:
Grundlagen, Experimente, Rechenverfahren für d. Praxis/M. Schlimmer. –
Berlin; Heidelberg; New York; Tokyo: Springer, 1984.
(Werkstoff-Forschung und -Technik; Bd. 2)

ISBN-13:978-3-540-13648-4   e-ISBN-13:978-3-642-82333-6
DOI: 10.1007/978-3-642-82333-6

NE: GT

Geleitwort des Herausgebers

Die neue Buchreihe "WFT/Werkstoff-Forschung und -Technik" wendet sich an Ingenieure, die Werkstoffe herstellen, verarbeiten, anwenden und prüfen, an Hüttenleute, Metallkundler, Keramiker, an Maschinen- und Fahrzeugbauer, an Physiker und Chemiker mit dem Arbeitsschwerpunkt "Festkörper" und schließlich an Studierende mit diesen Berufsperspektiven.

"WFT" ist zwar neu, hat aber einen traditionsreichen Vorläufer: die von Werner Köster über mehrere Jahrzehnte hinweg herausgeberisch betreute Reihe "Reine und Angewandte Metallkunde in Einzeldarstellungen". Aus ihr ist 1980 die für den internationalen Buchmarkt bestimmte englischsprachige Reihe "MRE/Materials Research and Engineering" hervorgegangen, die inzwischen neben dem Unterzeichner in Professor N.J. Grant vom Massachusetts Institute of Technology einen amerikanischen Mitherausgeber erhalten hat.

Bald nach Erscheinen der ersten Bände wurde aber der Wunsch laut, die Tradition der alten metallkundlichen Reihe des Springer-Verlages auch für denjenigen Leserkreis weiterzuführen, der deutschsprachige Fachliteratur bevorzugt. Dieser Kreis ist zwar zahlenmäßig kleiner als der für englischsprachige Veröffentlichungen, sein Gewicht als Träger großer und fortschrittlicher Entwicklungen auf allen Gebieten der Werkstofftechnik rechtfertigt gleichwohl die Herausgabe der neuen Reihe. So wird "WFT/Werkstoff-Forschung und -Technik"

von nun an einschlägige Fachbücher von hohem wissenschaft-
lichen Niveau für den deutschen Sprachraum bereitstellen.

Die meisten der geplanten Bände werden sich mit den physika-
lisch-chemischen Grundlagen des Werkstoffverhaltens, labora-
toriumsmäßigen Meß- und Prüfverfahren sowie modernen Techno-
logien beschäftigen. Um besonderen Qualitätsansprüchen auch
im Hinblick auf die Lesbarkeit gerecht zu werden, kommen in
der Regel nur Abhandlungen "aus einer Hand" in Betracht, also keine Tagungsberichte. Grundlegende Themen mit 'langfristi-
ger Bedeutung werden sich abwechseln mit solchen, die stärker
spezialisiert, aber von hoher Aktualität sind. Metallische,
keramische und Verbundwerkstoffe sollen in gleicher Weise Berücksichtigung finden, während Themen, die klar dem Bereich
der Hochpolymeren zuzuordnen sind, ihren Platz wie bisher in
anderen Reihen des Springer-Verlages haben. Monographien über
die Geschichte der Werkstofftechnik, über die Wechselbeziehun-
gen zwischen Werkstoff und Umwelt sowie Werkstoff und Gesell-
schaft sollen das Themenspektrum abrunden.

Monographische Darstellungen spielen angesichts der gegen-
wärtigen Überflutung mit Einzelinformationen aus regulären
Fachzeitschriften, aus Konferenzberichten und halboffiziellen
Mitteilungsblättern eine besonders wichtige Rolle: Sie bieten
nicht allein aufgelistetes, sondern geistig verarbeitetes
Sachwissen. Sie fassen die wichtigsten Erkenntnisse des jeweils behandelten Themenbereichs aus überlegener Warte zusammen und stellen damit die beste Plattform für weitere wesentliche Schritte dar. Den Autoren, die sich für diese Auf-
gabe zur Verfügung stellen und die sehr viel Arbeit investie-
ren, gebührt der Dank des Herausgebers. Sie dürfen sich aber
auch der Anerkennung durch die Fachwelt - dem Nutznießer
dieser Mühe - gewiß sein.

Lausanne, im März 1984   Bernhard Ilschner

Vorwort

Werkstoffgerechte Stoffgesetze, Stoffgleichungen und An-
strengungskriterien sind Voraussetzungen für den sicheren
Entwurf, die Konstruktion und die Beanspruchbarkeit von
Bauteilen.

In der vorliegenden Schrift werden daher für geschwindigkeitsempfindliche Konstruktionswerkstoffe anwendungsorientierte Beziehungen behandelt, mit denen das mechanische
Verhalten bei ein- und mehrachsiger, isothermer Beanspruchung für zügige Belastung, Kriech- und/oder Spannungsre-
laxationsbedingungen in makroskopischer Betrachtungsweise
formuliert werden kann. Durch geeignete Kombination von
experimentellem Befund und Annahmen über das Werkstoffverhalten lassen sich die zur Beschreibung erforderlichen Kennwerte bzw. -funktionen im allgemeinen aus genormten, einachsigen Versuchen ermitteln. Damit wird auch der Forderung
der Technik nach wirtschaftlicher Werkstoffprüfung entspro-
chen.

Das Buch wendet sich an Konstrukteure, Werkstoffingenieure,
Studierende und jeden anderen, der an dem behandelten Stoff-
gebiet interessiert ist.

Die Arbeit entstand während meiner Tätigkeit am Institut für
Werkstoffkunde der RWTH - Aachen, dessen Direktor, Herrn Prof.
Dr.-Ing. A. Troost, ich für seine wertvollen Anregungen, Ver-

besserungsvorschläge und ganz besonders für seine wissenschaft-
liche Förderung danke. Sie fand ihren Abschluß am Laboratorium
für Werkstoff- und Fügetechnik der Universität - GH - Paderborn.
Dem Leiter des Laboratoriums, Herrn Prof. Dr.-Ing. O. Hahn,
schulde ich Dank für seine Unterstützung.

Die vorliegende Arbeit wurde vom Fachbereich 10 - Maschinentechnik I - der Universität - GH - Paderborn als Habilitations-
schrift mit dem Titel "Mechanisches Verhalten - insbesondere
Werkstoffanstrengung - geschwindigkeitsempfindlicher Konstruktionswerkstoffe bei isothermer Beanspruchung" genehmigt.
Den genannten Herren und Herrn Prof. Dr.-Ing. H. Potente,
Leiter der Kunststofftechnik der Universität - GH - Paderborn,
sei für die Übernahme der Referate gedankt.

Gern bedanke ich mich auch bei Herrn Prof. Dr. rer. nat.
B. Ilschner, dem Herausgeber dieser Buchreihe, und dem
Springer-Verlag, die das Erscheinen dieses Buches ermög-
lichten.

Paderborn, im Mai 1984   Michael Schlimmer

Inhaltsverzeichnis

A Einleitung 1

B Formulierung des mechanischen Werkstoffverhaltens
  bei einachsiger Beanspruchung 4

1. Einachsige Grundversuche 4
   a) Zugversuch mit konstanter Formänderungsge-
      schwindigkeit 6
   b) Kriechversuch mit konstanter, zeitunabhängiger
      Spannung 10
   c) Spannungsrelaxationsversuch mit konstanter,
      zeitunabhängiger Gesamtdehnung 18

2. Zugversuch 25
   a) Fließbeginn 26
   b) Spannung - Verformung - Beziehung 35
   c) Verfestigung 39

3. Kriechversuch 44
   a) Mechanische Modelle 44
   b) Differential- und Integralgleichungen 52
   c) Empirische Kriechgesetze 59

4. Spannungsrelaxationsversuch 64
   a) BURGERS - Modell 64
   b) Integralgleichungen 67
   c) Empirische Ansätze 74

X

5. Mechanische Zustandsgleichung 77
   a) Grundversuche 77
   b) Auswertung von Kriechkurven 86
   c) Anwendungsbeispiele 88

6. Zeitlich veränderliche Beanspruchung 96
   a) Kriech- oder Verfestigungshypothesen 96
   b) Rückkriechen 104
   c) Anwendungsbeispiele 110

C Formulierung des mechanischen Werkstoffverhaltens
  bei mehrachsiger Beanspruchung 125

7. Grundversuche mit überlagertem hydrostatischen
   Druck 127
   a) Elastische Kenngrößen 127
   b) Streck- oder Versagensgrenze 131
   c) Elastizitätsmodul und Fließgrenze 137

8. Isotrope Spannung - Verformung - Beziehung 142
   a) Lineare Elastizitätsgleichungen 142
   b) Viskoelastische Stoffgleichungen 149
   c) Stoffgleichungen für geschwindigkeitsempfind-
      liches Werkstoffverhalten 151

9. Plastisches Potential und Fließbedingung bei
   Anisotropie 162
   a) Plastisches Potential 164
   b) Fließbedingung bei Orthotropie 167
   c) Auswertung von Fließortkurven 171

10. Plastisches Potential und Fließbedingung bei
    Isotropie 185
    a) Fließbedingung 185
    b) Auswertung experimenteller Ergebnisse 189
    c) Anwendungsbeispiele 195

11. Plastische Verformungsgeschwindigkeiten 199

  a) Verformungsbänder an Zugproben aus orthotropem
     Werkstoff 200

  b) Plastische Stoffgleichungen und Querzahlen bei
     Orthotropie 203

  c) Plastische Stoffgleichungen, Volumendilatation
     und Querzahlen bei Isotropie 209

12. Zeitabhängige Spannung - Verformung - Beziehung .. 224

  a) Integration plastischer Stoffgleichungen 224

  b) Isotrope Spannung - Verformung - Beziehung 228

  c) Kriechbeanspruchung mit Berücksichtigung der
     Belastungsgeschichte, Spannungsrelaxation 239

D   Anhang 251

E   Schrifttumsverzeichnis 266

F   Sachwortverzeichnis 279

A Einleitung

Die Beurteilung des mechanischen Verhaltens eines Bauteils
oder Konstruktionselements umfaßt im wesentlichen die Analyse der Beanspruchungen und den Festigkeits- bzw. Sicherheitsnachweis. Hierzu sind vorallem dem Werkstoff angepaßte Stoffgesetze und Stoffgleichungen sowie Anstrengungskriterien oder
Versagensbedingungen erforderlich.

Diese Anpassung stützt sich im allgemeinen auf die von der
Werkstoffprüfung gelieferten experimentellen Ergebnisse über
das mechanische Werkstoffverhalten. Man kann jedoch durch
Verknüpfung von experimentellem Befund und geeigneten Modell-
vorstellungen sowie mit Hilfe von Rechenverfahren den experimentellen Aufwand bei der Vielzahl der Konstruktionswerkstoffe
und ihrer unterschiedlichen strukturellen Zustände verringern.
So benötigt man bekanntlich für einen linearelastischen, homogenen und isotropen Werkstoff z.B. nur den einachsigen Zugversuch und/oder den Schub- bzw. Torsionsversuch zur Bestimmung der für die Festigkeitsberechnung mehrachsig, quasista-
tisch beanspruchter Bauteile erforderlichen Kennwerte.

Neben diesem idealen Verhalten zeigen aber reale Konstruktionswerkstoffe wie Polymerwerkstoffe, die in dieser Arbeit
exemplarisch behandelt werden sollen, im allgemeinen nichtlineare Spannung-Verformung-Beziehungen, unterschiedliches Verhalten gegenüber Zug- und Druckbeanspruchung schon im isotropen Fall sowie im Gegensatz zu duktilen metallischen Werk-

stoffen plastische Kompressibilität. Damit verbunden ist je
nach Einsatz eine Abhängigkeit des Werkstoffverhaltens von
der Beanspruchungszeit und/oder von der Verformungsgeschwindigkeit.

Dieses Werkstoffverhalten kann mit den üblichen und im
wesentlichen für ideale Stoffe geltenden Rechenmethoden
der linearen Elastizitäts- bzw. Viskoelastizitätstheorie
sowie mit den aus dem quadratischen plastischen Potential
folgenden Stoffgleichungen nicht mehr beschrieben werden.

Darüber hinausgehende Formulierungen sind meistens sehr kom-
pliziert und die experimentelle Ermittlung der hierzu erforderlichen Stützwerte bzw. -funktionen ist sehr aufwendig.
Deshalb werden in dieser Arbeit mehr anwendungsorientierte
Rechenverfahren behandelt, die durch geeignete Kombination
von Experiment und Rechenverfahren den Prüfaufwand im wesentlichen auf einachsige Grundversuche beschränken und, gemessen am Vergleich mit experimentellen Ergebnissen aus dem
Schrifttum, zur genaueren Vorhersage des Werkstoffverhaltens beitragen sollen.

Da der derzeitige Stand strukturtheoretischer Untersuchungen für die Entwicklung praxisorientierter Berechnungsverfahren kaum ausreicht und die Forderung nach einem ökonomi-
schen und praxisnahem Versuchsaufwand besteht, soll das mechanische Verhalten von Konstruktionswerkstoffen aus makroskopischer (phänomenologischer) Sicht behandelt werden.

Bei der konstruktiven Verwendung insbesondere von Polymerwerkstoffen spielt die Zeitabhängigkeit des mechanischen Verhaltens eine wichtige Rolle. Phänomene wie Kriechen und
Spannungsrelaxation können aber Mechanismen zugeschrieben
werden, die unter Belastung im Werkstoff ablaufen und geschwindigkeitsabhängige irreversible Effekte auslösen. Mithin kann man die Dehnungsgeschwindigkeit als die maßgebliche Variable des werkstoffmechanischen Zustandes ansehen.

Die nachstehenden Berechnungsverfahren sollen deshalb für
geschwindigkeitsempfindliche Werkstoffe entwickelt werden.

Da einerseits mit den Rechenverfahren reales, an Versuchsergebnissen orientiertes Werkstoffverhalten formuliert werden
soll, geeignete experimentelle Ergebnisse über den Temperatureinfluß insbesondere bei mehrachsiger Beanspruchung der-
zeit aber kaum vorliegen und da andererseits die mechanischen
und thermodynamischen Werkstoffeigenschaften im allgemeinen
gekoppelt sind und die Temperatur deshalb nicht als Parameter, sondern nur als Zustandsvariable behandelt werden kann,
wird für die folgenden Untersuchungen isotherme Werkstoffbe-
anspruchung vorausgesetzt.

B Formulierung des mechanischen Werkstoffverhaltens bei einachsiger Beanspruchung

1. Einachsige Grundversuche

Im allgemeinen liegt im beanspruchten Werkstoff ein mehrachsiger Spannungszustand vor, der sich infolge äußerer Belastung und/oder vorgeschriebener Randverformung einstellt.
Dieser allgemeine Spannungszustand wird gekennzeichnet durch
die Koordinaten des Spannungstensors σ_{ij}. Werkstoffkennwerte
bzw. -funktionen für räumliche Spannungszustände können nur
schwer und - wenn überhaupt - nur unter großem experimentellem Aufwand ermittelt werden; sie liegen aus diesen Gründen
auch nur für Sonderfälle vor. Derartige Kenn- oder Vergleichswerte bzw. -funktionen bestimmt man vielmehr einfacher und
meist auch exakter in genormten Versuchen bei einachsigem
Beanspruchungszustand, in sogenannten Grundversuchen [1].

Zur Untersuchung des mechanischen Werkstoffverhaltens bei
zeitabhängiger Spannung-Verformung-Beziehung werden im wesentlichen drei Versuchsarten aus der Gruppe der Grundversuche durchgeführt: Zugversuch mit konstanter Dehnungsgeschwindigkeit, Kriech- oder Zeitstandversuch mit zeitunabhängiger
Last bzw. Spannung, Spannungsrelaxationsversuch mit zeitunabhängiger, vorgegebener Dehnung. Somit sind die für den mechanischen Zustand eines beanspruchten Festkörpers maßgebenden
dynamischen und kinematischen Variablen (Spannung, Dehnung,
Dehnungsgeschwindigkeit) im Experiment berücksichtigt. Bei

der Versuchsdurchführung wird eine der Zustandsgrößen vorgegeben und gemessen bzw. durch Rechnung bestimmt, wie sich eine zweite einstellt. Die dritte mechanische Zustandsgröße sowie die Umgebungsbedingungen werden während des Versuchs konstant gehalten. Unter isothermen Bedingungen und jeweils konstanter vorgegebener Spannung σ, Dehnungsgeschwindigkeit $\dot{\varepsilon}$
oder Dehnung ε liefert der Kriechversuch die zeitabhängige
Gesamtdehnung $\varepsilon = \varepsilon(t)$, der Zugversuch die Spannung $\sigma = \sigma(\varepsilon)$
und der Spannungsrelaxationsversuch die zeitliche Spannungs-
abnahme $\sigma = \sigma(t)$. Der Zusammenhang der beteiligten Zustandsgrößen bzw. der Funktionen dieser Größen liefert das für einen Werkstoff gültige Stoffgesetz

$$f(\sigma,\varepsilon,\dot{\varepsilon},t,T,P_s) = 0 \; . \tag{1.1}$$

Der Strukturparameter P_s in (1.1) steht bei Polymerwerkstoffen z.B. für Fehlordnungen in Konfiguration und Konformation
der Makromoleküle und soll den Einfluß der Struktur bzw. strukturelle Änderungen während der Beanspruchung auf das mechanische Werkstoffverhalten beschreiben. Da die mechanische Beanspruchung, die Temperatur T sowie die thermomechanische
Vorgeschichte die Struktur verändern können, diese Wechselwirkung aber weder physikalisch noch experimentell umfassend
ermittelt ist, wird (1.1) für Bereiche angesetzt, in denen
keine das mechanische Verhalten des Werkstoffs wesentlich be-
einflussenden Strukturänderungen ($P_s \approx$ const.) auftreten [1]:

$$P_s \approx \text{const.:} \quad f(\sigma,\varepsilon,\dot{\varepsilon},T,t) = 0 \; . \tag{1.2}$$

Existiert für einen Werkstoff eine derartige Beziehung, reichen die Ergebnisse einer Beanspruchungsart zur Berechnung
des Werkstoffverhaltens bei den übrigen Grundversuchsarten
im Bereich struktureller Stabilität aus. Diese Vorgehensweise ist insbesondere dann von Bedeutung, wenn aus technischen
oder wirtschaftlichen Gründen auf vorhandene Meßergebnisse,
z.B. Kriechkurven, zurückgegriffen werden soll oder keine

6

weiteren experimentellen Untersuchungen durchgeführt werden
können oder sollen.

a) Zugversuch mit konstanter Formänderungsgeschwindigkeit

Bekanntlich ist der Verlauf der Spannung-Dehnung-Kurve bei
zahlreichen Polymerwerkstoffen, aber auch normalplastischen
und insbesondere bei superplastischen metallischen Werkstoffen von der Dehnungsgeschwindigkeit abhängig. Bild 1-1 zeigt
exemplarisch den Einfluß der Formänderungsgeschwindigkeit
auf das Spannung-Verformung-Verhalten von PETP [2], in Bild 1-2
ist die Fließspannung (Streckspannung) dieses Werkstoffs [3]
in Abhängigkeit von der Dehnungsgeschwindigkeit für unterschiedliche Prüftemperaturen dargestellt. Weitere Untersuchungen
(z.B.[4 bis 8]) über das Fließverhalten von Plastomeren zeigen
entsprechend Bild 1-2 im allgemeinen eine monotone Zunahme der
Fließspannung mit wachsender Verformungsgeschwindigkeit. Dabei
ergibt sich teilweise ein linearer Zusammenhang zwischen der
Spannung und dem Logarithmus der Dehnungsgeschwindigkeit.

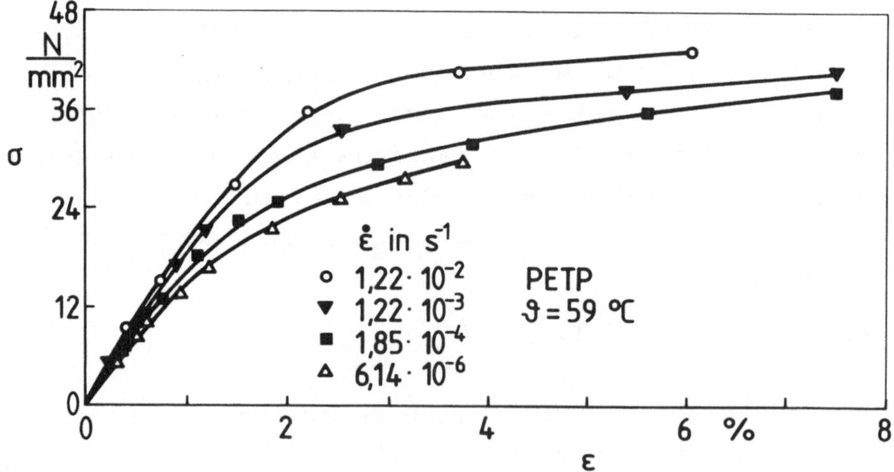

Bild 1-1

Nach DIN 53 457 ist - allerdings nur zur Bestimmung des Elastizitätsmoduls von Kunststoffen - eine Dehnungsgeschwindigkeit
von "1 % Dehnung pro Minute" vorgeschrieben. Bei Zugprüfmaschi-

nen konventioneller Bauart bewegt sich das Querhaupt während
des Zugversuchs mit konstant eingestellter Geschwindigkeit.
Bei Vernachlässigung der Maschinensteifigkeit wird der Probekörper dann mit konstanter Nenndehnungsgeschwindigkeit

$$\dot{\varepsilon}_N \;=\; \frac{d}{dt}\,(\Delta L / L_o) \tag{1.3}$$

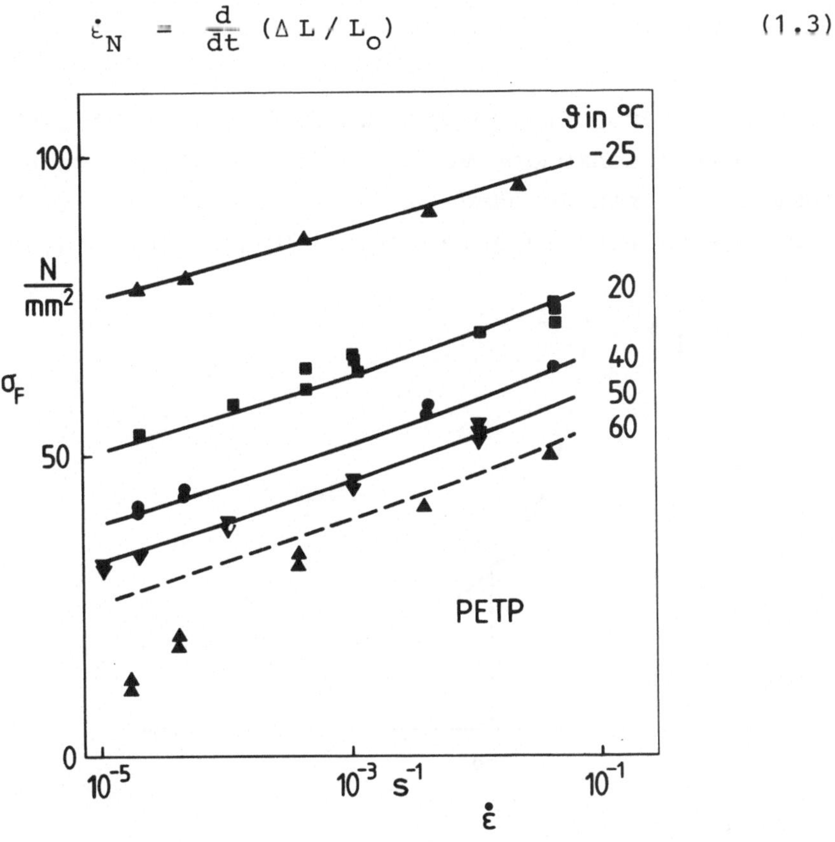

Bild 1-2

verformt (L_o ursprüngliche Meßlänge der Probe, ΔL Meßlängen-
änderung). Die wahre Dehnungsgeschwindigkeit

$$\dot{\varepsilon} \;=\; \frac{d}{dt}\,(\ln L / L_o) \tag{1.4a}$$

ändert sich dabei jedoch hyperbolisch mit der augenblicklichen Meßlänge L:

$$\dot{\varepsilon} \;=\; \frac{1}{L}\frac{dL}{dt} \;=\; \frac{\dot{L}}{L}\,. \tag{1.4b}$$

8

Unter der Voraussetzung, daß die Querhauptverschiebung der
Zugprüfmaschine mit der Längenänderung Δ L übereinstimmt, kann
die zeitliche Änderung L der augenblicklichen Meßlänge L mit
der Geschwindigkeit v des Querhauptes gleichgesetzt werden.
Damit folgt aus (1.4b)

$$\dot{\varepsilon} \;=\; \frac{v}{L} \; . \tag{1.4c}$$

Bei konstanter Querhauptgeschwindigkeit ergibt sich nach
(1.4c) mit zunehmender Verlängerung des Probestabs eine Abnahme der wahren Formänderungsgeschwindigkeit, im Druckversuch dagegen eine Zunahme (<u>Bild 1-3</u>) . Eine konstante wahre

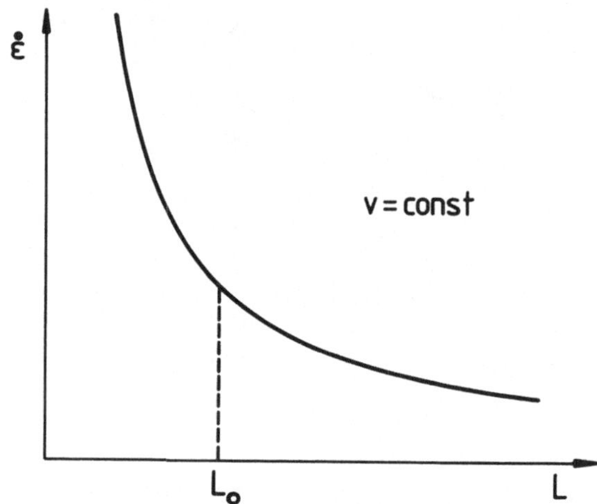

Bild 1-3

Formänderungsgeschwindigkeit ergibt sich nach (1.4c) nur
dann, wenn sich v mit L linear ändert. Der Unterschied zwischen der Nenndehnungsgeschwindigkeit und der physikalisch
sinnvolleren wahren Dehnungsgeschwindigkeit läßt sich in Abhängigkeit von der Nenndehnung oder der wahren Dehnung gemäß

$$\frac{\dot{\varepsilon}}{\dot{\varepsilon}_N} \;=\; \frac{1}{1+\varepsilon_N} \;=\; e^{-\varepsilon} \tag{1.5}$$

darstellen (<u>Bild 1-4</u>). Danach weicht die wahre Dehnungsgeschwindigkeit mit zunehmender Nenndehnung immer stärker von

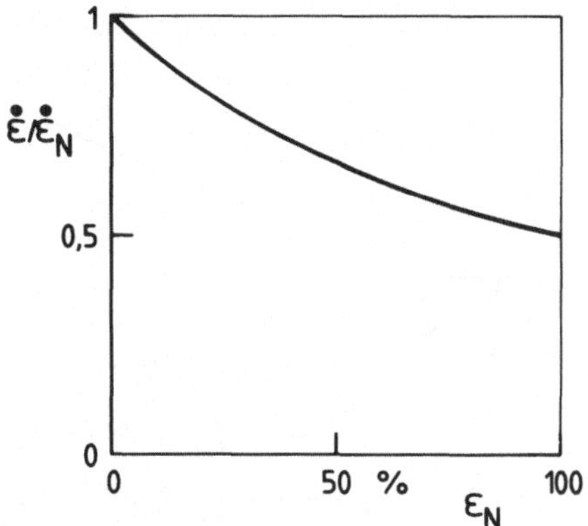

Bild 1-4

der Nenndehngeschwindigkeit ab, so daß der Geschwindigkeits-
einfluß auf das mechanische Verhalten von geschwindigkeits-
empfindlichen Werkstoffen zunehmend in Erscheinung treten muß,
insbesondere bei den Bruchkennwerten nach großen plastischen
Verformungen.

Seit 1945 wurden deshalb Versuche unternommen, um mechanische
Kennwerte in Abhängigkeit von der wahren Formänderungsgeschwindigkeit z.B. als Anhaltswerte für den Kraft- und Ar-
beitsbedarf bei unterschiedlichen Umformverfahren zu bestimmen (z.B.[9 bis 12]). Für Druckversuche entwickelte OROWAN
[1o] eine Prüfmaschine, bei der die Einhaltung einer konstanten wahren Stauchgeschwindigkeit mit Hilfe einer Nockenschei-
be eingehalten wurde. Von ihm stammt die Bezeichnung Plastometer für eine derartige Einrichtung. Neuere Untersuchungen
[13] verwenden elektronisch gesteuerte Plastometer. Das Ergebnis einer Zugprüfung [13] an einem Probekörper aus PE mit
konstanter Nenndehnungsgeschwindigkeit und konstanter wahrer Dehnungsgeschwindigkeit[1] ist in <u>Bild 1-5</u> wiedergegeben
(Nennspannung σ_N).

---

1) Anmerkungen zu Versuchsdurchführung, Meßmethoden usw. befinden sich
   im Anhang

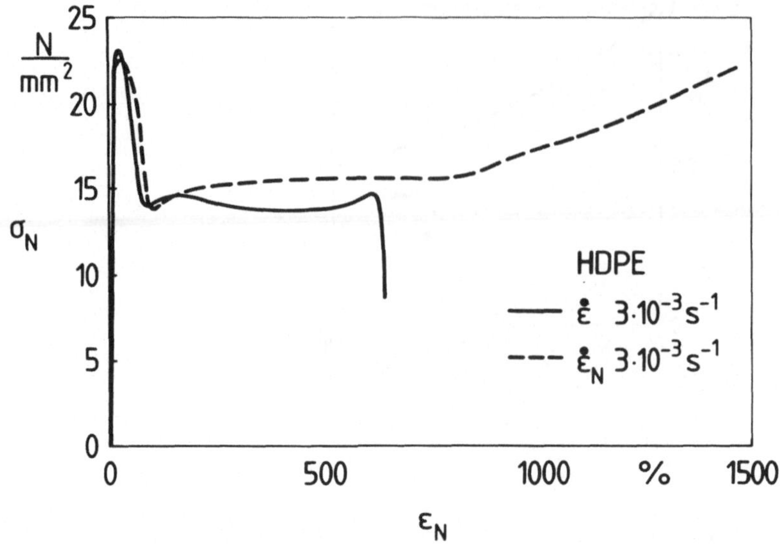

Bild 1-5

b) Kriechversuch mit konstanter, zeitunabhängiger Spannung

Nach DIN 53 444 wird beim Zeitstand-Zugversuch an Kunststoffen ein Probekörper bei konstanter Temperatur und konstanten
Umweltbedingungen durch eine ruhende, während des Versuchs
gleichbleibende Kraft F beansprucht. Die Kriechkurve $\varepsilon_N(t)$
stellt die Ausgangsinformation dieses Versuchstyps dar
(Bild 1-6a).

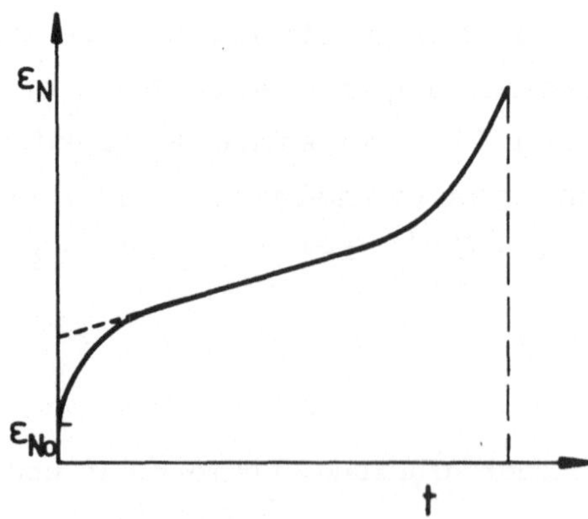

Bild 1-6a

Bei Lastaufbringung stellt sich die spontane Anfangsdehnung ε_{NO} ein, die je nach Höhe der Nennspannung $\sigma_N = F/S_O$ (S_O Querschnitt des unbelasteten Probekörpers) elastischer, viskoelastischer und/oder elastoplastischer Natur sein kann. Die Kriechkurve des eigentlichen Zeitstandversuchs ($t \overset{\geq}{} t_O$) wird im allgemeinen in die drei Bereiche primäres oder Übergangskriechen mit $\ddot{\varepsilon}_N = d\dot{\varepsilon}_N/dt < 0$, sekundäres oder stationäres Kriechen ($\ddot{\varepsilon}_N = 0$) und tertiäres oder beschleunigtes Kriechen ($\ddot{\varepsilon}_N > 0$) eingeteilt. Das Stadium des beschleunigten Kriechens wird im allgemeinen bei der Auslegung kriechbeanspruchter Bauteile vermieden, da es stets zum Kriechbruch (strukturelles Versagen) führt. Je nach Werkstoff, insbesondere aber bei Plastomeren, und je nach Höhe der Spannung und der Temperatur kann der stationäre Bereich der Kriechkurve nur schwach in Erscheinung treten, so daß das primäre Kriechstadium unmittelbar in den Kriechbruchbereich übergeht. Zur besseren Trennung der Kriechbereiche voneinander führt man deshalb die Kennlinien des Zeit-Verformung-Diagramms in das Dehnungsgeschwindigkeit -Kriechdehnung-Schaubild über (<u>Bild 1-6b</u>). Dadurch wird auch ein fundamentaler Zusammenhang zwischen den mechanischen Variablen hergestellt, obgleich die Darstellung nach Bild 1-6a die anwendungsorientiertere ist. Als Beispiel aus der Gruppe der Plastomerwerkstoffe ist in <u>Bild 1-7</u> die Kriechgeschwindigkeit in Abhängigkeit von der Dehnung für PC [14] bei höheren Spannungen dargestellt.

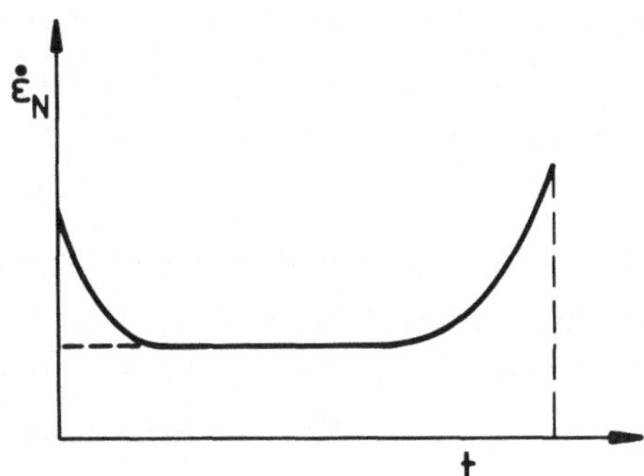

Bild 1-6b

12

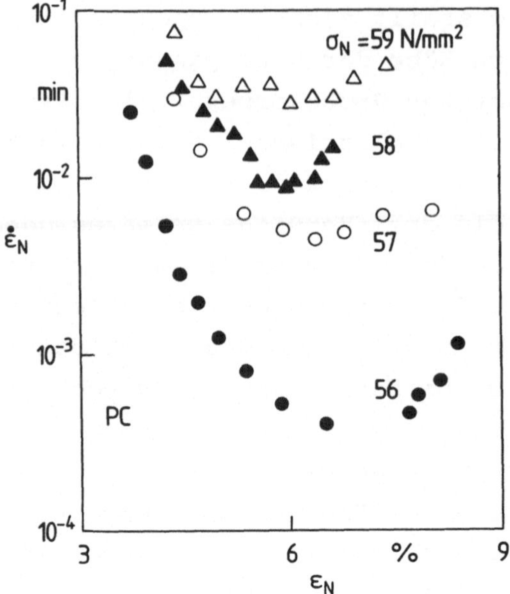

Bild 1-7

Aus der Basisinformation $\varepsilon_N(t)$ lassen sich weitere Aussagen
über das mechanische Werkstoffverhalten treffen. So werden
die Ergebnisse aus Kriechversuchen mit jeweils konstanter
Spannung auch als isochrone Spannung-Dehnung-Kurven dargestellt, indem für eine bestimmte Belastungsdauer die zuge-
hörigen Wertepaare Spannung und Dehnung in ein σ-ε-Diagramm
eingetragen werden. Wie <u>Bild 1-8</u> für PP [15] zeigt, kann aus
einer isochronen Darstellung unmittelbar erkannt werden, ob
ein linearer oder nichtlinearer Zusammenhang zwischen den
Zustandsgrößen σ und ε im untersuchten Bereich besteht. Dagegen muß ein im Kurzzeit-Zugversuch ermittelter nichtline-
arer Zusammenhang zwischen Spannung und Dehnung für Werkstoffe mit zeitabhängigem Verhalten nicht unbedingt nichtlinear-
viskoelastisches Verhalten charakterisieren (Ziff. 2).

Als weitere Information kann der Kriechmodul $E_c(t)$ entsprechend DIN 53 444 aus den Zeitdehnlinien bzw. unmittelbar aus
der isochronen Darstellung bestimmt werden. Bei nichtlinearem
Werkstoffverhalten ergeben sich die sogenannten Kriechmodul-
Linien (DIN 53 444), die identisch mit Sekantenmoduln der

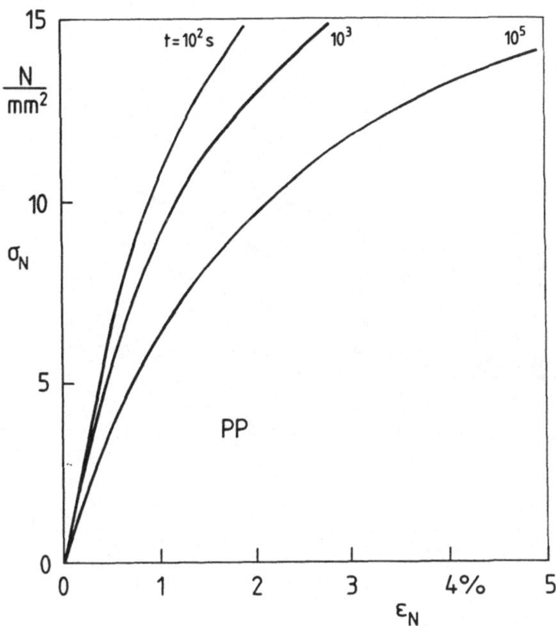

Bild 1-8

isochronen Spannung-Dehnung-Diagramme sind (Nennspannung σ_N):

$$E_c(\sigma_N,t) \equiv S(\sigma_N,t) \;=\; \frac{\sigma_N}{\varepsilon_N(t)} \;, \quad T = \text{const.} \qquad (1.6a)$$

Als Kehrwert des Sekantenmoduls (1.6a) wird die sogenannte Kriechnachgiebigkeit

$$I(\sigma_N,t) \;=\; \frac{\varepsilon_N(t)}{\sigma_N} \;, \quad T = \text{const.} \qquad (1.6b)$$

definiert; ein Besipiel für PP [16] zeigt <u>Bild 1-9</u>. Dabei ist entsprechend der isochronen σ-ε-Darstellung (Bild 1-8) t als Parameter eingeführt, um das in den Spannungen nichtlineare Verhalten hervorzuheben.

Schließlich überträgt man noch die Zeitdehnlinien in ein sogenanntes Zeitstand-Schaubild. Ebenfalls miteingetragen werden Spannung und Belastungszeit bei Bruch der Probe. Damit ergeben sich Zeitbruchlinie und Zeit-Spannung-Linien, aus denen

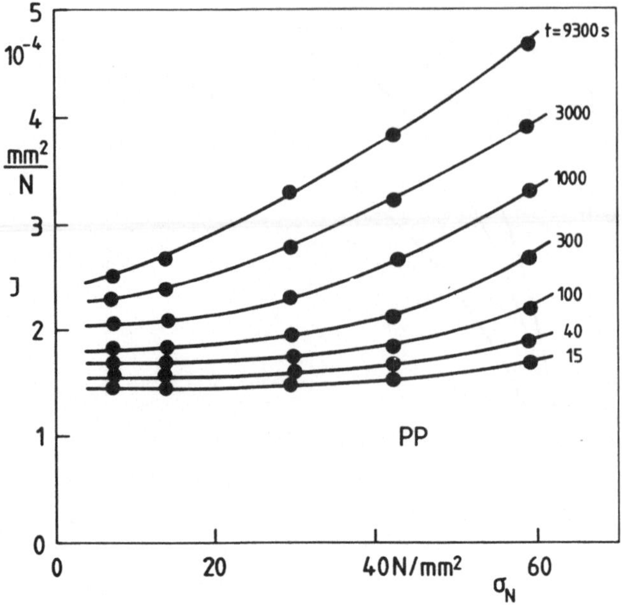

Bild 1-9

Kennwerte wie Zeitstandzugfestigkeit oder Zeitdehnspannung
entnommen werden können (DIN 53 444). Dabei darf allerdings
nicht übersehen werden, daß so Kriechprobleme hinsichtlich
der Festigkeitsbetrachtung als reine Spannungsprobleme dargestellt werden, um z.B. eine genügende Sicherheit gegenüber
Bruch angeben zu können. So wird im allgemeinen aber nur
strukturelles Versagen eines Bauteils oder einer Konstruktion berücksichtigt. Dagegen bleibt die Frage nach funktio-
nellem Versagen z.B. durch unzulässig große Verformungen un-
beantwortet, wenn es nicht gelingt, das zeitabhängige Verformungsverhalten über Stoffgesetze und -gleichungen in ein
Spannungsproblem überzuführen und im allgemeinen Fall der
mehrachsigen Bauteilbeanspruchung mit Hilfe von Anstrengungsbedingungen einen Vergleich mit den ermittelten Zeitdehn-
spannungen herzustellen.

Für den bisher behandelten "technischen Kriechversuch" ist
eine konstante Kraft während des Versuchs die maßgebliche
äußere Belastung zur Ermittlung von Kennwerten bzw. -funk-
tionen. Sinnvoller als die daraus resultierende Nennspannung

$\sigma_N = F/S_O$ ist hinsichtlich des mechanischen Werkstoffverhaltens die Berücksichtigung der wahren Spannung

$$\sigma = F/S , \tag{1.7}$$

die zu jedem Zeitpunkt des Versuchs tatsächlich wirksam ist. Im "physikalischen Kriechversuch" wird man gemäß (1.7) die wahre Spannung während der Versuchsdauer konstant halten. Da sich bei homogener Zugbeanspruchung der Probenquerschnitt über die gesamte Stablänge im Bereich der Gleichmaßdehnung infolge der Querdehnung verringert, muß zur Aufrechterhaltung einer konstanten, zeitunabhängigen wahren Spannung die Last F während des Versuchs vermindert werden.

Für einen isotropen und homogenen Werkstoff läßt sich diese Lastreduzierung aus der momentanen Längsdehnung bestimmen. Hierzu geht man z.B. von der wahren Hauptdehnung eines einachsig beanspruchten prismatischen Stabes aus,

$$\varepsilon_I = \ln(L/L_O) , \quad \varepsilon_{II} = \ln(B/B_O) , \quad \varepsilon_{III} = \ln(H/H_O) . \tag{1.8}$$

(L_O,L usw. Länge im unbelasteten und belasteten Zustand usw.). Durch Einführen der Querzahl ν erhält man bei Isotropie

$$\varepsilon_{II} = \varepsilon_{III} = -\nu\varepsilon_I := -\nu\varepsilon , \tag{1.9}$$

und für den momentanen Querschnitt S des Stabs liefern (1.8) und (1.9)

$$S = S_O e^{-2\nu\varepsilon} \tag{1.1o}$$

mit dem Anfangsquerschnitt $S_O = B_O H_O$. Für Volumenkonstanz mit $\nu = 1/2$ folgt aus (1.8) und (1.1o)

$$S L = S_O L_O . \tag{1.11}$$

Gl. (1.7) liefert mit (1.9) die mit zunehmender Längsdehnung erforderliche Kraft zur Aufrechterhaltung einer konstanten, zeitunabhängigen wahren Spannung:

$$\sigma = \text{const.:} \qquad F = \sigma S_o\, e^{-2\nu\varepsilon} \tag{1.12a}$$

bzw. mit $\sigma S_o = F(t \approx 0) := F_o$

$$F = F_o\, e^{-2\nu\varepsilon}. \tag{1.12b}$$

Je nach Größe der Querzahl und der Dehnung kann auf eine Maß-
nahme zur Verringerung der Kraft während des Kriechversuchs
verzichtet werden, wie aus (1.12b) hervorgeht. Für größere
Dehnungen aber und übliche Querzahlen $(\nu=0,3 \ldots 0,5)$[2] wirkt
sich die Versuchsdurchführung mit konstanter, zeitunabhängiger Nennspannung oder wahrer Spannung erheblich auf das Ergebnis des Kriechversuchs aus. Kann z.B. das Kriechverhalten
bei Gleichmaßdehnung durch

$$\sigma = \text{const.:} \qquad \varepsilon = A\,\sigma^m\, t^n \tag{1.13}$$

in wahrer Dehnung ε und wahrer Spannung σ formuliert werden,
liefert (1.13) mit (1.1o) den Verlauf der Kriechkurve bei
gleichbleibender, ruhender Last bzw. Nennspannung $[\nu \neq \nu(t)]$
zu

$$\sigma_N = \text{const.:} \qquad \varepsilon\, e^{-2\nu m\varepsilon} = A\sigma_N^m\, t^n := (t/t^*)^n. \tag{1.14}$$

<u>Bild 1.1o</u> zeigt entsprechend (1.13) und (1.14) den Verlauf
von Kriechkurven mit unterschiedlichem Werkstoffverhalten.
Danach ist mit der Ausnahme $\nu \neq 0$ bei konstanter Nennspannung
kein linearer Verlauf zu erwarten. Die Querschnittsverminderung bewirkt eine überproportionale Dehnung, die je nach
Querzahl ν und Spannungsexponent m mehr oder weniger schnell
zum Versagen führen muß, als im Versuch mit wahrer Spannung
festgestellt würde. Nach dieser Betrachtungsweise (Bild 1-1o)
versagt im technischen Kriechversuch die Probe, wenn die wah-

---

2) Nach der Viskoelastizitätstheorie ist die Querzahl ein Operator. Sie
   wird für Kunststoffe meist aber als geschwindigkeitsunabhängiger Kenn-
   wert verwendet.

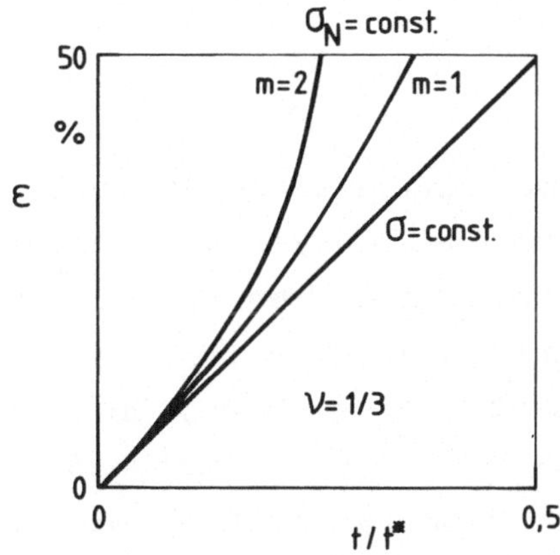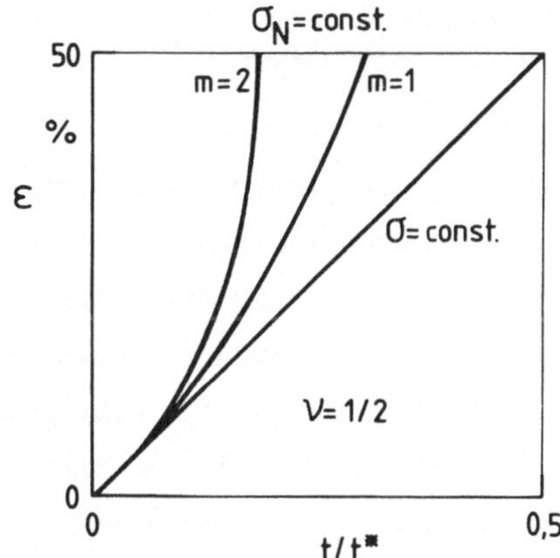

Bild 1-1o

re Kriechgeschwindigkeit

$$\frac{d\,\varepsilon}{d(t/t^*)} \;\rightarrow\; \infty \qquad\qquad (1.15)$$

geht. Mit der Bedingung (1.15) ergibt sich aus (1.14) die
Dehnung ε_{max} zum Zeitpunkt des Versagens zu

$$\varepsilon_{max} \;=\; 1/2\ \nu m\ , \qquad\qquad (1.16)$$

die bei Volumenkonstanz ($\nu = 1/2$) den Kehrwert des Spannungsexponenten m liefert.

Versuchseinrichtungen für Kriechversuche mit konstanter wahrer Spannung gehen auf die klassische Apparatur von ANDRADE
und CHALMERS [17] zurück, die mit Hilfe von Kurvenscheiben
eine entsprechende Lastverringerung erzielten. In neueren Untersuchungen [18 bis 2o] mit gleicher Zielsetzung bedient man
sich elektromechanischer, hydraulischer und pneumatischer Sy-
steme. Diese gestatten z.B.,durch ihre elektronische Regelung
im Verbund mit entsprechender Meßtechnik, die geforderten
Versuchsbedingungen aufrechtzuerhalten.

c) Spannungsrelaxationsversuch mit konstanter, zeitunabhängiger Gesamtdehnung

Unzulässig große Änderungen der Abmessungen eines Bauteils infolge Kriechdehnung können zum funktionellen Versagen einer Konstruktion führen. Aufgrund des zeitabhängigen Werkstoffverhaltens kann aber auch Versagen eintreten, wenn für die Funktionsfähigkeit eines Maschinenelements vorgegebene, über die Beanspruchungszeit nahezu konstante Verformungen notwendig sind. So können z.B. Schrumpf- oder Preßpassungen, Niet- und Schraubenverbindungen mit der Zeit versagen, da die zur Zeit der Fertigung herrschende Spannung bei gleichbleibender Gesamtdehnung mit der Zeit abnimmt.

Zur experimentellen Untersuchung dieses Werkstoffverhaltens werden Spannungsrelaxationsversuche durchgeführt. Nach DIN 53 441 wird dazu ein Probekörper bei $t = t_o$ einer Dehnung ε unterworfen, die anschließend konstantgehalten wird. Temperatur und weitere Umgebungsbedingungen sollen während des Versuchs konstant gehalten werden. Das zeitliche Abklingen der zur Aufrechterhaltung der vorgegebenen Dehnung erforderlichen Kraft wird während des Versuchs ermittelt. In der Versuchsauswertung werden die Ergebnisse als Zeit-Spannung-Linien und Relaxationsmodul-Linien dargestellt (DIN 53 441). Dabei wird der Relaxationsmodul bei idealsteifer Prüfmaschine im linearen Bereich der Spannung-Verformung-Beziehung aus

$$E(t) \; = \; \frac{\sigma_N(t)}{\varepsilon_N} \tag{1.17}$$

bestimmt. Durch Umrechnung der Meßergebnisse können wie bei der Auswertung von Kriechversuchen isochrone Spannung-Dehnung-Diagramme aufgestellt werden (<u>Bild 1-11</u>, [21]).

Vor Versuchsbeginn bei $t=t_o$ wird die Probe mit konstanter Dehnungsgeschwindigkeit auf die vorgegebene Dehnung gebracht. Die hierzu erforderliche Spannung nimmt bei $t=t_o$ den Wert σ_o

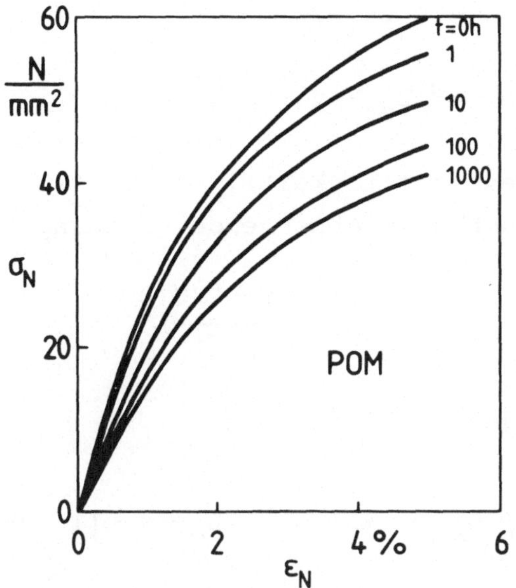

Bild 1-11

an und geht mit der Zeit auf einen Zwischenwert σ_i zurück oder verschwindet ganz. σ_i wird üblicherweise mit innerer Spannung identifiziert. Die wahre Spannung während des Versuchs

$$\sigma(t) \;=\; F(t) \,/\, S(t) \tag{1.18}$$

erhält man aus (1.1o) zu

$$\sigma^\circ \;=\; \frac{F}{S_o}\,(e^\varepsilon)^{2\nu} \;, \tag{1.19a}$$

und mit $\varepsilon = \ln(L/L_o)$ folgt

$$\sigma \;=\; \frac{F}{S_o}\,(\frac{L}{L_o})^{2\nu}. \tag{1.19b}$$

Nimmt man in erster Näherung die Querzahl ν als zeit- und spannungsunabhängig an, so müssen während des Versuchs die Lastabnahme F sowie die momentane Länge L der Probe bestimmt werden. Da die im System Probe und Prüfeinrichtung herrschende Spannung im allgemeinen auch eine Verformung der Prüfmaschine z.B. als Durchbiegung des Querhaupts zur Folge hat, ergibt sich die momentane Länge L zu [22]

$$L = L_o + x - F/C \qquad\qquad (1.2o)$$

(x Querhauptweg, C Federsteifigkeit). Mit (1.19b) erhält man
die während der Versuchszeit abnehmende Spannung

$$\sigma = \frac{F}{S_o} \left(\frac{L_o + x - F/C}{L_o}\right)^{2\nu} \qquad\qquad (1.21)$$

sowie die Entspannungsgeschwindigkeit

$$\dot{\sigma} = \frac{d\sigma}{dt} = \frac{\dot{F}}{S_o L_o} \left(\frac{L_o}{L_o + x - F/C}\right)^{1-2\nu} [L_o + x - (1 + 2\nu)\frac{F}{C}]. \quad (1.22)$$

Mit der Annahme eines während der Spannungsabnahme unveränder-
lichen Probevolumens folgen aus (1.22)

$$\nu = 1/2: \qquad \dot{\sigma} = \frac{\dot{F}}{S_o L_o} (L_o + x - 2 F/C) \qquad\qquad (1.23)$$

und aus (1.21)

$$\nu = 1/2: \qquad \sigma = \frac{F}{S_o L_o} (L_o + x - F/ C). \qquad\qquad (1.24)$$

Mit (1.23) und (1.24) werden z.B. auch Lastrelaxationsversu-
che an Ein- und Vielkristallen ausgewertet (z.B.[23,24]).

Für einen Werkstoff mit zeitabhängigem Spannung-Verformung-
Verhalten kann die Gesamtdehnung ε_t, die z.B. im Relaxationsversuch konstant gehalten wird, als Summe aus elastischen und
viskosen und/oder plastischen Dehnungsanteilen dargestellt
werden. Für den Entspannungsversuch folgt somit, daß diese
Summe gleich der quasispontanen Anfangsdehnung $\varepsilon(0)$ ist:

$$\varepsilon_t = \text{const.} = \varepsilon_e(\sigma) + \varepsilon(\sigma,t). \qquad\qquad (1.25)$$

Durch Differentiation nach der Zeit liefert (1.25) die Grundgleichung der Spannungsrelaxation

$$\dot{\varepsilon}_e(\sigma) + \dot{\varepsilon}(\sigma) = 0 \cdot \qquad (1.26)$$

Schreibt man ein Stoffgesetz für den quasispontanen Anteil der Verformung in der Form

$$\sigma = M\,\varepsilon_e \qquad (1.27)$$

mit M als Modul der elastischen Eigenschaften von Prüfeinrichtung und Probe:

$$\frac{1}{M} = \frac{S_o}{L_o C} + \frac{1}{M_e} \, , \qquad (1.28)$$

so folgt aus (1.26) und (1.27)

$$\dot{\varepsilon}(\sigma) = -\dot{\sigma}/M \; . \qquad (1.29)$$

Für eine idealsteife Prüfeinrichtung und lineares Verhalten des elastischen Dehnungsanteils des Probenwerkstoffs $(M = M_e = E)$ erhält man für (1.29)

$$\dot{\varepsilon}(\sigma) = -\dot{\sigma}/E \qquad (1.3oa)$$

bzw. nach Integration (Integrationsvariable Θ)

$$\sigma(t) = \sigma_o - E \int_o^t \dot{\varepsilon}(\sigma)\,d\Theta \; . \qquad (1.3ob)$$

Über den üblichen Zweck des Spannungsrelaxationsversuchs hinaus läßt sich eine zusätzliche Bedeutung aus (1.3o) erkennen. Zur Formulierung des Werkstoffverhaltens entsprechend (1.2) genügt die Durchführung <u>eines</u> Entspannungsversuchs, um die Spannungsabhängigkeit der Dehnungsgeschwindigkeit $\dot{\varepsilon}(\sigma)$ im Zeitintervall σ_o bis σ_i (bzw. $\sigma_i = 0$) zu ermitteln. Damit hat man gegenüber dem Kriechversuch, der zum gleichen Zweck mit mehreren jeweils konstanten, zeitunabhängigen Spannungen durchgeführt werden muß, Vorteile in der Versuchsdurchführung zur Untersuchung zeitabhängigen Werkstoffverhaltens gewonnen.

Kann z.B. die im Relaxationsversuch ermittelte Abhängigkeit der Spannung von der Zeit durch das Potenzgesetz

$$\sigma - \sigma_i = D^{**}(t+a)^{-w} \qquad (1.31)$$

ausgedrückt werden, lassen sich durch entsprechende Aufbereitung der Meßergebnisse und durch Umformen von (1.31) die gesuchten Koeffizienten bestimmen. In Gl. (1.31), die auf LI [25] zurückgeht und zur Formulierung des Relaxationsverhaltens insbesondere von Einkristallen verwendet wurde, bedeuten σ_i die zeitunabhängige innere Spannung und a ein Zeitfaktor, z.B. $a = 1s$. Aus (1.31) folgt

$$\dot{\sigma} = D^*(t+a)^{-1-w}, \quad D^* = -wD^{**}, \qquad (1.32)$$

und nach Logarithmieren sowie z.B. durch lineare Ausgleichsrechnung nach der Methode der kleinsten Fehlerquadratsumme erhält man aus den Versuchsergebnissen einen numerischen Wert für $1+w$. Logarithmieren von (1.31) und anschließendes Differenzieren ergibt andererseits

$$\frac{\log e}{\sigma - \sigma_i}\, d\sigma = -w\, d\,[\log(t+a)] \qquad (1.33a)$$

bzw.

$$\frac{d\sigma}{d[\log(t+a)]} = -\frac{2{,}3o3}{m-1}\,(\sigma - \sigma_i), \quad m = \frac{1+w}{w}. \qquad (1.33b)$$

Die Anwendung von (1.33b) auf die Meßergebnisse liefert die Restspannung σ_i. Zur Berechnung des Spannungsexponenten m, der z.B. in (1.13) verwendet wird, ergibt sich aus (1.31) und (1.32)

$$\dot{\sigma} = -D\,(\sigma - \sigma_i)^m \qquad (1.34)$$

mit $\qquad D = \dfrac{D^{**-(m-1)}}{m-1}.$

Mit (1.34) ist für das angenommene Werkstoffverhalten (1.31)
der Zusammenhang zwischen Entspannungsgeschwindigkeit $\dot\sigma$ und
momentaner Spannung gefunden. Die Verknüpfung mit (1.29) liefert dann die Spannungsabhängigkeit der Dehnungsgeschwindigkeit:

$$\dot\varepsilon \;=\; \frac{D}{M}\,(\sigma - \sigma_i)^m \;.\qquad\qquad(1.35)$$

Für $\sigma_i \equiv 0$ folgt aus (1.36) mit $\dot\varepsilon = d\varepsilon/dt$ ein Ansatz

$$\varepsilon \;=\; \frac{D}{M}\,\sigma^m\,t\;,\qquad\qquad(1.36)$$

der dem Kriechgesetz (1.13) mit $n = 0$ formal entspricht und
zur Beschreibung stationären Kriechens bei nicht zu hohen
Spannungen allgemein angewendet wird. Somit ist an dieser
Stelle schon angedeutet, wie zeitabhängiges Werkstoffverhalten bei unterschiedlicher Beanspruchung (Kriechen oder Relaxation) durch _eine_ Funktion der mechanischen Variablen formuliert werden kann.

Experimentelle Untersuchungen über das Relaxationsverhalten
von PE [26] und die Auswertung der Versuchsergebnisse nach
der angegebenen Methode zeigen, daß damit das Werkstoffverhalten auch von Plastomeren formulierbar ist. _Bild 1-12_ zeigt

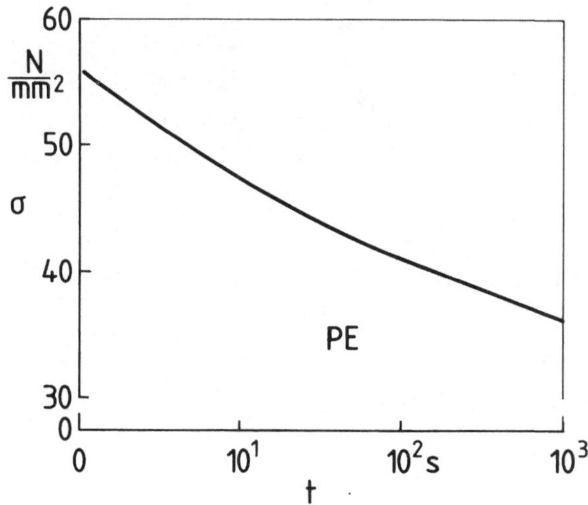

Bild 1-12

24

hierzu das Ergebnis eines Entspannungsversuchs an PE [26] in
halblogarithmischer Darstellung. Die Darstellung der Meßergebnisse entsprechend (1.33b) ist in <u>Bild 1-13</u> wiedergegeben.
Für $d\sigma/d[\log(t+a)] = 0$ ergibt sich die innere Spannung zu
$\sigma_i = 21$ N/mm^2, und aus dem Anstieg der Ausgleichsgeraden in
Bild 1-13 folgt der Spannungsexponent m $\approx$ 1o. Da die Versuche
in [26] bei Gesamtdehnungen $\varepsilon_t < 1$ % durchgeführt wurden,
kann angenommen werden, daß sich die Struktur des Werkstoffs
während der Versuchsdauer nicht wesentlich geändert hat. Damit ist die Forderung nach struktureller Stabilität weitge-
hend erfüllt, und der im Relaxationsversuch ermittelte Spannungsexponent m kann zur Berechnung des Werkstoffverhaltens
bei den anderen Grundversuchsarten herangezogen werden. Diese
Folgerung wird zusätzlich gestützt durch die Ergebnisse aus
Zugversuchen an PE [27], die - allerdings zur Untersuchung
des Einflusses des hydrostatischen Drucks auf das mechanische
Werkstoffverhalten - unter atmosphärischen Druck zu vergleich-
baren Werten (m = 10 ... 20) für den Spannungsexponenten führten.

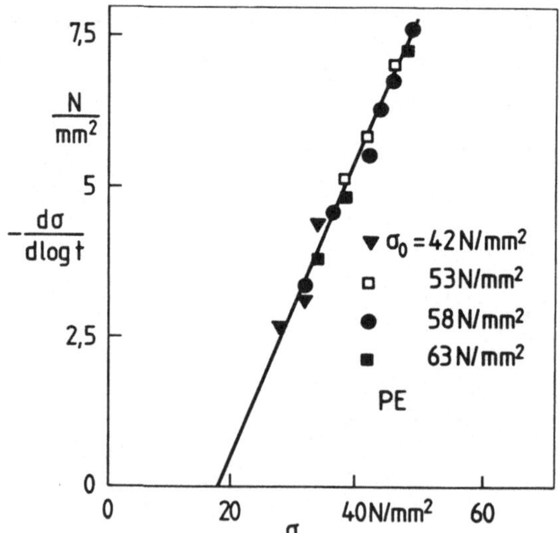

Bild 1-13

2. Zugversuch

Im allgemeinen können zwei charakteristische Spannung-Dehnung-
Verläufe von Plastomeren unterschieden werden. Ein Werkstoff
mit der Charakteristik nach <u>Bild 2-1a</u> beginnt im Bereich des
Nennspannungsmaximums einzuschnüren. Dabei fällt die Last ab,
bis die Einschnürung ihr größtes Ausmaß erreicht hat. Im weiteren Verlauf bleibt die Nennspannung annähernd konstant, und
die Einschnürung breitet sich gleichmäßig über die Probenmeß-
länge aus. Während der Ausbreitung dieser primären Einschnürung ist der "noch nicht verstreckte" Teil der Probe gleich-
sam einem Kriechversuch (σ_N = const.) unterworfen, so daß bei
entsprechender Verformungsgeschwindigkeit eine weitere Einschnürung auftreten kann. Ein Polymerwerkstoff mit der Charakteristik nach <u>Bild 2-1b</u> zeigt dagegen keine örtliche Einschnürung während der Zugbeanspruchung, und das Spannung-Deh-
nung-Diagramm enthält kein Spannungsmaximum. Bei Berücksichtigung der Momentanwerte - wahre Spannung, wahre Dehnung -
fällt im Bereich größerer Verformungen der σ-ε-Verlauf gegenüber dem in den Bildern 2-1a,b anders aus, wie z.B. für PVC
und PE <u>Bild 2-2</u> nach Ergebnissen von [28] zeigt.

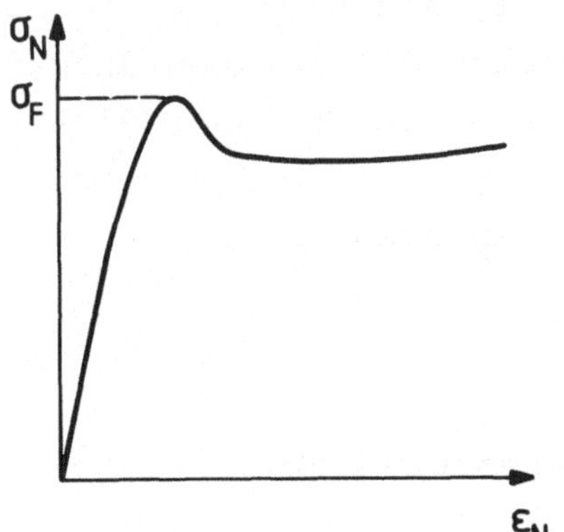

Bild 2-1a

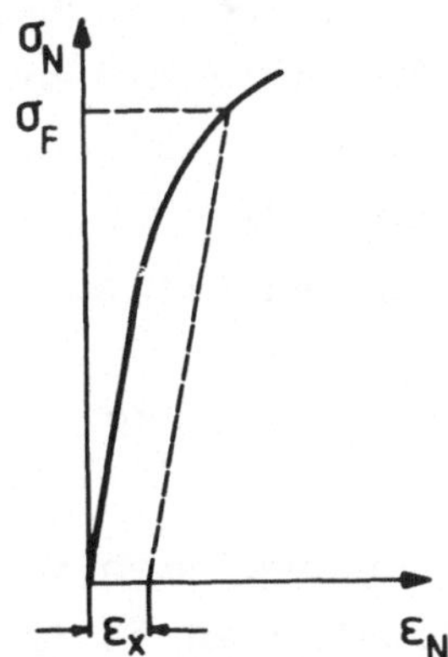

Bild 2-1b

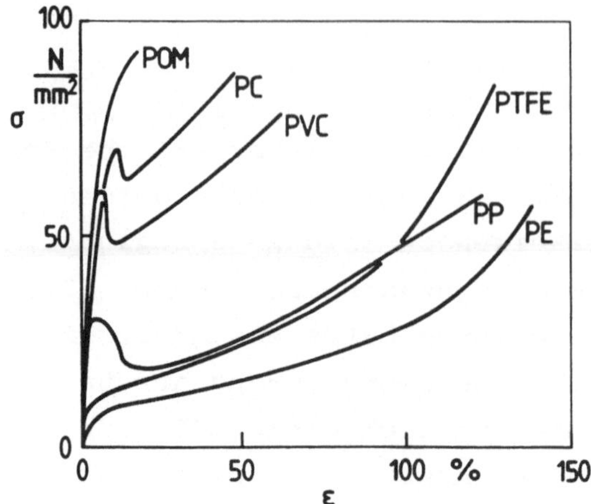

Bild 2-2

a) Fließbeginn

Herausragender Punkt der Spannung-Dehnung-Kurve in Bild 2-1a
ist das Spannungsmaximum, dem der Fließbeginn aufgrund von
Schubspannungen (shear yielding) zugeordnet ist. Bei Fehlen
dieser ausgeprägten Fließgrenze wird im allgemeinen eine
Dehngrenze definiert oder als Fließspannung diejenige Spannung angesehen, die sich als Schnittpunkt von zwei Tangenten
an die Spannung-Verformung-Kurve ergibt.

Das Fließverhalten von Polymerwerkstoffen ist ausgeprägt tem-
peratur- und verformungsgeschwindigkeitsabhängig. Zur Formulierung dieser Abhängigkeit stützen sich die meisten Untersuchungen [z.B. 4 bis 8] auf eine Theorie von EYRING [29] über
"nicht-NEWTONsches" Fließen. Danach ergibt sich für einen
thermisch aktivierten Fließprozeß die Beziehung

$$\dot{\varepsilon} \;=\; A^* \, \exp\left[\frac{-\Delta H + \sigma v}{k\,T}\right] \tag{2.1}$$

mit dem Aktivierungsvolumen v, der absoluten Temperatur T und
der BOLTZMANN-Konstanten k. ΔH ist die Aktivierungsenergie
und A* ist ein Ansatzfreiwert. Im Sinne einer phänomenologischen
(makroskopischen) Beschreibung des mechanischen Werkstoffver-

haltens folgt aus (2.1) der Zusammenhang zwischen Streckspannung und Logarithmus der Dehnungsgeschwindigkeit bei konstanter Verformung, der auf LUDWIK [3o] zurückgeht:

$$\sigma_F(\varepsilon) \;=\; A(\varepsilon) + B(\varepsilon)\,\ln\dot{\varepsilon}\;. \qquad\qquad (2.2)$$

Gl. (2.2) wird durch eine Reihe experimenteller Ergebnisse [z.B. 6,11] bestätigt, wie exemplarisch <u>Bild 2-3</u> für PC [6] zeigt. Gegenüber dem linearen Verhalten nach (2.2) wird auch nichtlineare Abhängigkeit der Fließgrenze von dem Logarithmus der Verformungsgeschwindigkeit festgestellt. Abgesehen z.B. von einer recht aufwendigen Theorie von ROBERTSON [31] kann dieses Verhalten durch den parabolischen Ansatz

$$\sigma_F(\varepsilon) \;=\; C(\varepsilon)\,\dot{\varepsilon}^{\,m} \qquad\qquad (2.3)$$

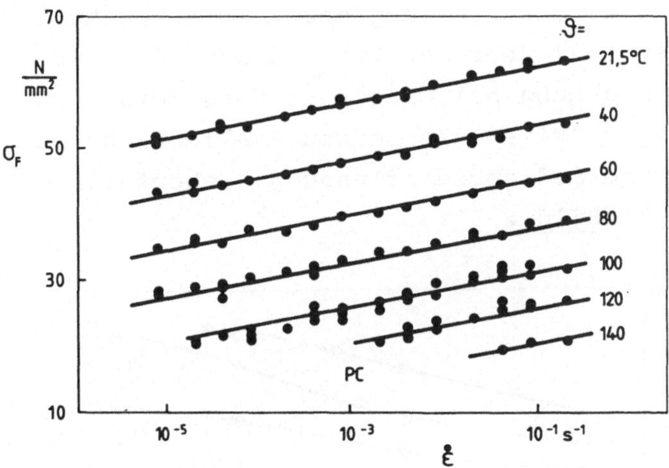

Bild 2-3

beschrieben werden. <u>Bild 2-4</u> zeigt dazu Meßergebnisse an PEMA [31].

Über das durch (2.2) oder (2.3) formulierbare Fließverhalten hinaus wird - wenn auch selten - für die Abhängigkeit von Dehngrenzen vom Logarithmus der Dehngeschwindigkeit eine S-förmige Charakteristik beobachtet. Nach Untersuchungen von

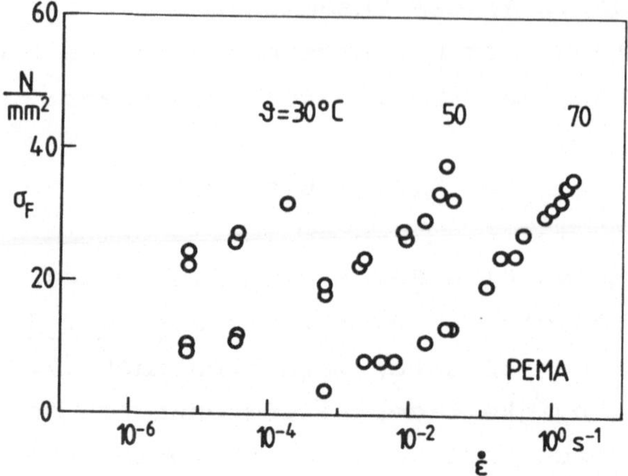

Bild 2-4

HOLT [32] an PMMA mit Verformungsgeschwindigkeiten bis 10^3s^{-1} ist der S-förmige Verlauf bei kleineren Dehnungen stärker ausgeprägt und wird zur Fließgrenze hin schwächer (<u>Bild 2-5</u>). Untersuchungen [33] über den Einfluß der Dehnungsgeschwindigkeit auf die Spannung bei Crazes-Bildung (craze yielding, Normalspannung - "Fließen") zeigen - allerdings bei tiefen Temperaturen und Medienbeeinflussung - ebenfalls eine solche Charakteristik (<u>Bild 2-6</u>).

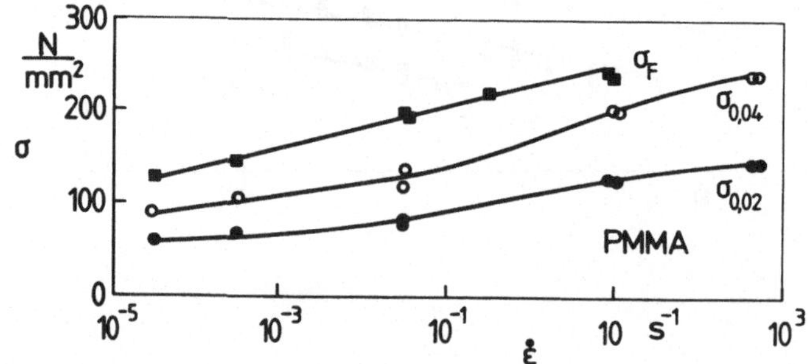

Bild 2-5

Eine Berechnung der Fließkurve mit S-förmigem Verlauf kann entsprechend [1] formal von (2.2) und (2.3) ausgehen. Durch Superposition beider Gleichungen erhält man formal

$$\sigma = A(1 + \alpha \dot\varepsilon^{m}) + B \ln \dot\varepsilon$$

(2.4a

bzw. allgemeiner

$$\sigma \;=\; A[1 + \alpha f(\dot{\varepsilon})] + B \ln \dot{\varepsilon} \; . \qquad\qquad (2.4b)$$

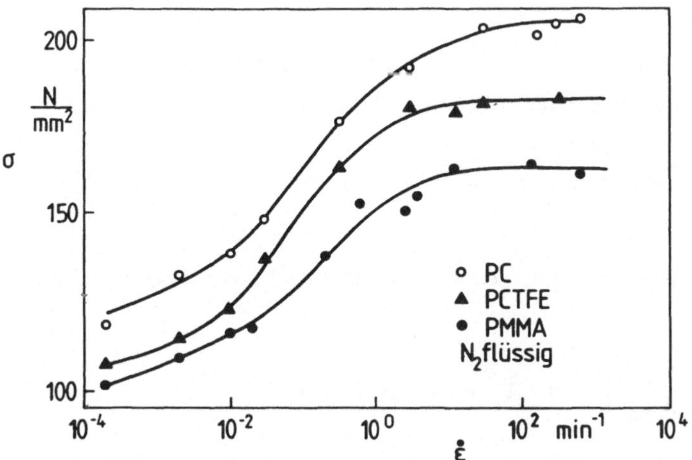

Bild 2-6

Die Funktion $f(\dot{\varepsilon})$ kann nur durch das Experiment bestimmt werden. Ihre Grenzen liegen jedoch durch die Forderung fest, daß
(2.4) für

$$\varepsilon \rightarrow O: \qquad\qquad \sigma \;=\; A + B \ln \dot{\varepsilon} \qquad\qquad (2.5a)$$

und für

$$\varepsilon \rightarrow \infty: \qquad\qquad \sigma \;=\; (1 + \alpha)A + B \ln \dot{\varepsilon} \qquad\qquad (2.5b)$$

liefern muß (<u>Bild 2-7</u>). Setzt man als 1. Näherung an [1]

$$f(\dot{\varepsilon}) \;\approx\; \tilde{f}(\dot{\varepsilon}) \;=\; \dot{\varepsilon}^{\,m} \, , \qquad\qquad (2.6)$$

stimmen für $\dot{\varepsilon} \rightarrow O$ zwar f und $\tilde{f}$ überein, für $\dot{\varepsilon} \rightarrow \infty$ unterscheiden sich beide Funktionen aber am stärksten. Für $\dot{\varepsilon} > O$ weicht
somit die Änderung df mit zunehmender Dehngeschwindigkeit immer mehr von $d\tilde{f}$ ab. Durch Einführen von [1]

$$df \;=\; (1 - f) \, d\tilde{f} \qquad\qquad (2.7)$$

und Integration unter Berücksichtigung der Randbedingungen
$f(0) = 0$, $f(\infty) = 1$ erhält man die AVRAMI-Gleichung

$$f = 1 - e^{-\tilde{f}} . \qquad (2.8)$$

Mit (2.8), (2.6) und (2.4) lautet die Gleichung der dehnungs-
geschwindigkeitsabhängigen "Fließspannung" dann

$$\sigma = A\,[\,1 + \alpha\,(1 - e^{-\tilde{f}})\,] + B \ln \dot{\varepsilon} \, , \quad \tilde{f} = \dot{\varepsilon}^{m} . \qquad (2.9)$$

Aus (2.9) erhält man die Tangente T an die "Fließkurve" zu

$$T := \frac{d\,\sigma}{d \ln \dot{\varepsilon}} = B + m\,\alpha\,A\,\dot{\varepsilon}^{m}\,e^{-\tilde{f}} . \qquad (2.1o)$$

T stellt die Geschwindigkeitsempfindlichkeit bei S-förmigem
Fließkurvenverlauf dar, B diejenige bei linearem Verlauf, wie
Bild 2-5 z.B. für die Fließspannung $\sigma_F (\log \dot{\varepsilon})$ zeigt. Mit
$dT/d\dot{\varepsilon} = 0$ folgt schließlich aus (2.1o) die Dehnungsgeschwindigkeit am Wendepunkt der S-Charakteristik

$$\dot{\varepsilon}w = 1 . \qquad (2.11)$$

Die Spannung am Wendepunkt ergibt sich aus (2.11) und (2.9)
zu

$$\sigma_w \approx A(1 + o,6321\,\alpha) \, , \qquad (2.12)$$

und die maximale Geschwindigkeitsempfindlichkeit

$$T_{max} \approx B + o,3679\,m\,\alpha\,A \qquad (2.13)$$

wird aus (2.11) und (2.1o) bestimmt.

Die Ansatzfreiwerte A, B und α können bei Kenntnis der Spannung am Wendepunkt ($\dot{\varepsilon}_w = 1$) aus weiteren Meßpunkten
$[\sigma(\dot{\varepsilon}_1),\ \sigma(\dot{\varepsilon}_2)]$ bestimmt werden (m = 1):

$$\alpha = \frac{\sigma_w - [\mathrm{I}]}{[\mathrm{I}] - \sigma_w[\mathrm{II}]} \, ,$$

$$[\mathrm{I}] \;=\; \sigma(\dot{\varepsilon}_1) - \frac{\ln \dot{\varepsilon}_1}{\ln \dot{\varepsilon}_1 - \ln \dot{\varepsilon}_2} \left[\sigma(\dot{\varepsilon}_1) - \sigma(\dot{\varepsilon}_2)\right] \;,$$

$$[\mathrm{II}] \;=\; (1 - e^{-\dot{\varepsilon}_1}) + \frac{\ln \dot{\varepsilon}_1}{\ln \dot{\varepsilon}_1 - \ln \dot{\varepsilon}_2} \left(e^{-\dot{\varepsilon}_1} - e^{-\dot{\varepsilon}_2}\right) \;,$$

$$A \;=\; \frac{\sigma_W}{1 + \alpha(1 - e^{-1})} \;,$$

$$B \;=\; \frac{1}{\ln \dot{\varepsilon}_1 - \ln \dot{\varepsilon}_2} \left[\sigma(\dot{\varepsilon}_1) - \sigma(\dot{\varepsilon}_2) + \alpha A(e^{-\dot{\varepsilon}_1} - e^{-\dot{\varepsilon}_2})\right] \;.$$

In __Bild 2-7__ ist der nach (2.9) berechnete Verlauf der Spannung σ bei vorgegebener Dehnung ($\varepsilon = 2$ % bzw. 4 %) in Abhängigkeit von der Dehnungsgeschwindigkeit $\dot{\varepsilon}$ im Vergleich mit

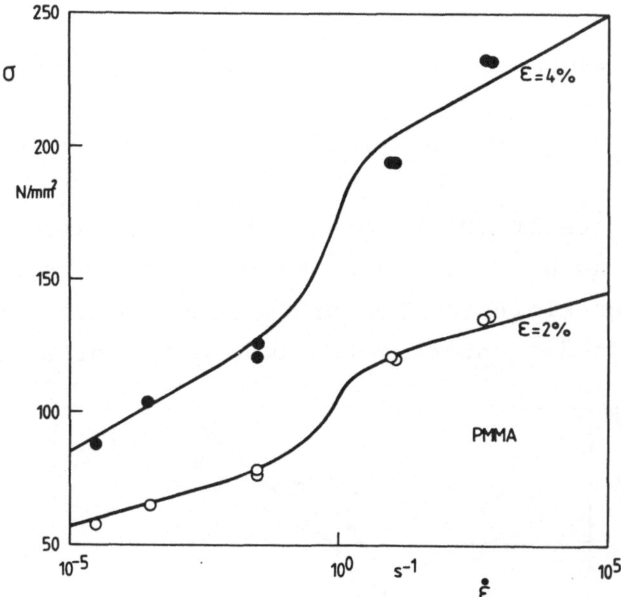

Bild 2-7

Meßergebnissen nach [32] dargestellt. Die zur Berechnung verwendeten Ansatzfreiwerte sind in __Tabelle 2-I__ wiedergegeben.

Tabelle 2-I

$\frac{\varepsilon}{\%}$	A	B	α	m
2	142,52	5,oo	o,35	1
4	68,18	2,55	o,35	1

Wegen $m = 1$ bestimmen somit linearviskoses Fließen nach (2.6)
und nichtlineares σ-$\dot\varepsilon$-Verhalten nach (2.2) die Geschwindig-
keitsabhängigkeit der Dehngrenzen in Bild 2-7.

Ob ein linearviskoser Mechanismus zum Fließverhalten beiträgt,
kann unter der Voraussetzung der Gültigkeit von (2.9) aus Meßwerten im Vergleich mit (2.4) ermittelt werden. Aus (2.4)
folgt

$$f(\dot\varepsilon) = \frac{\sigma - A - B \ln \dot\varepsilon}{\alpha\, A} , \qquad (2.14)$$

und mit (2.8) ergibt sich [1]

$$\ln \left(\frac{1}{1-f}\right) = \tilde{f} = \dot\varepsilon^{m} . \qquad (2.15)$$

Im Potenznetz stellt (2.15) eine Gerade dar, die durch die
Meßergebnisse nach [32,33] über eine Ausgleichsrechnung nach
der Methode der kleinsten Fehlerquadratsumme bestätigt wird
(Bild 2-8). Für die untersuchten polymeren Werkstoffe PC und

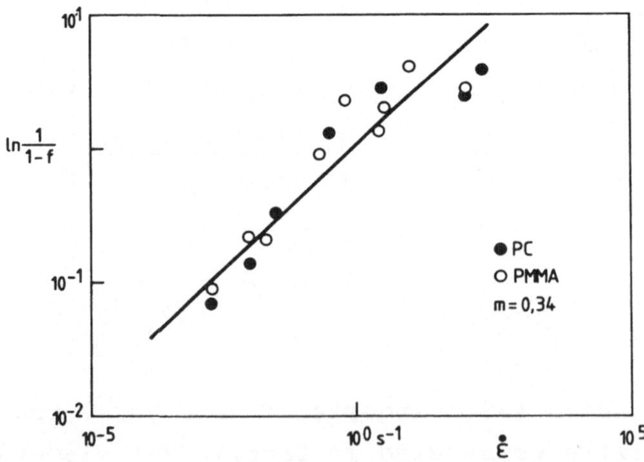

Bild 2-8

PMMA [33,32] ergibt sich annähernd der gleiche Exponent m ≈ o,34. Unter Verwendung dieses Wertes und der Ansatzfreiwerte nach <u>Tabelle 2-II</u> sind die "Fließkurven" für crazes nach (2.9) berechnet und in <u>Bild 2-9</u> im Vergleich mit den Meßergebnissen [32,33] dargestellt. Berücksichtigt man die Einfachheit des Ansatzes (2.9), kann die Übereinstimmung zwischen Rechnung und Messung als zufriedenstellend angesehen werden. Auffallend ist, daß für beide Untersuchungen bei unterschiedlichsten Umgebungsbedingungen der Koeffizient α (Tabelle 2-I und 2-II) für die Berechnung den selben numerischen Wert annehmen kann.

Tabelle 2-II

Werkstoff	A	B	α	m
PMMA	115,68	1,97	o,35	o,34
PC	141,23	2,31	o,35	o,34

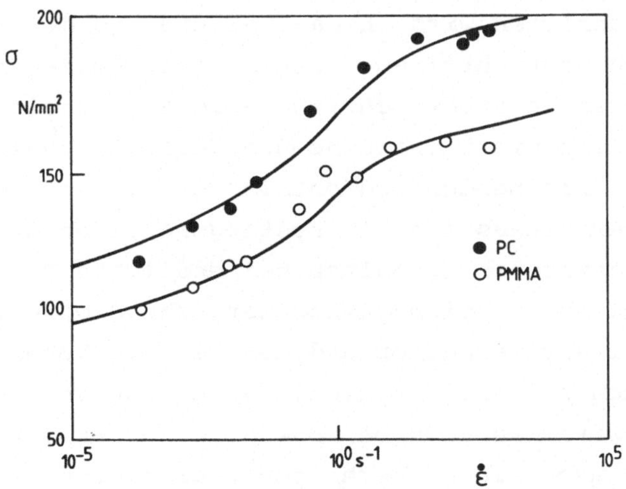

Bild 2-9

Die Abhängigkeit der Spannung bei crazes-Bildung von der Dehnungsgeschwindigkeit ist unter anderem Grundlage zum Verständnis des Sprödbruchverhaltens von Polymeren. Untersuchun-

34

gen über Bildung und Kinetik von crazes [34] zeigen, daß diese Abhängigkeit auch formal durch (2.1) bzw. (2.2) beschrieben werden kann. Somit ist die hier angegebene Beziehung (2.9) eine formale Erweiterung, wenn auch ohne physikalische Deutung.

S-förmige Fließkurvenverläufe werden vor allem bei superplastischen metallischen Werkstoffen beobachtet, die sehr hohe Gleichmaßdehnungen und relativ niedrige Fließspannungen aufweisen (z.B.[35,36]). Da superplastisches Verhalten im allgemeinen formal mit (2.3) beschrieben wird, ergibt sich der charakteristische S-Verlauf im Gegensatz zu Bild 2-9 in doppelt logarithmischer Darstellung. Ein entsprechender Ansatz zur Beschreibung dieses Verhaltens wird z.B. in [1] angegeben.

Für Kunststoffe wird häufig die crazes -Bildung als Grenze zwischen linearviskoelastischem und nichtlinearviskoelastischem Werkstoffverhalten angegeben. Diese auf MENGES und Mitarbeiter (z.B.[37,38]) zurückgehende Feststellung, wonach der linearviskoelastische Bereich bei Verformungen zwischen o,5 bis 1 % überschritten wird, bedarf allerdings der Einschränkung, daß nach Überschreiten dieser Grenze keine irreversiblen Verformungen entstehen dürfen. Solche Erscheinungen müssen sonst ähnlich wie plastische und Verfestigungserscheinungen mit einem "bleibenden Gedächtnis" in Verbindung gebracht werden. Darüber hinaus ist die Festlegung einer Grenze für linearviskoelastisches Verhalten bei endlichen Deformationen stets willkürlich, da sich viskoelastische Stoffe im allgemeinen nichtlinear verhalten und der lineare Bereich somit im wesentlichen auf infinitesimale Verformungen beschränkt ist. Dennoch wird man auch bei anwendungsorientierter Vorgehensweise das mechanische Verhalten realer viskoelastischer Werkstoffe nach den Methoden der linearen Viskoelastizitätstheorie behandeln.

b) Spannung – Verformung – Beziehung

Da sich zur Formulierung des Kriechverhaltens von Kunststoffen das BURGERS-Modell [39] als brauchbar erwiesen hat (z.B.
[4o]), soll die aus diesem Modell (Ziff. 3) folgende Beziehung
für das Spannung-Verformung-Verhalten im Zugversuch bei vorgegebener Dehnungsgeschwindigkeit angegeben werden [41]:

$$\sigma = \{\hat{\eta}_1 [1 - \exp(-\frac{\hat{E}_1 \varepsilon}{\hat{\eta}_1 \dot{\varepsilon}})] + \hat{\eta}_2 [1 - \exp(-\frac{\hat{E}_2 \varepsilon}{\hat{\eta}_2 \dot{\varepsilon}})]\} \dot{\varepsilon} . \quad (2.16)$$

In (2.16) bedeuten $\hat{E}_1$ und $\hat{E}_2$ die Elastizitätsmoduln der linearelastischen Federn und $\hat{\eta}_1$ bzw. $\hat{\eta}_2$ die (Zug-) Viskositäten der Dämpfungszylinder mit NEWTONscher Flüssigkeit. Anstelle
dieser Grundelemente mit linearer Charakteristik setzt man, wie
z.B. in [4o], auch Elemente mit nichtlinearem Verhalten ein.
Durch Reihenentwicklung von (2.16) erkennt man unmittelbar die
Abweichung vom HOOKEschen Gesetz:

$$\sigma = A_1 \varepsilon + A_2 \varepsilon^2 + A_3 \varepsilon^3 + \dots , \quad (2.17)$$

mit

$$A_1 = \hat{E}_1 + \hat{E}_2 , \quad (2.17a)$$

$$A_2 = -\frac{1}{2!} (\frac{\hat{E}_1}{t_{R1}} + \frac{\hat{E}_2}{t_{R2}}) \frac{1}{\dot{\varepsilon}} , \quad (2.17b)$$

$$A_3 = \frac{1}{3!} (\frac{\hat{E}_1}{t_{R1}^2} + \frac{\hat{E}_2}{t_{R2}^2}) \frac{1}{\dot{\varepsilon}^2} \quad \text{usw.} \quad (2.17c)$$

und $t_{Ri} = \hat{\eta}_i / \hat{E}_i$, i=1,2, als Zeitkonstanten.

Die Kennwerte $\hat{E}_1$ usw. in (2.16) und (2.17) sind nicht identisch mit denjenigen, die das BURGERS-Modell bei konstanter,
zeitunabhängiger Spannung liefert (Gl. 3.1), sondern ergeben
sich durch die dem BURGERS-Modell mechanisch gleichwertige
Parallelschaltung von zwei MAXWELL-Körpern [41]. Der Zusammenhang zwischen diesen Kennwerten und denjenigen des BURGERS-
Modells ist in Ziffer 4 angegeben.

Die inverse Funktion von (2.17) kann in der Form

$$\varepsilon \;=\; B_1\sigma + B_2\sigma^2 + B_3\sigma^3 + \ldots \qquad (2.18)$$

geschrieben werden mit den Koeffizienten [53]

$$B_1 \;=\; A_1^{-1}\,, \qquad\qquad\qquad (2.18a)$$

$$B_2 \;=\; -\,A_1^{-3}\,A_2\,, \qquad\qquad\qquad (2.18b)$$

$$B_3 \;=\; 2\,A_1^{-5}\,A_2^2 - A_1^{-4}\,A_3 \quad \text{usw.} \qquad (2.18c)$$

Die Koeffizienten in (2.17) bzw. (2.18) können zweckmäßig
durch eine Ausgleichsrechnung nach der Methode der kleinsten
Fehlerquadratsumme dem realen Werkstoffverhalten angepaßt
werden. Man wird jedoch aus Versuchen mit jeweils unterschiedlicher, vorgegebener konstanter Dehngeschwindigkeit $\dot{\varepsilon}$ auch
unterschiedliche, von $\dot{\varepsilon}$ abhängige Koeffizienten A_i bzw. B_i,
$i=1,2,\ldots$, erhalten. Damit ergibt sich die Möglichkeit, auch
nichtlineares Verhalten formal mit (2.17) bzw. (2.18) zu beschreiben. Allerdings ist dann eine Beschreibung des Werkstoffverhaltens bei anderen Beanspruchungsarten, z.B. unter
Kriech- oder Relaxationsbedingungen, mit den so ermittelten
Koeffizienten nicht mehr ohne weiteres möglich.

Unter der Voraussetzung linearviskoelastischen Werkstoffverhaltens muß zur Ermittlung der Kennwerte der linearen Glieder
des BURGERS-Modells eine "nichtlineare Ausgleichsrechnung"
(Ziff. 3) durchgeführt werden, wenn man die ungenaue graphische Bestimmung [42] umgehen will.

Statt des Polynoms (2.18) kann die Spannung-Dehnung-Kurve des
Zugversuchs allgemein in der Form

$$\dot{\varepsilon} = \text{const.:} \quad \varepsilon = g(\sigma) \qquad\qquad (2.19)$$

geschrieben werden. Einige meist empirische Ansätze [43 bis
47] für die Spannungsfunktion $g(\sigma)$ sind in Tabelle 2-III zu-

sammengestellt; K,A,B usw. sind im Experiment zu bestimmende
bzw. dem Werkstoffverhalten anzupassende Ansatzfreiwerte.

Tabelle 2-III

$K\ \sigma^m$	NUTTING
$A\ \sin h\ (\sigma/\sigma^*)$	PRANDTL
$B\ [\exp\ (\sigma/\sigma^*) - 1]$	SODERBERG
$C\ \exp\ (\sigma/\sigma^*)$	DORN
$D\ [\sin h\ (\sigma/\sigma^*)]^m$	GAROFALO
Polynom $P_q(\sigma)$	

Eine wegen ihrer einfachen Handhabung z.B. bei der nichtlinearen Spannungsanalyse häufig benutzte Beziehung ist die Potenzfunktion von NUTTING [43], die allerdings für die Kriechgeschwindigkeit im stationären Bereich meist NORTON [48] und
BAILEY [49] zugeschrieben wird. Diese Funktion liefert, wie
in <u>Bild 2-1o</u> z.B. im Vergleich mit dem Sinushyperbolicus-Gesetz oder dem Polynom entsprechend (2.18) dargestellt ist,
eine innerhalb der Meßgenauigkeit liegende Näherung. Ein Unterschied zeigt sich zwar in der Anfangstangente, die für den
Potenzansatz nach Unendlich geht. Berücksichtigt man noch einen linearen Bereich im Spannung-Dehnung-Verlauf, so ergibt
sich

$$g(\sigma)\ =\ l\sigma + k\sigma^m. \tag{2.2o}$$

Vorteilhaft gegenüber den anderen in Tabelle 2-III angegebenen Ansätzen erweist sich der Potenzansatz z.B. bei der Behandlung proportionaler Belastung $a = \sigma_2/\sigma_1$, da das Verhältnis
der aus den Spannungen resultierenden Dehnung unabhängig von
der jeweiligen Höhe der Spannungen ist:

$$\varepsilon_2/\varepsilon_1\ =\ k\,a^m.$$

Weiterhin kann sich bei der rechnerischen Behandlung von Pro-
blemen aus der Spannungsanalyse günstig erweisen, daß bei zu-

grundegelegtem Potenzansatz für eine vorgegebene Spannung
Tangentenmodul T und Sekantenmodul M proportional sind:

$$\frac{1}{T} \equiv \frac{d\varepsilon}{d\sigma} = m\,K\,\frac{\varepsilon}{\sigma} \equiv m\,K\,\frac{1}{M} \ .$$

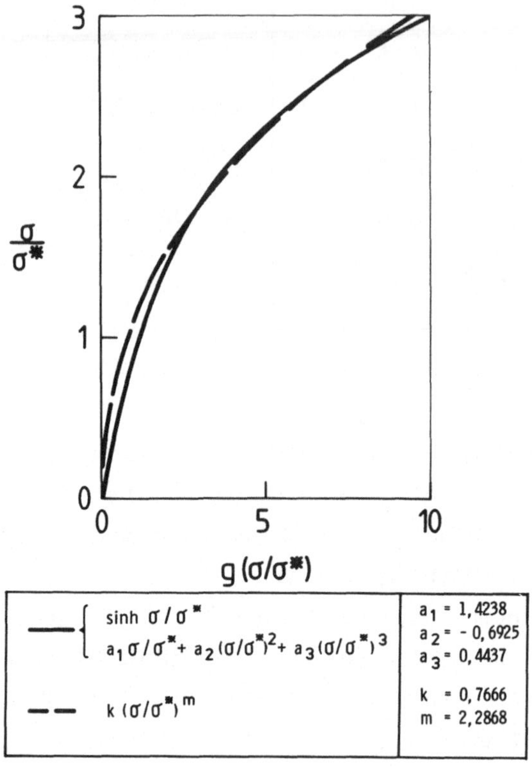

Bild 2-1o

Das Sinushyperbolicus-Gesetz bietet andererseits umfangrei-
chere Möglichkeiten zur Formulierung der Spannung-Verformung-
Beziehung. So wird für kleine Spannungen quasilineares Verhalten und für hohe Spannungen ein ausgeprägt nichtlinearer
Verlauf berücksichtigt (Bild 2-1o). Aus dem allgemeineren Ansatz von GAROFALO (Tabelle 2-III) ergeben sich mit m = 1 und

$$\sin h\left(\frac{\sigma}{\sigma^*}\right) = \frac{1}{2}\left[\exp\left(\frac{\sigma}{\sigma^*}\right) - \exp\left(-\frac{\sigma}{\sigma^*}\right)\right]$$

bei hohen Spannungen wegen $\exp\left(-\frac{\sigma}{\sigma^*}\right) \to 0$ formal der Ansatz von
DORN (Tabelle 2-III) und für kleine Spannungen nach Reihenent-

wicklung der Potenzansatz. <u>Bild 2-11</u> zeigt dazu eine Gegen-
überstellung der entsprechenden Verläufe. Danach kann etwa
bei Berücksichtigung der Meßgenauigkeit das Spannung-Verformung-Verhalten für $\sigma/\sigma^* < 0,6$ durch den Potenzansatz und für
$\sigma/\sigma^* > 1,2$ durch die Exponentialfunktion ausgedrückt werden.

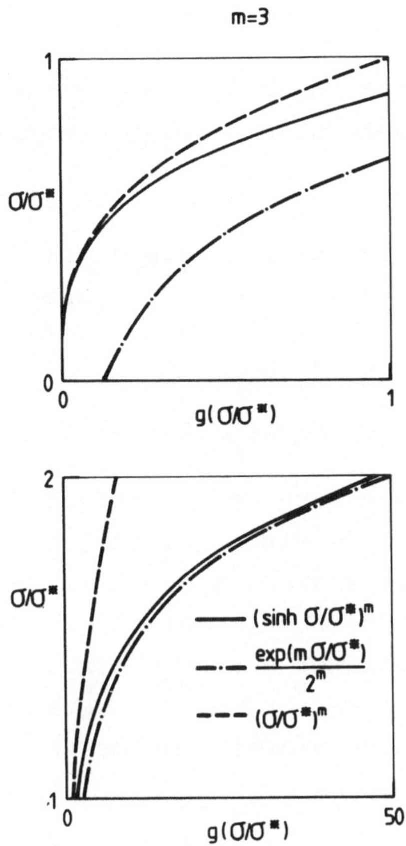

Bild 2-11

c) Verfestigung

Bei einer weitreichenden Formulierung des Spannung-Verformung-
Verhaltens von Werkstoffen, die im Zugversuch untersucht wer-
den, muß auch das Werkstoffverhalten nach Überschreiten der
Fließgrenze (post yield) berücksichtigt werden. Dabei kann

man bei Kunststoffen im allgemeinen zwei Typen von Fließkurven unterscheiden, diejenigen ohne örtliche Einschnürung wie z.B. POM oder PTFE in Bild 2-2 und diejenigen mit Einschnürung, z.B. PVC in Bild 2-2. Durch die Darstellung der Meßergebnisse in wahrer Spannung σ und wahrer Dehnung ε (Bild 2-2) wird die das Werkstoffverhalten kennzeichnende Verfestigung nach Überschreiten der Fließgrenze, also im plastischen Bereich, besonders deutlich. Die Kenntnis des Verfestigungsverhaltens und eine geeignete Beschreibungsmöglichkeit ist insbesondere hinsichtlich der Kaltumformung von Thermoplasten zweckmäßig.

Für metallische Werkstoffe hat sich die vereinfachte Form des Ansatzes von LUDWIK [3o] bzw. formal der Ansatz von NUTTING [43]

$$\sigma = K\varepsilon^{n} \qquad (2.21a)$$

bzw.

$$\sigma = K\varepsilon_{p}^{n} \qquad (2.21b)$$

(ε_p plastischer Anteil der Dehnung, n Verfestigungsexponent) gut bewährt. Für Kunststoffe wird z.B. in [5o] aus Untersuchungen an PTFE der Verfestigungsexponent mit $n = 0{,}37$ angegeben. Dagegen wird in [28] festgestellt, daß (2.21a) bzw. (2.21b) für Plastomere weniger geeignet sind. Eine Verfestigungsbeziehung, die für diese Gruppe der Werkstoffe durch experimentelle Untersuchungen hinreichend bestätigt ist, wird in [28,51] angegeben:

$$\sigma = A \exp(B\varepsilon). \qquad (2.22)$$

In halblogarithmischer Darstellung ergibt (2.22) Geraden; die Anwendung [28] auf eine Reihe Polymerwerkstoffe ist in Bild 2-12 wiedergegeben. Eine Erweiterung von (2.22) wird in [51] angegeben:

$$\sigma = A \exp(B\varepsilon^{C}). \qquad (2.23)$$

Die Anpassung von (2.23) an den experimentellen Befund ist jedoch umständlicher als (2.22), da z.B. bei einer linearen

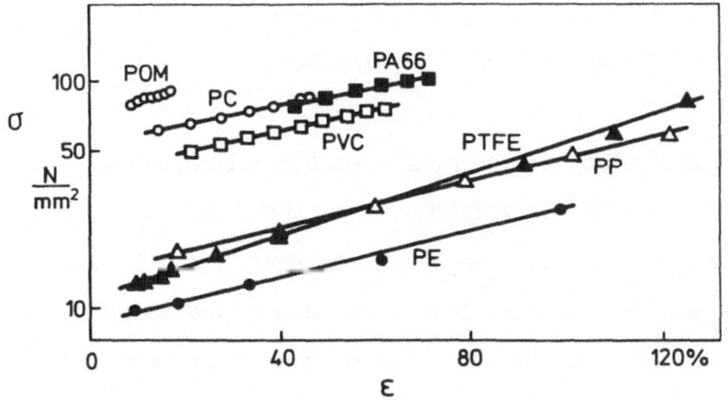

Bild 2-12

Ausgleichsrechnung nach der Methode der kleinsten Fehlerquadratsumme der Freiwert A vorgegeben und solange variiert werden muß, bis z.B. der beste Korrelationskoeffizient gefunden
ist:

$$\log(\ln \frac{\sigma}{A}) = \log B + C \log \varepsilon . \tag{2.24}$$

Mit (2.22) und bei Annahme gleichmäßiger Dehnung während der
Verfestigung läßt sich z.B. die "Reißfestigkeit" $\sigma_u = F_u/S_o$
abschätzen. Aus (1.7) und (2.22) folgt für die Last

$$F = S\,A\,\exp\,(B\,\varepsilon)\;,$$

und mit (1.1o) erhält man ($\nu = \text{const.}$)

$$F = S_o\,A\,\exp[(B - 2\nu)\varepsilon] \tag{2.25a}$$

bzw. für plastische Volumenkonstanz ($\nu = 1/2$)

$$F = S_o\,A\,\exp[(B - 1)\varepsilon] . \tag{2.25b}$$

Bei Höchstlast mit $\varepsilon = \varepsilon_u$ und $F(\varepsilon = \varepsilon_u) := F_u$ liefert (2.25a)
die Reißfestigkeit

$$\sigma_u = A\,\exp\,[(B - 2\nu)\varepsilon_u]\;, \tag{2.26a}$$

oder ausgedrückt in der Nenndehnung ε_{Nu}:

$$\sigma_u = A(1 + \varepsilon_{Nu})\exp(B - 2\nu) . \tag{2.26b}$$

Entsprechend (2.26a) mit $\nu = 1/2$ ist in [28] für POM die "Reiß-

festigkeit" zu $\sigma_u = 71,2$ N/mm^2 berechnet; der experimentelle
Wert ist zu $\sigma_u = 71,0$ N/mm^2 angegeben.

Im allgemeinen erhöht eine Kaltverfestigung die Zugfestigkeit
der Kunststoffe; eine Erscheinung, die auch von metallischen
Werkstoffen bekannt ist. Dagegen nimmt die Duktilität (z.B.
Bruchdehnung) bei Plastomeren mit zunehmendem Kaltverformungs-
grad nicht immer ab, wodurch sich die Vorverformung besonders
günstig auf das Werkstoffverhalten z.B. hinsichtlich der Wei-
terverarbeitung auswirken kann. Zur Abschätzung der Fließkurve
nach einer Vorverformung ε_{vor} führt man ε_{vor} in (2.22) ein:

$$\sigma = A \exp [B(\varepsilon + \varepsilon_{vor})] \,, \qquad (2.27)$$

d.h., ε_{vor} wird formal als Koordinatentransformation für ε
aufgefaßt. Die Richtigkeit dieser Vorgehensweise wird durch
die Untersuchungen von BAHADUR [28] bestätigt, ein Beispiel
aus [28] zeigt <u>Bild 2-13</u>.

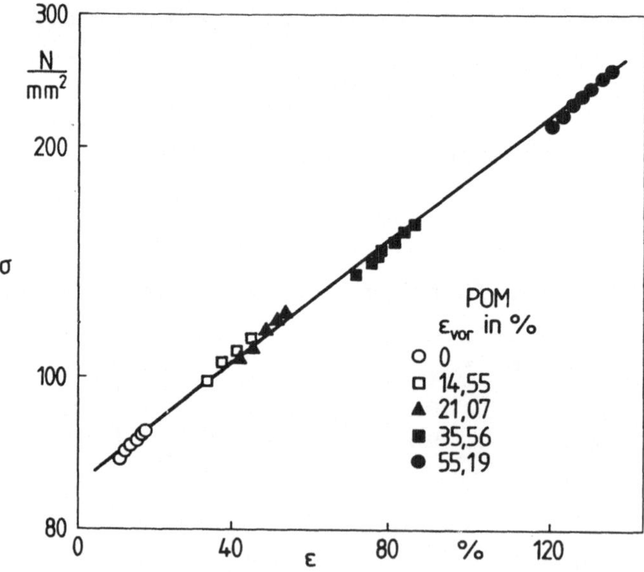

Bild 2-13

Die Reißfestigkeit σ_u^* des vorverformten Werkstoffs kann über

$$\frac{\sigma_u^*}{F_u^*} S^* = \frac{\sigma_u}{F_u} S \qquad (2.28)$$

mit σ_u in Verbindung gebracht werden (Vorverformung $\cdot$*). Für

$$F_u^* \,/\, F_u \;=\; 1 \qquad\qquad (2.29a)$$

liefert (2.28)

$$\sigma_u^* \;=\; \frac{S}{S^*} \, \sigma_u \cdot \qquad\qquad (2.29b)$$

Wegen (1.1o) in der Form

$$\ln \frac{S}{S^*} \;=\; 2\,\nu\,\varepsilon_{vor}$$

ergibt sich (2.29b) mit $\nu = 1/2$ und bei Berücksichtigung des Nennwertes für die Vorverformung zu

$$\sigma_u^* \;=\; (1 + \varepsilon_{N\,vor})\,\sigma_u \cdot \qquad\qquad (2.3o)$$

Mit (2.3o) wird die Reißfestigkeit einiger Kunststoffe in Abhängigkeit der Vorverformung berechnet und im Vergleich mit den Meßergebnissen von [28] in <u>Bild 2-14</u> wiedergegeben. Die

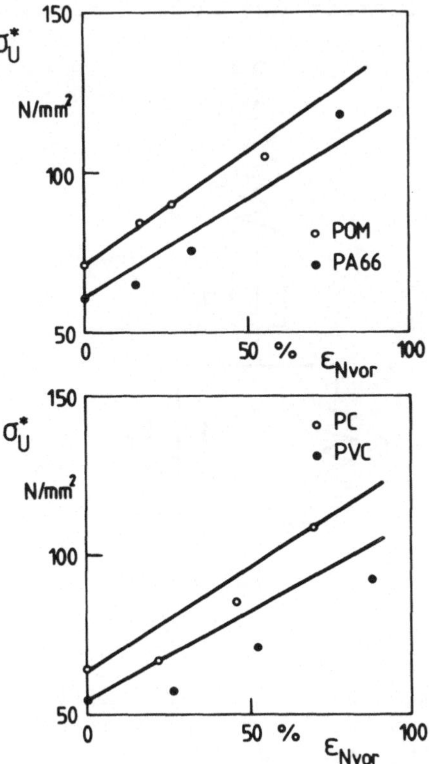

Bild 2-14

Übereinstimmung ist weniger zufriedenstellend, da die Annahme (2.29a) nur in erster Näherung getroffen werden kann.

3. Kriechversuch

a) Mechanische Modelle

Zur Beschreibung des Kriechverhaltens viskoelastischer Werkstoffe soll hier vom BURGERS-Modell [39] ausgegangen werden, da es für Plastomere (z.B. [4o]) bei linearviskoelastischem Werkstoffverhalten zur Behandlung der Ergebnisse aus den Grundversuchen verwendet werden kann (Ziff. 2.4). Der BURGERS-Körper ist ein in den Spannungen lineares Modell mit vier Parametern (Bild 3-1): Elastizitätsmoduln E_1 und E_2 der linearen Federn, (Zug-) Viskositäten η_1 und η_2 der linearen Dämpfungszylinder. Für Kriechbeanspruchung mit zeitunabhängiger, konstanter Spannung liefert das Modell für die Gesamtdehnung[3]

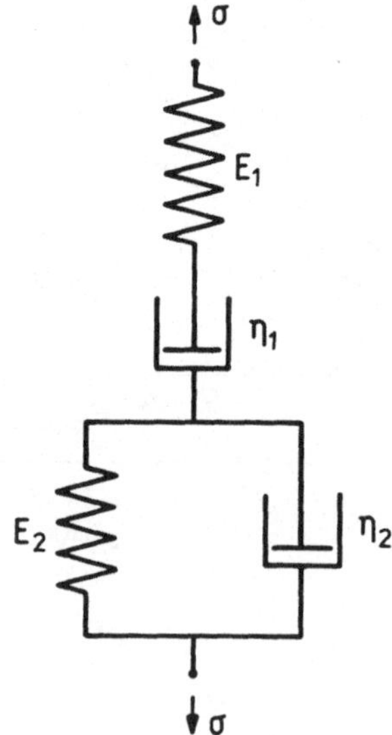

Bild 3-1

---

[3] Bei kleinen Verformungen im Bereich des linearviskoelastischen Werkstoffverhaltens stimmen Nenndehnung und wahre Dehnung bzw. Nennspannung und wahre Spannung näherungsweise überein.

$$\varepsilon(t) \;=\; \frac{\sigma}{E_1} + \frac{\sigma}{\eta_1}\,t + \frac{\sigma}{E_2}\,[\,1 - \exp(-\frac{E_2}{\eta_2}\,t)\,] \qquad (3.1)$$

bzw. nach Normierung auf σ die Kriechnachgiebigkeit

$$I(t) \;=\; E_1^{-1} + \eta_1^{-1}\,t + E_2^{-2}\,[\,1 - \exp(-\frac{E_2}{\eta_2}\,t)\,] \;. \qquad (3.2)$$

Zur Bestimmung der Parameter E_1 bis η_2 bildet man die zeitliche Ableitung der Kriechnachgiebigkeit

$$\dot{I}(t) \;=\; \eta_1^{-1} + \eta_2^{-1}\,\exp(-\frac{E_2}{\eta_2}\,t) \qquad (3.3)$$

und bestimmt die Asymptote $I^*(t)$ der Kurve nach (3.2)

$$I^*(t) \;=\; a + b\,t \qquad (3.4)$$

mit

$$b = \lim_{t \to \infty} \frac{I(t)}{t} \;,\quad a = \lim_{t \to \infty}\,[\,I(t) - b\,t\,]\;. \qquad (3.5a,b)$$

Mit (3.2), (3.4) und (3.5a,b) erhält man

$$I^*(t) \;=\; E_1^{-1} + E_2^{-1} + \eta_1^{-1}\,t\;. \qquad (3.6)$$

Aus der Kriechnachgiebigkeit sowie deren Ableitung entsprechend (3.3) ergeben sich die gesuchten Parameter zu

$$t \to 0: \qquad I(0) \;=\; E_1^{-1}\;, \qquad (3.7a)$$

$$\dot{I}(0) \;=\; \eta_1^{-1} + \eta_2^{-1}\;, \qquad (3.7b)$$

$$I^*(0) \;=\; E_1^{-1} + E_2^{-1}\;, \qquad (3.7c)$$

$$t \to \infty: \qquad \dot{I}(\infty) \;=\; \eta_1^{-1}\;. \qquad (3.7d)$$

Die Darstellung der Meßergebnisse aus Kriechversuchen als Kriechnachgiebigkeiten in Abhängigkeit von der Zeit läßt unmittelbar lineares bzw. nichtlineares Werkstoffverhalten er-

kennen. Die graphische Auswertung der Kurven entsprechend
(3.7a) bis (3.7c) ist allerdings ungenau, da die meisten Plastomere für $t \to 0$ sehr hohe Kriechgeschwindigkeiten aufweisen
und im weiteren Verlauf die Kriechgeschwindigkeit mit der
Zeit abnimmt, so daß weder die Anfangstangente an die experimentelle Kurve noch deren Asymptote mit genügender Genauigkeit bestimmt werden können.

Deshalb wird im folgenden die Anpassung des BURGERS-Modells
an reales Werkstoffverhalten mit Hilfe einer Ausgleichsrechnung nach der Methode der kleinsten Fehlerquadratsumme durchgeführt. Für die aus dem Kriechexperiment bestimmten Werte
I_i, t_i (i=1...n) ist die Summe der quadratischen Abweichungen
vom Verlauf nach (3.2)

$$S = \sum_{i=1}^{r} \{I_i - a_1 - a_2 t_i - a_3 [1 - \exp(-a_4 t_i)]\}^2 \qquad (3.8a)$$

mit

$$a_1 = E_1^{-1}, \quad a_2 = \eta_1^{-1}, \quad a_3 = E_2^{-1}, \quad a_4 = E_2/\eta_2 . \qquad (3.8b)$$

Die kleinste Fehlerquadratsumme [52] folgt aus den Bedingungen

$$\frac{\partial S}{\partial a_k} = 0, \quad \frac{\partial^2 S}{\partial a_k^2} > 0, \quad k = 1...4 . \qquad (3.9a,b)$$

Mit (3.9a) ergeben sich aus (3.8a) die Bestimmungsgleichungen
für die Parameter a_k:

$$\frac{\partial S}{\partial a_1} = 0 : \Sigma I_i \quad - r(a_1 + a_3) \quad - a_2 \Sigma t_i + a_3 \Sigma k_i \quad = 0 \qquad (3.10a)$$

$$\frac{\partial S}{\partial a_2} = 0 : \Sigma I_i t_i - (a_1 + a_3)\Sigma t_i - a_2 \Sigma t_i^2 + a_3 \Sigma k_i t_i = 0 \qquad (3.10b)$$

$$\frac{\partial S}{\partial a_3} = 0 : \Sigma I_i - \Sigma I_i k_i - a_1(r - \Sigma k_i) - a_2(\Sigma t_i - \Sigma k_i t_i) - a_3(r - \Sigma k_i + \Sigma k_i^2) = 0 \qquad (3.10c)$$

$$\frac{\partial S}{\partial a_4} = -2a_3[\Sigma I_i k_i t_i - (a_1 + a_3)\Sigma k_i t_i - a_2 \Sigma k_i t_i^2 + a_3 \Sigma k_i^2 t_i] . \qquad (3.11)$$

In (3.1oa) bis (3.11) bedeutet

$$k_i := \exp(-a_4 t_i) \, . \tag{3.12}$$

Damit sind (3.1oa) bis (3.11) nichtlinear in a_4, so daß ein iteratives Verfahren zur Berechnung der Koeffizienten a_k durchgeführt werden muß. Bei Vorgabe eines groben Näherungswertes $a_4 = A_4$ können die Parameter $a_1(A_4)$ bis $a_3(A_4)$ aus dem linearen Gleichungssystem, das aus (3.1oa) bis (3.1oc) folgt, ermittelt werden:

$$\begin{bmatrix} a_1 \\ a_2 \\ a_3 \end{bmatrix} = \begin{bmatrix} r & \Sigma t_i & (r - \Sigma k_i \\ \Sigma t_i & \Sigma t_i^2 & (\Sigma t_i - \Sigma k_i t_i) \\ (r - \Sigma k_i) & (\Sigma t_i - \Sigma k_i t_i) & (r - 2\Sigma k_i + \Sigma k_i^2) \end{bmatrix}^{-1} \begin{bmatrix} \Sigma I_i \\ \Sigma I_i t_i \\ \Sigma I_i - \Sigma I_i k_i \end{bmatrix} \, . \tag{3.13}$$

Zur Verfeinerung des groben Näherungswertes A_4 kann z.B. nach dem NEWTONschen Näherungsverfahren ein neuer Wert A_4' berechnet werden [53]:

$$a_4 = A_4' = A_4 - \left(\frac{\partial S}{\partial a_4} \bigg/ \frac{\partial^2 S}{\partial a_4^2}\right) \, , \tag{3.14}$$

$$\frac{\partial^2 S}{\partial a_4^2} = 2a_3[\Sigma I_i k_i t_i^2 - (a_1 + a_3)\Sigma k_i t_i^2 - a_2 \Sigma k_i t_i^3 + 2a_3 \Sigma k_i^2 t_i^2] \, . \tag{3.15}$$

Mit A_4' wird (3.13) erneut gelöst. Dieses Verfahren setzt man solange fort, bis $\partial S/\partial a_4 \approx 0$ bzw. entsprechend (3.14) $A_4 \approx A_4'$ ist. Die Lösung von (3.13) liefert dann die restlichen Parameter a_1 bis a_3.

Nach diesem Näherungsverfahren sind die Koeffizienten des BURGERS-Modells aus Meßergebnissen [54] an PC berechnet und in <u>Tabelle 3-I</u> zusammengestellt.

Tabelle 3-I

σ	$40,82$ N/mm^2	$54,83$ N/mm^2
a_1	$4,140 \cdot 10^{-4}$	$5,145 \cdot 10^{-4}$
a_2	$1,433 \cdot 10^{-6}$	$3,162 \cdot 10^{-6}$
a_3	$6,943 \cdot 10^{-5}$	$1,737 \cdot 10^{-4}$
a_4	$1,220$	$1,448$

Die mit diesen Werten nach (3.2) berechneten Kriechnachgiebigkeiten sind im Vergleich mit den Meßergebnissen nach [54] in
<u>Bild 3-2</u> wiedergegeben. Sowohl aus den Parametern in Tabelle
3-I als auch aus der Darstellung in Bild 3-2 wird deutlich,

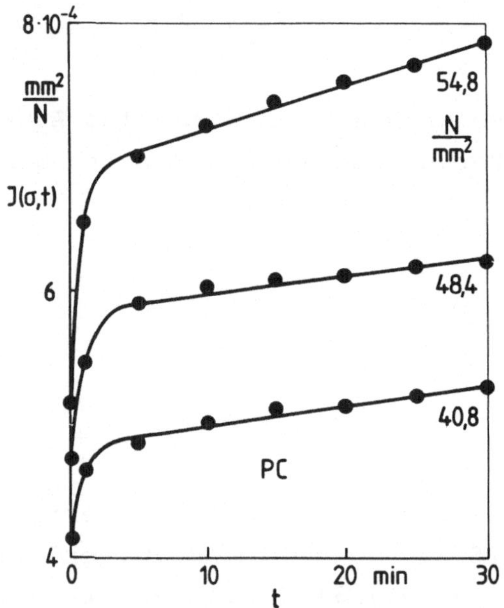

Bild 3-2

daß sich der untersuchte Werkstoff nichtlinear viskoelastisch
verhält. Damit ist die Anwendung des BURGERS-Modells für die
Berechnung einer anderen Beanspruchungsart, z.B. der Relaxationsbeanspruchung, mit den z.B. aus dem Kriechversuch ermittelten Parametern im strengen Sinn nicht mehr möglich. Jedoch
zeigt sich, daß durch das BURGERS-Modell das Kriechverhalten
von Plastomeren bei konstanter, zeitunabhängiger Spannung

auch im nichtlinearen Bereich gut beschrieben werden kann
[4o,55]. Dazu kann man noch, wie z.B. in [4o], die Koeffizienten des Modells als Funktionen der Spannung bzw. der Zeit
angeben. Diese Vorgehensweise erscheint aber erst dann sinnvoll, wenn die einzelnen Parameter durch ein geeignetes nume-
risches Verfahren - wie in dieser Ziffer angegeben - aus Versuchsergebnissen bestimmt werden können.

Eine einfache nichtlineare Erweiterung der aus dem BURGERS-
Modell folgenden Kriechgleichung (3.1) wird von MARIN und PAO
[56] angegeben und in [56,57] experimentell überprüft:

$$\varepsilon(\sigma,t) = b_1\sigma + b_2\sigma^{m*}t + b_3\sigma^m[1 - \exp(-b_4t)]. \qquad (3.16)$$

Die Anpassung von (3.16) an gemessene Kriechkurven kann ebenfalls mit der angegebenen Ausgleichsrechnung durchgeführt werden. Dazu schreibt man zur Vermeidung einer Regressionsanalyse
mit den Veränderlichen σ,t (3.16) in der Form

$$\varepsilon = b_1\sigma + b_2'\sigma t + b_3'\sigma[1 - \exp(-b_4t)] , \qquad (3.17)$$

die formal identisch mit (3.1) ist. In (3.17) bedeuten

$$b_2' = b_2\sigma^{m*-1} , \qquad b_3' = b_3\sigma^{m-1}. \qquad (3.18a,b)$$

Für die Kurvenanpassung berechnet man zuerst die Parameter
b_1, b_2', b_3' und b_4 jeweils für eine konstante, zeitunabhängige
Spannung. Weitere Ausgleichsrechnungen für (3.18a,b) nach der
Methode der kleinsten Fehlerquadratsumme liefern die Koeffizienten b_2, b_3, m^* und m. Mit diesen Rechenschritten wird auf
einfache Weise deutlich, ob die nichtlineare Erweiterung des
BURGERS-Modells nach (3.18a,b) für das Kriechverhalten realer
Werkstoffe zutrifft, ob eine andere Erweiterung vorzunehmen
oder das Modell zu verwerfen ist und andere Beschreibungsformen zu verwenden sind (Tabelle 3-II). Erstmalig beschrieb
MC VETTY das Kriechverhalten metallischer Werkstoffe formal
mit (3.1) bzw. (3.17) [58].

Die Gesamtdehnung $\varepsilon(\sigma,t)$ in (3.16) bzw. $\varepsilon(t)$ in (3.1) kann man als Summe der Teildehnungen

$$\varepsilon_e = b_1 \sigma \tag{3.19a}$$

$$\varepsilon_p = b_2 \sigma^{m*} t \tag{3.19b}$$

$$\varepsilon_\eta = b_3 \sigma^m \, [\, 1 - \exp(-\, b_4 t)\,] \tag{3.19c}$$

ansetzen. In (3.19a) bis (3.19c) sind ε_e der linearelastische, ε_p der plastische und ε_η der viskose (relaxierende) Anteil der Dehnung ε. Die experimentelle Nachprüfung kann über den sogenannten Rückkriechversuch erfolgen, bei dem nach einer Zeit t_1 die Spannung spontan vom Prüfkörper entfernt wird. Zur Formulierung des Rückkriechverhaltens bildet man die einzelnen Dehnungsgeschwindigkeiten. So folgt aus (3.19b)

$$\dot{\varepsilon}_p = b_2 \sigma^{m*} \, . \tag{3.2oa}$$

Die Integration von (3.2oa) mit der Randbedingung $\varepsilon_p = \varepsilon_p(t_1)$ für $t = t_1$ liefert wegen

$$\int_{\varepsilon_p(t_1)}^{\varepsilon_p} d\varepsilon_p = b_2 \sigma^{m*} \int_{t_1}^{t} dt \tag{3.2ob}$$

für $\sigma = 0$ und $t \geq t_1$

$$\varepsilon_p = \varepsilon_p(t_1) \, . \tag{3.2oc}$$

Für den viskosen Anteil der Dehnung erhält man die Dehnungsgeschwindigkeit zu

$$\dot{\varepsilon}_\eta = b_4 b_3 \sigma^m \exp(-\, b_4 t) \tag{3.21a}$$

bzw. mit (3.19c)

$$\dot{\varepsilon}_\eta = b_4 (b_3 \sigma^m - \varepsilon_\eta) \, . \tag{3.21b}$$

Nach vollständiger Entlastung ($\sigma=0$) ergibt sich aus (3.21b)

$$\dot{\varepsilon}_\eta = - b_4 \varepsilon_\eta . \qquad (3.21c)$$

Die Integration von (3.21c) mit der Randbedingung $\varepsilon_\eta = \varepsilon_\eta(t_1)$ für $t = t_1$ liefert für $t > t_1$

$$\varepsilon_\eta = \varepsilon_\eta(t_1) \exp\left[- b_4(t - t_1)\right], \qquad (3.21d)$$

und bei Berücksichtigung von (3.19c) in (3.21b) folgt

$$\varepsilon_\eta = b_3 \sigma^m \left\{ \exp\left[- b_4(t - t_1)\right] - \exp(-b_4 t)\right\}. \qquad (3.21e)$$

Die Gesamtdehnung im Rückkriechversuch ergibt sich somit aus der Summe von (3.2oc) und (3.21e). Zum gleichen Ergebnis gelangt man, wenn man das Superpositionsprinzip auf (3.16) anwendet [42], das aber streng genommen nur für $m^* = m = 1$ gilt. Inwieweit ein durch das BURGERS-Modell zwar beschreibbarer Werkstoff real plastische (bleibende) Verformungsanteile zeigt, läßt sich wegen (3.21c) - wenn überhaupt - erst für $t \gg t_1$ beantworten. Je nach Anwendungs- bzw. Untersuchungsbereich kann man deshalb auch von dem 3-Parameter-Modell (lineares Standard-Modell) ausgehen. Dazu setzt man für konstante, zeitunabhängige Spannung im Kriechversuch (Einstufenversuch) in (3.1) die (Zug-)Viskosität $\eta_1 \to \infty$. Aus (3.2) folgt dann

$$I(t) = I_0 + I^*\left[1 - \exp(- t/t_k)\right] \qquad (3.22)$$

mit $I_0 = E_1^{-1}$, $I^* = E_2^{-1}$ und der Retardationszeit $t_k = E_2/\eta_2$.

Da im allgemeinen Werkstoffe ein Spektrum von Retardations- bzw. Relaxationszeiten besitzen, erweitert man (3.22) zunächst durch eine endliche Anzahl p von Retardationszeiten

$$I(t) = I_0 + \sum_{i=1}^{p} I_i^*\left[1 - \exp(- t/t_{ki})\right]. \qquad (3.23)$$

Für vorgegebene, äquidistante Retardationszeiten t_{ki} werden
in [59] die Nachgiebigkeiten I_i^* nach der Methode der kleinsten Fehlerquadratsumme bestimmt und zur Berechnung des
Kriechverhaltens von S-PVC im Vergleich mit Meßergebnissen
verwendet. Bei zunehmender Anzahl von Relaxationszeiten folgt
aus (3.23)

$$I(t) \;=\; I_o + \int_o^\infty f(t_k)\,[1 - \exp(- t/t_k)]\,dt_k \qquad (3.24)$$

mit der Verteilungsfunktion $f(t_k)$ als Spektrum von Retardationszeiten. Führt man aus Dimensionsgründen das "Retardationsspektrum"

$$H_k(t_k) \;=\; t_k\, f(t_k) \qquad (3.25)$$

in (3.24) ein, liefert (3.24) schließlich

$$I(t) = I_o + \int_o^\infty H_k(t_k)\,[1 - \exp(- t/t_k)]\,d\ln t_k. \qquad (3.26)$$

b) Differential- und Integralgleichungen

In der linearen Viskoelastizitätstheorie werden Stoffgesetze
in Form von Differential- und Integralgleichungen geschrieben. Für die Darstellung in Form einer Differentialgleichung
wird üblicherweise das Grundgesetz der linearen Viskoelastizitätstheorie in Operatorenschreibweise angegeben (z.B.[60]):

$$P\sigma(t) \;=\; Q\varepsilon(t). \qquad (3.27a)$$

In (3.27) sind P und Q lineare Differentialoperatoren:

$$P = \sum_{\lambda=o}^{\lambda_p} p_\lambda \frac{d^\lambda}{dt^\lambda}\,, \qquad Q = \sum_{\lambda=o}^{\lambda_q} q_\lambda \frac{d^\lambda}{dt^\lambda}. \qquad (3.27b)$$

Für das BURGERS-Modell lauten z.B. (3.27a) wegen (3.27b)

$$\sigma + p_1\dot{\sigma} + p_2\ddot{\sigma} = q_1\dot{\varepsilon} + q_2\ddot{\varepsilon} \qquad (3.28a)$$

mit

$$p_1 = \eta_1/E_1 + \eta_1/E_2 + \eta_2/E_2 \; ,$$

$$p_2 = (\eta_1\eta_2)/(E_1E_2) \; ,$$

$$q_1 = \eta_1 \; ,$$

$$q_2 = \eta_1\eta_1/E_2 \; .$$

(3.28b)

Stoffgleichungen in Integralform liefert das BOLTZMANNsche Superpositionsprinzip [61]. Für einachsige Kriechbeanspruchung mit zeitlich veränderlicher Spannung $\sigma(t)$ lautet danach die Integralgleichung (z.B.[6o])

$$\varepsilon(t) = \int_o^t I(t-\Theta) \, \frac{\partial\sigma(\Theta)}{\partial\Theta} \, d\Theta \; , \tag{3.29}$$

die bei bekannter Kriechnachgiebigkeit $I(t)$ und Belastungsgeschichte zur Beschreibung bzw. Vorhersage der Kriechverformung verwendet werden kann. In der Viskoelastizitätstheorie wird üblicherweise die untere Integrationsgrenze in (3.29) mit $-\infty$ angegeben. Wenn angenommen wird, daß der Werkstoff bei Versuchsbeginn in einem völlig entspannten Zustand vorliegt, kann die untere Integrationsgrenze gleich Null gesetzt werden. Eine zu (3.29) alternative Schreibweise erhält man mit

$$u = I(t-\Theta) \; , \quad dv = \frac{\partial\sigma(\Theta)}{\partial\Theta} \, d\Theta$$

aus der partiellen Integration von (3.29) zu

$$\varepsilon(t) = I_o \, [\, \sigma(t) + \int_o^t K(t-\Theta) \, \frac{\partial\sigma(\Theta)}{\partial\Theta} \, d\Theta \,] \; , \tag{3.3o}$$

d.h., die Kriechnachgiebigkeit $I(t)$ ist in die zeitunabhängige (elastische) Nachgiebigkeit $I_o = E^{-1}$ und in die zeitabhängige Kriechfunktion (Integralkern) $K(t)$ separiert. Der Kern in (3.3o) wird auch "Gedächtnis- oder Erinnerungsfunktion" genannt, ist aus dem Kriechexperiment bestimmbar oder wird von vornherein angenommen. Dazu benutzt man z.B. die für Integralgleichungen bekannten Kerne (z.B.[62]), wie etwa den ABEL-Kern [53]

$$K(t - \Theta) = \frac{C}{(t - \Theta)^{\alpha}} \quad . \tag{3.31}$$

Bei zeitunabhängiger, konstanter Spannung $\sigma(t) = \sigma_o$ liefern (3.3o) und (3.31)

$$\varepsilon(t) = I_o \sigma_o (1 + \frac{C}{1 - \alpha} t^{1-\alpha}) \quad . \tag{3.32a}$$

Für $\varepsilon_o = I_o \sigma_o$ und die Kriechdehnung $\varepsilon_{kr} = \varepsilon(t) - \varepsilon_o$ sowie mit $A' = C/1-\alpha$ und $n = 1-\alpha$ folgt aus (3.32a) der Potenzansatz für Kriechen

$$\varepsilon_{kr} = A' t^n \quad , \tag{3.32b}$$

der formalidentisch mit (1.13) ist.

Mit (3.32b) läßt sich z.B. auch das Retardationsspektrum $H_k(t_k)$ des verallgemeinerten VOIGT/KELVIN-Modells nach (3.26) berechnen. Unter Berücksichtigung der elastischen Nachgiebigkeit I_o erhält man aus (3.32b) die Nachgiebigkeit

$$I(t) = I_o + A'' t^n \tag{3.33}$$

mit $A'' = A'/\sigma_o$. Die Verknüpfung von (3.26) mit (3.33) liefert

$$A'' t^n = \int_0^{\infty} H_k(t_k) [1 - \exp(-t/t_k)] d \ln t_k \quad , \tag{3.34}$$

und nach Differentiation nach t

$$n A'' t^{n-1} = \int_0^{\infty} t_k^{-1} H_k(t_k) \exp(-t/t_k) d \ln t_k \quad . \tag{3.35}$$

Aus der Gammafunktion [53]

$$\Gamma(y) = \int_0^{\infty} x^{y-1} e^{-x} dx$$

folgt für $y = 1-n$ und $x = t/t_k$

$$\Gamma(1-n) = \int_0^{\infty} (t/t_k)^{-n} \exp(-t/t_k) d(t/t_k) \tag{3.36a}$$

bzw.

$$\Gamma(1-n) = -\int_{o}^{\infty} (t/t_k)^{1-n} \exp(-t/t_k) d \ln t_k \quad . \qquad (3.36b)$$

Eliminiert man in (3.35) und (3.36b) t^{1-n}, so ergibt sich das Retardationsspektrum zu

$$|H_k(t_k)| = \frac{n \bar{A}''}{\Gamma(1-n)} t_k^n \quad . \qquad (3.37)$$

Der linearviskoelastische Bereich von Plastomeren wird oft bereits bei Verformungen zwischen o,1 bis o,5 % verlassen [4o,63], Bauteile werden aber zumindest örtlich höher beansprucht, so daß mit nichtlinearer Spannung-Verformung-Beziehung gerechnet werden muß. Als formale Erweiterung von (3.3o) wird von LEADERMAN [64] deshalb die Spannungsfunktion $g(\sigma)$ eingeführt, so daß aus (3.3o) folgt

$$\varepsilon(t)/I_o = \sigma(t) + \int_{o}^{t} K(t-\Theta)\frac{\partial}{\partial\Theta}\{g[\sigma(\Theta)]\}d\Theta \quad . \qquad (3.38)$$

Eine allgemeinere Darstellung als (3.38) für nichtlineares Verhalten geht auf GREEN, RIVLIN [65] zurück und führt auf eine Vielintegraldarstellung, die bei einachsiger Beanspruchung lautet:

$$\varepsilon(t) = \int_{o}^{t} I_1(t-\Theta_1) \frac{\partial\sigma(\Theta_1)}{\partial\Theta_1} d\Theta_1 +$$

$$+\int_{o}^{t}\int_{o}^{t} I_2(t-\Theta_1,t-\Theta_2) \frac{\partial\sigma(\Theta_1)}{\partial\Theta_1} \frac{\partial\sigma(\Theta_2)}{\partial\Theta_2} d\Theta_1 d\Theta_2 + \ldots +$$

$$+\int_{o}^{t}\ldots\int_{o}^{t} I_N(t-\Theta_1,\ldots,t-\Theta_N) \frac{\partial\sigma(\Theta_1)}{\partial\Theta_1} \ldots \frac{\partial\sigma(\Theta_N)}{\partial\Theta_N} d\Theta_1 \ldots d\Theta_N .$$

$$(3.39)$$

Eine anschauliche Herleitung von (3.39) im Gegensatz zur komplizierten mathematischen gibt FINDLEY [42] durch Superposition infinitesimaler Lastsprünge bei mehrstufigem Kriechversuch. Bei der Anwendung von (3.39) auf den experimentellen Befund beschränkt man sich in den meisten Untersuchungen (z.B.[66 bis 68])auf N = 2 oder 3. Die experimentelle Ermitt-

lung der Kriechkurve in (3.39) ist allerdings mit einem hohen
Aufwand verbunden [69,7o]; so werden z.B. in [7o] allein 85
Proben benötigt, die mit unterschiedlichen Belastungsprogram-
men in Stufenversuchen beansprucht werden, z.B.:

$$\sigma(t) = \sigma_\alpha H(t) \, , \tag{3.4oa}$$

$$\sigma(t) = \sigma_\alpha H(t) + \sigma_\beta H(t - t_1) \, , \tag{3.4ob}$$

$$\sigma(t) = \sigma_\alpha H(t) + \sigma_\beta H(t - t_1) + \sigma_\gamma H(t - t_2) \, . \tag{3.4oc}$$

In (3.4oa) bis (3.4ob) bedeuten σ_α usw. numerische Werte der
Spannung im Kriechversuch und t_1, t_2 die Zeiten der Belastungssprünge. $H(t)$ ist die HEAVISIDE-Funktion mit der Definition

$$H(t - a) = \begin{cases} 1 & \text{für } t > a \, , \\ 0 & \text{für } t \leq a \, . \end{cases} \tag{3.41}$$

Mit (3.4oa) und (3.41) folgt aus (3.39) mit $N = 3$

$$\varepsilon(t) = \sigma_\alpha I_1(t) + \sigma_\alpha^2 I_2(t,t) + \sigma_\alpha^3 I_3(t,t,t) \, . \tag{3.42}$$

Da (3.42) in den Spannungen ungerade ist, kann damit bei Anwendung auf den Zug- sowie Druckkriechversuch unterschiedliches Werkstoffverhalten gegenüber Zug- und Druckbeanspruchung
beschrieben werden. Zur Berechnung der "Teilfunktionen" $I_1(t)$
bis $I_3(t,t,t)$ in (3.42) werden nun mindestens drei Kriechversuche mit jeweils konstanter Spannung ($\alpha = 1...3$) benötigt.
Aus den vorgegebenen Spannungswerten und den entsprechenden
Verformungen kann das System (3.42) für jeweils gleiche Ver-
suchszeiten gelöst werden.

Eine genauere Bestimmung der $I_1(t)$ bis $I_3(t,t,t)$ wird durch
eine größere Anzahl ($\alpha = 1...q$) von Kriechversuchen mit jeweils konstanter, zeitunabhängiger Spannung erzielt. Die
Teilfunktionen berechnet man dann z.B. nach der Methode der
kleinsten Fehlerquadratsumme aus dem Gleichungssystem

$$\sum_{\alpha=1}^{q} \varepsilon_\alpha \sigma_\alpha^p = I_1 \sum_{\alpha=1}^{q} \sigma_\alpha^{p+1} + I_2 \sum_{\alpha=1}^{q} \sigma_\alpha^{p+2} + I_3 \sum_{\alpha=1}^{q} \sigma_\alpha^{p+3} \, ; \quad p = 1...3. \tag{3.43}$$

Die Anwendung von (3.4ob) und (3.4oc) auf (3.39) liefert weitere Bestimmungsgleichungen für die Kriechkerne, die in ähnlicher Vorgehensweise wie für (3.42) dann aus experimentellen Ergebnissen zu berechnen sind. Hier zeigt sich aber, wie unökonomisch hinsichtlich des Versuchsaufwands diese Methode zur Formulierung des mechanischen Werkstoffverhaltens schon bei einachsiger Beanspruchung ist. Darüber hinaus ist auch der rechnerische Aufwand nicht unerheblich.

Durch vereinfachende Annahmen kann die Anzahl der "Primärversuche" jedoch reduziert werden. Man kann z.B. annehmen, daß die Kernfunktionen in (3.42) separierbar in zeitunabhängige und zeitabhängige Funktionen sind. So lassen sich z.B. die Funktionen I_k (k=1...3) entsprechend (3.33) durch

$$I_k = a_k + b_k\, t^n\,, \quad k = 1\ldots 3 \tag{3.44}$$

darstellen [67]. Mit (3.44) folgt aus (3.42) für den Einstufenversuch

$$\varepsilon(t) = a_1\sigma + a_2\sigma^2 + a_3\sigma^3 + (b_1\sigma + b_2\sigma^2 + b_3\sigma^3)\, t^n\,. \tag{3.45}$$

bzw.

$$\varepsilon(t) = \varepsilon_o + A'\, t^n \tag{3.46a}$$

mit

$$\varepsilon_o = a_1\sigma + a_2\sigma^2 + a_3\sigma^3 \tag{3.46b}$$

und

$$A' = b_1\sigma + b_2\sigma^2 + b_3\sigma^3\,. \tag{3.46c}$$

Die zeitunabhängige, spontane Dehnung ε_o ist nach (3.46b) ebenso nichtlinear bezüglich der Spannung wie der Stoffwert (Ansatzfreiwert) A', d.h., die spontane Dehnung ε_o muß nicht unbedingt linearelastischem Werkstoffverhalten entsprechen.

Eine unmittelbare Bestimmung der spontanen Dehnung aus den Zeitdehnlinien des Kriechversuchs ist aus versuchstechnischen

58

Gründen mit großen Unsicherheiten behaftet. Man benutzt deshalb Methoden, die unter Annahme eines für den Werkstoff gültigen Kriechgesetzes eine rechnerische Bestimmung der Spontandehnung ermöglichen.

Ausgehend von (3.46a) erhält man für

$$t = 1 : \qquad A' = \varepsilon(1) - \varepsilon_o \; , \tag{3.47a}$$

$$t = t_2: \qquad \log \frac{\varepsilon(2) - \varepsilon_o}{\varepsilon(1) - \varepsilon_o} = n \, \log t_2 \; , \tag{3.47b}$$

$$t = t_3: \qquad \log \frac{\varepsilon(3) - \varepsilon_o}{\varepsilon(1) - \varepsilon_o} = n \, \log t_3 \; . \tag{3.47c}$$

Setzt man $t_3 = t_2^p$, ergibt sich damit aus (3.47b) und (3.47c)

$$\frac{\varepsilon(2) - \varepsilon_o}{\varepsilon(1) - \varepsilon_o}^p = \frac{\varepsilon(3) - \varepsilon_o}{\varepsilon(1) - \varepsilon_o} \tag{3.48a}$$

oder mit $p = 2$ die Spontandehnung zu [71]

$$\varepsilon_o = \frac{\varepsilon(1)\,\varepsilon(3) - \varepsilon^2(2)}{\varepsilon(1) + \varepsilon(3) - 2\varepsilon(2)} \; . \tag{3.48b}$$

Bei Kenntnis von ε_o lassen sich aus den Meßwerten des Kriechversuchs die Ansatzfreiwerte A' und n von (3.46a) z.B. nach
der Methode der kleinsten Fehlerquadratsumme berechnen. Danach kann erst festgestellt werden, ob das angenommene Stoffgesetz (3.46a) das Werkstoffverhalten richtig wiedergibt.

Ein anderer Weg geht von der Bestimmung der Ansatzfreiwerte
A' und n in (3.46a) aus [72]. Dazu bestimmt man im Kriechversuch mit konstanter, zeitunabhängiger Spannung für die Zeiten

$$t_1, \; t_2 = ct_1, \; t_3 = c^2 t_1, \; \ldots , \; t_q = c^{q-1} t_1, \; q=1,2,\ldots \tag{3.49a}$$

die Gesamtdehnungen

$$\varepsilon(1), \; \varepsilon(2), \; \varepsilon(3), \ldots, \; \varepsilon(t_q) \tag{3.49b}$$

und bildet die Differenzen

$$\Delta\varepsilon_1 = \varepsilon(2) - \varepsilon(1), \quad \Delta\varepsilon_2 = \varepsilon(3) - \varepsilon(2), \ldots, \Delta\varepsilon_q = \varepsilon(q+1) - \varepsilon(q). \quad (3.49c)$$

Bei Berücksichtigung des Stoffgesetzes (3.46a) folgt für (3.49c)

$$\Delta\varepsilon_q = A'[(c-1)c^{q-1}t_1]^n \qquad (3.5oa)$$

bzw. wegen (3.49a)

$$\Delta\varepsilon_q = A'[(c-1)t_q]^m, \quad q = 1,2,\ldots. \qquad (3.5ob)$$

Die Ausgleichsrechnung liefert mit den aufbereiteten Meßwerten $\Delta\varepsilon_q$, t_q die Koeffizienten A' und m. Zur Vereinfachung kann man in (3.5oa) noch $c = 2$ und $t_1 = 1$ setzen, so daß folgt:

$$\Delta\varepsilon_q = A' \, 2^{(q-1)n} \qquad (3.51a)$$

bzw.

$$\log \Delta\varepsilon_q = \log A' + n(q-1)\log 2, \quad q=1,2,\ldots \qquad (3.51b)$$

Bei Kenntnis von A' und n kann aus den Meßergebnissen mit (3.46a) die spontane Dehnung ε_o dann bestimmt werden.

c) Empirische Kriechgesetze

Im allgemeinen kann man annehmen, daß sich in isothermen Kriechversuchen mit jeweils konstanter Spannung die Gesamtdehnung ε des einachsig beanspruchten Probestabs aus der spontanen Dehnung ε_o und der Kriechdehnung ε_{kr} zusammensetzt:

$$\varepsilon(\sigma,t) = \varepsilon_o(\sigma) + \varepsilon_{kr}(\sigma,t). \qquad (3.52)$$

Für die zeitabhängige Weiterverformung ε_{kr} wird allgemein als brauchbare erste Näherung die Produktform

$$\varepsilon_{kr} = g(\sigma)\, h(t) \qquad (3.53)$$

eingeführt, die NUTTING [43] zugeordnet werden kann. Für die Spannungsfunktion $g(\sigma)$ sind in Tabelle 2-III die am häufigsten verwendeten Ansätze zusammengestellt. Sie können somit formal als Interpolationsfunktionen für das Spannung-Verformung-Verhalten im Zugversuch mit konstanter Dehngeschwindigkeit oder zur Beschreibung der Spannungsabhängigkeit des Werkstoffverhaltens bei Kriechbeanspruchung benutzt werden.

Da Plastomere im allgemeinen kein ausgeprägtes sekundäres Kriechstadium zeigen [42,73] und seine Formulierung ohne weiteres gelingt, sollen hier nur Zeitfunktionen $h(t)$ für den Bereich mit abnehmender Kriechgeschwindigkeit berücksichtigt werden. Diese Beziehungen, die gerade bei anwendungsorientierter Vorgehensweise zur Vorhersage des funktionellen Versagens von Bauteilen Anwendung finden können, ergeben sich meistens durch Linearisierung der experimentell ermittelten Abhängigkeiten $\varepsilon_{kr} - t$ bei einfach- oder doppelt-logarithmischer Darstellung. Die Zeitfunktion kann somit durch logarithmische, parabolische oder exponentielle Gesetze ausgedrückt werden. In <u>Tabelle 3-II</u> sind die am meisten benutzten

Tabelle 3-II

$\alpha \; \ln(1 + t)$	PHILLIPS
$\alpha_1 \ln t$	WEAVER
$\alpha_2 \ln t + \alpha_3 t$	LEADERMAN
$\alpha_4 \ln(1 + \alpha_5 t)$	GAROFALO
$(1 + \beta t^{1/3}) \exp(kt) - 1$ $k \to 0: \; \beta t^{1/3}$	ANDRADE
$\beta_1 \, t^n$	NUTTING
$\Sigma \, \beta_i \, t^{n_i}$	GRAHAM/ WALLES
$\beta_2 (\beta_3 + t)^n$	TERLAAK
$\gamma_1 (1 - e^{-qt}) + \gamma_2 t$	MC VETTY
$\gamma_0 + \gamma_1 (1 - e^{-qt}) + \gamma_2 t$	MARIN
Polynom $P_q(t^n)$	

"Kriechgesetze" [43,47,64,74 bis 78] zusammengestellt. Die Ansatzfreiwerte α, α_1 usw. sind konstant und dem Werkstoffverhalten anzupassen.

Bei empirischer Vorgehensweise liefern die Interpolationsfunktionen der Tabellen 2-III und 3-II somit viele Kombinationsmöglichkeiten für den multiplikativen Ansatz (3.53). Die Überprüfung der Anwendbarkeit einzelner Kombinationen gelingt entweder durch Linearisierung der gemessenen Abhängigkeiten in graphischer Darstellung oder rechnerisch z.B. nach der Methode der kleinsten Fehlerquadratsumme. Eine breite Übersicht über derartige Kombination ist z.B. in [57] insbesondere für organische Werkstoffe angegeben. Für eine große Anzahl von Kunststoffen ist die Brauchbarkeit der von NUTTING angegebenen Zeitfunktion durch experimentelle Untersuchungen (z.B.[4o,42,57,79]) überprüft worden. Dabei hat man u.a. festgestellt, daß dieser Ansatz zur Beschreibung der Zeitabhängigkeit auch für längere Beanspruchungszeiten brauchbar und der Exponent n nahezu temperaturunabhängig ist [42]. Wie Bild 2-1o zeigt, ist die ebenfalls von NUTTING angegebene Potenzfunktion $K\sigma^m$ eine innerhalb der Meßgenauigkeit hinreichende Näherung für andere Spannungsfunktionen, so daß die NUTTING-Gleichung

$$\varepsilon_{kr} = k\sigma^m\, t^n \tag{3.54}$$

eine sinnvolle Interpolationsfunktion für (3.53) darstellt. Unter Berücksichtigung der spontanen Dehnung ε_o, die auf elastisches Verhalten beschränkt und deren Abhängigkeit von der Spannung entsprechend dem Ansatz (2.2o) gegeben sein soll, erhält man für (3.52)

$$\varepsilon(\sigma,t) = l_o\sigma + k_o\sigma^{m_o} + k\sigma^m\, t^n. \tag{3.55}$$

In <u>Bild 3-3</u> ist (3.55) im Vergleich zu den Ergebnissen aus Kriechversuchen [87] an PUR dargestellt. Die Ansatzfreiwerte $l_o \equiv 0$, k_o, m_o, k, m und n sind nach der Methode der kleinsten Fehlerquadrate bestimmt und in <u>Tabelle 3-III</u> zusammengefaßt.

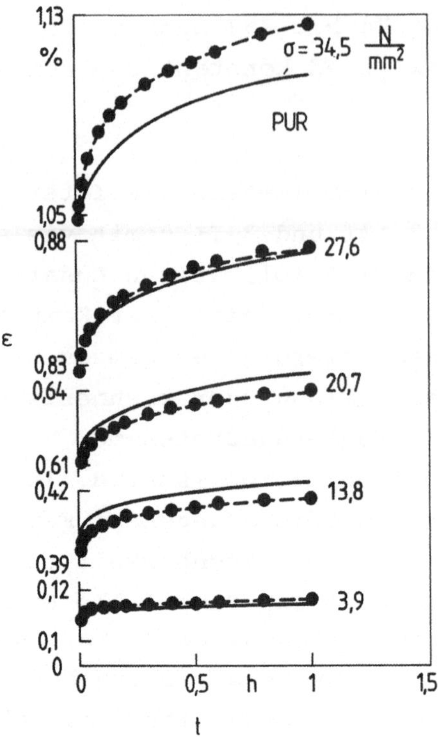

Bild 3-3

Tabelle 3-III

	Gl. 3.55		Gl. 3.45
k_o	$2{,}716 \cdot 10^{-4}$	a_1	$2{,}725 \cdot 10^{-4}$
l_o	0	a_2	$5{,}038 \cdot 10^{-7}$
m_o	$1{,}011$	a_3	$-6{,}028 \cdot 10^{-9}$
k	$1{,}373 \cdot 10^{-5}$	b_1	$1{,}858 \cdot 10^{-5}$
m	$1{,}278$	b_2	$9{,}578 \cdot 10^{-5}$
n	$0{,}143$	b_3	$1{,}836 \cdot 10^{-5}$

Zum Vergleich sind auch die mit einem Polynom dritten Grades
für die Spannungsfunktion in (3.53) - die Gleichung für
$\varepsilon(\sigma,t)$ entspricht dann (3.45) - gerechneten Kurven in Bild 3-3
(---) wiedergegeben.

Berücksichtigt man, wie etwa im BURGERS-Modell entsprechend
(3.1), in (3.52) noch einen (visko-) plastischen Anteil der
Gesamtdehnung, so lautet (3.52) mit (3.55)

$$\varepsilon(\sigma,t) = \varepsilon_o(\sigma) + g(\sigma)h(t) + \varepsilon_p(\sigma,t) \ . \tag{3.56}$$

Für die Separation des Kriechanteils an der Gesamtdehnung in
(3.53) bzw. (3.56) wird angenommen, daß sich die Kriechkurven
$\varepsilon_{kr}(\sigma,t)$ für jeweils unterschiedliche, konstante Spannung nur
durch einen konstanten Faktor - z.B. A' in (3.46a) - unterscheiden. Man spricht dann auch von der Hypothese der Ähnlichkeit von Kriechkurven [8o]. Diese ist allerdings auf Beanspru-
chungs- und Zeitbereiche, wie etwa den Bereich primären Kriechens, beschränkt. Weitere Ansätze für eine derartige Hypo-
these gehen von der Kriechgeschwindigkeit $\dot{\varepsilon}_{kr}$ als einer Funktion der Spannung und der Zeit aus [81]:

$$\dot{\varepsilon}_{kr} = g^*(\sigma)h^*(t) \tag{3.57}$$

oder legen die Ähnlichkeit isochroner Spannung-Dehnung-Bezie-
hungen zugrunde [8o]:

$$\sigma(\varepsilon,t) = g(\varepsilon) \ \psi(t) \ . \tag{3.58}$$

Legt man für die Zeitfunktion $\psi(t)$ z.B. den von RABOTNOV [8o]
vorgeschlagenen Ansatz

$$\psi(t) \ = \ \frac{1}{1+at^\beta} \tag{3.59}$$

und für $g(\varepsilon)$ eine Potenzreihe entsprechend (2.17)

$$g(\varepsilon) = A_1\varepsilon + A_2\varepsilon^2 + A_3\varepsilon^3 + \ldots \tag{3.6o}$$

zugrunde, so folgt aus der Umkehrung der Potenzreihe für die
Gesamtdehnung ε bei Kriechbeanspruchung

$$\varepsilon(\sigma,t) = B_1\sigma + B_2\sigma^2 + B_3\sigma^3 + (B_1\sigma + 2B_2\sigma^2 + 3B_3\sigma^3)at^\beta +$$

$$+ (B_2\sigma^2 + 3B_3\sigma^3)a^2t^{2\beta} + B_3\sigma^3a^3t^{3\beta} + \ldots \tag{3.61}$$

mit den Koeffizienten nach (2.18a,b,c). In (3.61) können die "zeitfreien" Glieder gemäß (3.46b) als Ausdruck für die Spontandehnung ε_o angesehen werden. Aus dem Vergleich von (3.61) mit (3.45) wird so der Unterschied in den Ähnlichkeitshypothesen entsprechend (3.58) bzw. (3.53) deutlich. Erst für lineares Werkstoffverhalten mit $B_2 = B_3 = \ldots \equiv 0$ geht (3.61) in (3.45) mit $b_2 = b_3 \equiv 0$ und $a_2 = a_3 \equiv 0$ über.

4. Spannungsrelaxationsversuch

a) BURGERS – Modell

Das Spannungsrelaxationsverhalten des BURGERS-Modells kann aus (3.28a) ermittelt werden. Für eine spontane Belastung zur Zeit $t = 0$ soll die Dehnung den konstanten Wert

$$\varepsilon = \varepsilon_o \, H(t) \tag{4.1}$$

annehmen. Aus (4.1) folgen die erste und zweite zeitliche Ableitung zu

$$\dot{\varepsilon} = \varepsilon_o \, \delta(t) \tag{4.2}$$

und

$$\ddot{\varepsilon} = \varepsilon_o \, \frac{d\,\delta(t)}{dt} \quad . \tag{4.3}$$

In (4.1) bedeuten $H(t)$ die HEAVYSIDEsche Funktion [z.B. 53]

$$H(t) = \begin{cases} 1 & \text{für } t > 0 \, , \\ 0 & \text{für } t \leq 0 \, , \end{cases} \tag{4.4}$$

und $\delta(t)$ die DIRACsche Funktion oder Impulsfunktion [53]

$$\delta(t) = \frac{d}{dt} \, H(t) = \begin{cases} 0 & \text{für } t \neq 0 \, , \\ \infty & \text{für } t = 0 \, . \end{cases} \tag{4.5}$$

Unter Berücksichtigung von (4.1) bis (4.3) liefert (3.28a)

$$\sigma + p_1 \dot{\sigma} + p_2 \ddot{\sigma} = q_1 \, \varepsilon_o \, \delta(t) + q_2 \, \varepsilon_o \, \frac{d\,\delta(t)}{dt} \tag{4.6}$$

mit den Koeffizienten p_1 usw. nach (3.28b). Zur Lösung der
Differentialgleichung (4.6) nach der Operatorenmethode (z.B.
[53]) bildet man die LAPLACE-Transformierte $L[\hat{f}(t)]:= f(s)$ von
(4.6):

$$\hat{\sigma} + p_1 s\hat{\sigma} + p_2 s^2\hat{\sigma} = q_1 \varepsilon_o + q_2 \varepsilon_o s \qquad (4.7a)$$

bzw.

$$\hat{\sigma} = \frac{\varepsilon_o(q_1 + q_2 s)}{1 + p_1 s + p_2 s^2} := \frac{Q(s)}{P(s)} \ . \qquad (4.7b)$$

Zur Bestimmung von $\sigma(t)$ wird für (4.7b) die Partialbruchzer-
legung angewendet:

$$\frac{Q(s)}{P(s)} = \frac{D_1}{s + \alpha_1} + \frac{D_2}{s + \alpha_2} + \dots + \frac{D_i}{s + \alpha_i} \ . \qquad (4.8)$$

Die Konstanten λ_i bestimmt man z.B. nach [42] zu

$$D_i = \lim_{s \to -\alpha_i} \left\{ \frac{Q(s)}{D(s)} (s + \alpha_i) \right\} \ . \qquad (4.9)$$

Aus Tabellen zur LAPLACE-Transformation (z.B. [53]) erhält man fü
$1/(s+\alpha_i)$ die Transformierte $\exp(-\alpha_i t)$, so daß durch Anwendung der Vorschriften (4.8) und (4.9) auf (4.7b) sich die Spannungsrelaxation zu

$$\sigma(t) = \varepsilon_o [D_1 \exp(-\alpha_1 t) + D_2 \exp(-\alpha_2 t)] \ . \qquad (4.1o)$$

ergibt. In (4.10) bedeuten

$$D_1 = \frac{-p_1 q_2 + 2p_2 q_1 + q_2 \sqrt{p_1^2 - 4p_2}}{2p_2 \sqrt{p_1^2 - 4p_2}} \ , \qquad (4.11a)$$

$$D_2 = \frac{p_1 q_2 - 2p_2 q_1 + q_2 \sqrt{p_1^2 - 4p_2}}{2p_2 \sqrt{p_1^2 - 4p_2}} \ , \qquad (4.11b)$$

$$\alpha_1 = \frac{p_1 - \sqrt{p_1^2 - 4p_2}}{2p_2} , \qquad (4.11c)$$

$$\alpha_2 = \frac{p_1 + \sqrt{p_1^2 - 4p_2}}{2p_2} . \qquad (4.11d)$$

Die zeitliche Spannungsabnahme gemäß (4.1o) ist formalidentisch mit der Spannungsrelaxation von zwei parallelgeschalteten MAXWELL-Körpern [41], so daß im Vergleich zu (2.16) gilt:

$$D_1 \equiv \hat{E}_1 , \qquad D_2 \equiv \hat{E}_2 , \qquad D_1\alpha_1 \equiv \hat{\eta}_1 , \qquad D_2\alpha_2 \equiv \hat{\eta}_2 . \qquad (4.12)$$

In Ziff. 3 ist am Beispiel PC gezeigt, daß auch bei nichtlinearem Werkstoffverhalten einzelne Kriechkurven mit dem BURGERS-Modell beschreibbar sind. Zur Abschätzung des Relaxationsverhaltens von nichtlinearviskoelastischen Werkstoffen mit diesem Modell und den in Kriechkurven mit jeweils konstanter, zeitunabhängiger Spannung ermittelten Modellparametern (z.B. Tab. 3-I) soll deshalb ohne Anspruch auf Allgemeingültigkeit angenommen werden, daß das Werkstoffverhalten in beiden Versuchsarten ähnlich ist, wenn nur die der konstanten, zeitunabhängigen Dehnung des Relaxationsversuchs entsprechende Anfangsspannung $\sigma(O)$ in der unmittelbaren Nachbarschaft der konstanten Spannung des Kriechversuchs liegt, der zur Ermittlung der Koeffizienten durchgeführt wird.

Zur rechnerischen Abschätzung des in **Bild 4-1** dargestellten experimentellen Befunds aus Relaxationsuntersuchungen [54] an dem Kunststoff PC, der in Ziff. 3 als Beispiel zur Anwendung des BURGERS-Modells bei Kriechbeanspruchung verwendet ist, wird die der konstanten Dehnung entsprechende Anfangsspannung bestimmt. Sie folgt allgemein aus (4.1o) für $t = O$ zu

$$\sigma(O) = (D_1 + D_2)\varepsilon_o \qquad (4.12a)$$

bzw. wegen (4.11a,b) und (3.28b) zu

$$\sigma(O) = E_1\varepsilon_o . \qquad (4.12b)$$

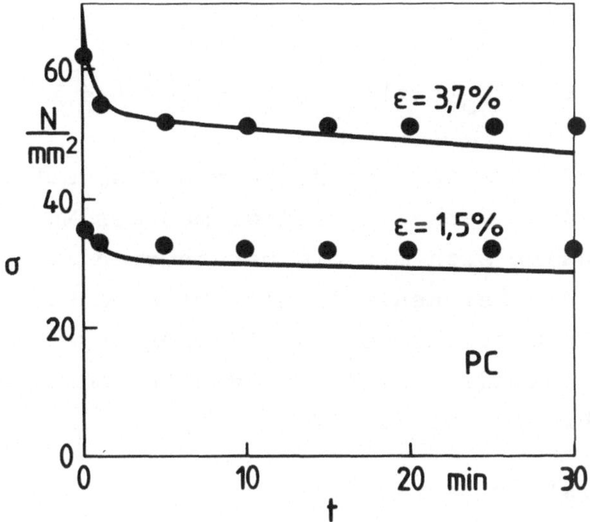

Bild 4-1

Mit (4.12b) und den entsprechenden numerischen Werten $E_1 = a_1^{-1}$
aus Tabelle 3-I erhält man so für die Dehnungen $\varepsilon = 1,5$ % bzw.
3,7 % (Bild 4-1) die Anfangsspannungen $\sigma(O) = 36,2$ N/mm² bzw.
71,9 N/mm² gegenüber den Spannungen des Kriechversuchs
$\sigma = 4o,8$ N/mm² bzw. 54,8 N/mm². Trotz dieser Unterschiede lassen sich die Relaxationskurven für PC [54] (Bild 4-1) mit den
Koeffizienten der Tabelle 3-I nach (4.1o) bis (4.11b) unter
Berücksichtigung von (3.8b) und (3.28b) im Vergleich zu den
Meßwerten zufriedenstellend berechnen.

b) Integralgleichungen

Entsprechend den Stoffgleichungen zur Beschreibung des Kriech-
verhaltens linearviskoelastischer Werkstoffe liefert das
BOLTZMANNsche Superpositionsprinzip Stoffgleichungen für die
Spannungsrelaxation bei zeitlich veränderlicher Dehnung $\varepsilon(t)$:

$$\sigma(t) = \int_o^t E(t - \Theta)\frac{\partial \varepsilon(\Theta)}{\partial \Theta}\, d\Theta \qquad (4.13)$$

bzw. bei Separierung des Relaxationsmoduls $E(t)$ in den zeitunabhängigen (elastischen) Modul E_o und die zeitabhängige Re-

laxationsfunktion R(t).

$$\sigma(t) = E_0 \left[\varepsilon(t) + \int_0^t R(t-\Theta) \frac{\partial \varepsilon(\Theta)}{\partial \Theta} \, d\Theta \right]. \qquad (4.14)$$

Wenn Kriech- und Relaxationserscheinungen Ausdruck des gleichen viskoelastischen Verhaltens sind, muß der Modul der einen Beanspruchungsart sich mit dem der anderen in Beziehung
setzen lassen, d.h., bei Kenntnis der Kriechnachgiebigkeit
(1.6b) kann der Relaxationsmodul (1.17) berechnet werden oder
umgekehrt. Durch Anwendung [z.B. 42] der LAPLACE-Transformation erhält man hierzu aus (3.29)

$$\hat{\varepsilon}(s) = s \, \hat{I}(s) \, \hat{\sigma}(s) \qquad (4.15)$$

und aus (4.13)

$$\tilde{\sigma}(s) = s \, \hat{E}(s) \, \hat{\varepsilon}(s) . \qquad (4.16)$$

Aus (4.15) und (4.16) ergibt sich

$$\hat{I}(s) \, \hat{E}(s) = s^{-2} , \qquad (4.17)$$

und nach Bildung der inversen LAPLACE-Transformation
$f(t) = L^{-1}[\hat{f}(s)]$ folgt aus (4.17)

$$\int_0^t I(t-\Theta) \, E(\Theta) \, d\Theta = t \qquad (4.18)$$

bzw.

$$\int_0^t E(t-\Theta) \, I(\Theta) \, d\Theta = t . \qquad (4.19)$$

Bekanntlich gehen (4.18) bzw. (4.19) für die spontane An-
fangsbelastung $(t \rightarrow 0)$ bzw. für Langzeitbeanspruchung $(t \rightarrow \infty)$
in

$$E(0) \, I(0) = 1 \qquad (4.2oa)$$

bzw.

$$E(\infty) \, I(\infty) = 1 \qquad (4.2ob)$$

über. Für Belastungszeiten zwischen diesen Extremwerten kann
bei gegebener Kriechnachgiebigkeit der Relaxationsmodul durch

Lösen der Integralgleichungen (4.18) bzw. im umgekehrten Fall
(4.19) berechnet werden. Allerdings gelingt eine geschlossene
Lösung nur bei einfachen Beziehungen für die Kriechnachgiebigkeit oder den Relaxationsmodul. So kann z.B. die Kriechnachgiebigkeit unter Vernachlässigung der zeitunabhängigen Nachgiebigkeit durch (3.33) dargestellt werden:

$$I(t) \; = \; A'' t^n \; .\tag{4.21}$$

Die LAPLACE-Transformation von (4.21) ergibt [53]

$$\hat{I}(s) \; = \; A'' \; \frac{\Gamma(n+1)}{s^{n+1}}\tag{4.22}$$

mit der Gammafunktion $\Gamma(n+1)$. Die Verknüpfung von (4.22) mit
(4.17) führt zu

$$\hat{E}(s) \; = \; \frac{s^{n-1}}{A'' \; \Gamma(n+1)} \; ,\tag{4.23}$$

und die inverse LAPLACE-Funktion von (4.23) liefert den Relaxationsmodul

$$E(t) \; = \; [A'' t^n \; \Gamma(n+1) \; \Gamma(1-n)]^{-1}\tag{4.24}$$

bzw. mit (4.21)

$$E(t) \, I(t) \; = \; [\Gamma(n+1) \; \Gamma(1-n)]^{-1} \; .\tag{4.25}$$

Das Produkt aus Relaxationsmodul und Nachgiebigkeit gemäß
(4.25) ist in Abhängigkeit von dem Exponenten n in <u>Bild 4-2</u>
dargestellt. Man erkennt, daß für kleine n die Moduln sich
nur wenig unterscheiden, ein Befund, der für Plastomere
experimentell festgestellt wird.

Berechnungen des Relaxationsverhaltens aus dem Kriechverhalten
linearviskoelastischer Werkstoffe sind nicht sehr zahlreich
durchgeführt worden (z.B. [82 bis 85]), da Schwierigkeiten meistens in der Lösung der entsprechenden Integralgleichung entstehen. Da reale Werkstoffe sich im allgemeinen auch nichtlinear verhalten, soll auf weitere Anwendungsbeispiele der linearen Viskoelastizitätstheorie nicht mehr eingegangen werden.

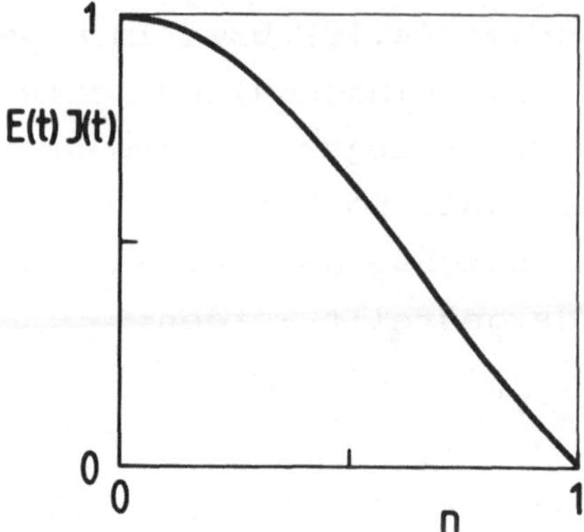

Bild 4-2

Für nichtlineares Relaxationsverhalten kann ebenfalls die Vielintegraldarstellung verwendet werden. Entsprechend dem formalen Aufbau der Integralgleichungen für Kriechen (3.29) und Relaxation (4.13) bei"linearem Werkstoff" folgt aus (3.39) der Aufbau für die nichtlineare Relaxationsdarstellung durch eine "Reihe" VOLTERRAscher Integrale

$$\sigma(t) = \int\limits_{o}^{t} R_1(t-\Theta_1)\dot{\varepsilon}(\Theta_1)d\Theta_1 +$$

$$+\int\limits_{o}^{t}\int\limits_{o}^{t} R_2(t-\Theta_1,t-\Theta_2)\dot{\varepsilon}(\Theta_1)\dot{\varepsilon}(\Theta_2)d\Theta_1\,d\Theta_2 + \ldots +$$

$$+\int\limits_{o}^{t}\ldots\int\limits_{o}^{t} R_N(t-\Theta_1,\ldots,t-\Theta_N)\dot{\varepsilon}(\Theta_1)\ldots\dot{\varepsilon}(\Theta_N)d\Theta_1\ldots d\Theta_N \quad (4.26)$$

In (4.26) bedeutet $\dot{\varepsilon}(\Theta) = \partial\varepsilon(\Theta)/\partial\Theta$, $R_1\ldots R_N$ nennt man Relaxationskerne. Für einen Einstufenversuch mit $\varepsilon = $ const. folgt aus (4.26) z.B. für $N = 3$

$$\sigma(t) = R_1(t)\varepsilon + R_2(t,t)\varepsilon^2 + R_3(t,t,t)\varepsilon^3. \quad (4.27)$$

In [86] wird angenommen, daß die Kerne für (4.27) sich durch

$$R_N(t,\ldots,t) = \alpha_N - \beta_N t^\mu, \qquad N = 1\ldots3 \quad (4.28)$$

ausdrücken lassen. Damit ergibt sich für die Spannungsrelaxation bei konstanter, zeitunabhängiger Dehnung und nichtlinearem Werkstoffverhalten ein der Kriechgleichung (3.45) entsprechender Ansatz

$$\sigma(t) = \alpha_1 \varepsilon + \alpha_2 \varepsilon^2 + \alpha_3 \varepsilon^3 - (\beta_1 \varepsilon + \beta_2 \varepsilon^2 + \beta_3 \varepsilon^3) t^\mu \qquad (4.29)$$

bzw. allgemeiner [87]

$$\sigma(t) = \sigma_o(\varepsilon) - \sigma_r(\varepsilon, t) \qquad (4.3o)$$

mit dem zeitunabhängigen Anteil $\sigma_o(\varepsilon)$ und der zeitlichen Spannungsabnahme $\sigma_r(\varepsilon, t)$.

Um aus der Kenntnis über das Relaxationsverhalten eines Werkstoffs auf sein Kriechverhalten zu schließen, muß eine Beziehung zwischen (4.26) und (3.39) gefunden werden. Zur Abschätzung des Kriechverhaltens wird deshalb angenommen, daß durch (4.29) das viskoelastische Verhalten bei Einstufenbeanspruchung wieder gegeben wird. So ergibt sich aus (4.29) die Dehnung ε als reelle Wurzel einer Gleichung dritten Grades oder aus der Umkehrfunktion einer Potenzreihe [59] gemäß (2.18):

$$\varepsilon(t) = B_1 \sigma + B_2 \sigma^2 + B_3 \sigma^3 + \ldots \qquad (4.31)$$

Bei Beschränkung auf drei Glieder in (4.31) lauten die Koeffizienten entsprechend (2.18a,b,c)

$$B_1 = (\alpha_1 - \beta_1 t^\mu)^{-1} \; , \qquad (4.32a)$$

$$B_2 = -(\alpha_1 - \beta_1 t^\mu)^{-3}(\alpha_2 - \beta_2 t^\mu) \; , \qquad (4.32b)$$

$$B_3 = 2(\alpha_1 - \beta_1 t^\mu)^{-5}(\alpha_2 - \beta_2 t^\mu)^2 - (\alpha_1 - \beta_1 t^\mu)^{-4}(\alpha_3 - \beta_3 t^\mu) . \qquad (4.32c)$$

Die Entwicklung von (4.32a) bis (4.32c) als binomische Reihe liefert für (4.31)

$$\varepsilon(t) = A_o(\sigma) + A_1(\sigma) t^\mu + A_2(\sigma) t^{2\mu} + A_3(\sigma) t^{3\mu}, \qquad (4.33)$$

wenn man die Glieder höherer Ordnung vernachlässigt. In

72

(4.33) bedeuten

$$A_o(\sigma) = \pi_1\sigma - \pi_2\sigma^2 + (\pi_3 - \pi_4)\sigma^3 \, , \tag{4.34a}$$

$$A_1(\sigma) = \pi_1\omega_1\sigma - \pi_2(3\omega_1 - \omega_2)\sigma^2 + [\pi_3(5\omega_1-2\omega_2)-\pi_4(4\omega_1-\omega_3)]\sigma^3 , \tag{4.34b}$$

$$A_2(\sigma) = \pi_1\omega_1^2\sigma - \pi_2(6\omega_1^2 - 3\omega_1\omega_2)\sigma^2 +$$
$$+ [\pi_3(15\omega_1^2-1o\omega_1\omega_1 + \omega_2^2)-\pi_4(1o\omega_1^2-4\omega_1\omega_3)]\sigma^3 , \tag{4.34c}$$

$$A_3(\sigma) = \pi_1\omega_1^3\sigma - \pi_2(1o\omega_1^3 - 6\omega_1^2\omega_2)\sigma^2 +$$
$$+ [\pi_3(35\omega_1^3-3o\omega_1^2\omega_2+5\omega_1\omega_2^2)-\pi_4(2o\omega_1^3-1o\omega_1^2\omega_3)]\sigma^3 \tag{4.34d}$$

und

$$\pi_1 = 1/\alpha_1 , \quad \pi_2 = \alpha_2/\alpha_1^3 , \quad \pi_3 = 2\alpha_2^2/\alpha_1^5 , \quad \pi_4 = \alpha_3/\alpha_1^4 \tag{4.35a}$$

sowie

$$\omega_1 = \beta_1/\alpha_1 , \quad \omega_2 = \beta_2/\alpha_2 , \quad \omega_3 = \beta_3/\alpha_3 \, . \tag{4.35b}$$

Gl. (4.33) ist formalidentisch mit (3.61) und entspricht deshalb der Hypothese von der Ähnlichkeit isochroner Spannung-Dehnung-Verläufe. Die Gesamtdehnung in (4.33) ergibt sich durch die Entwicklung in binomische Reihen als die Summe aus einem zeitunabhängigen Anteil $A_o(\sigma)$ und zeitabhängigen Anteilen. Liefert die Auswertung von Versuchsergebnissen verschwindende Koeffizienten $A_2(\sigma)$ und $A_3(\sigma)$, so folgt aus (4.33) formal das "Kriechgesetz" (3.46a).

Mit (4.33) ist im Gegensatz zu [87] eine Beziehung hergeleitet worden, die es ermöglicht, aus den Ergebnissen von Spannungsrelaxationsuntersuchungen auf das Kriechverhalten des untersuchten Werkstoffs zu schließen. Lassen sich die Versuchsergebnisse mit (4.33) beschreiben, liegt der Vorteil dieser Vorgehensweise z.B. in der einfacheren Versuchsdurchführung für die Relaxationsbeanspruchung. Zur Beurteilung des Unterschieds zwischen den Ergebnissen aus Experiment und Rech-

nung werden Untersuchungen an PUR [86,87] herangezogen. Diese
ergeben für einstufige Relaxationsbeanspruchung die Koeffizienten gemäß (4.29) in Tabelle 4-I.

Tabelle 4-I[4)]

α_1	37o2,48
α_2	− 18,62
α_3	O

β_1	293,o3
β_2	4,76
β_3	o,88

Die Ergebnisse der Rechnung nach (4.33) sind für die spontane
Dehnung $\varepsilon(O)$ und die Dehnung $\varepsilon(1)$ nach einer Stunde Kriechbeanspruchung mit unterschiedlichen Spannungen σ im Vergleich
zu dem experimentellen Befund [87] in Tabelle 4-II wiedergegeben. Der relative Fehler zwischen den Rechenergebnissen
und den Versuchsergebnissen liegt für das angeführte Beispiel
eines schwach nichtlinearen Werkstoffs bei etwa 1o %.

Tabelle 4-II

σ N/mm^2	$\varepsilon(O)$ %	$\varepsilon(1)$ %	$\varepsilon(O)$ %	$\varepsilon(1)$ %
	rechnerisch		experimentell	
3,9	o,1o5	o,114	o,1o7	o,115
13,8	o,393	o,4o5	o,382	o,417
2o,7	o,559	o,6o7	o,58o	o,639
27,6	o,745	o,81o	o,78o	o,876
34,6	o,932	1,o12	o,975	1,126

Trotz der vereinfachenden Annahme über die Gültigkeit von
(4.29) ergibt sich für die Berechnung des Kriechverhaltens
aus dem Relaxationsverhalten schon im Falle einachsiger Einstufenbeanspruchung ein mathematisch aufwendiges Verfahren

---

4) α_1 bis β_3 sind normierte Größen. Wegen $\alpha_3 = O$ und (4.35b) können die
Koeffizienten nicht mit den angegebenen Gleichungen (4.34a) bis (4.34c)
berechnet werden, sondern $\alpha_3 \equiv O$ muß von vornherein in (4.32c) berücksichtigt werden

(Gln. 4.33 bis 4.35b), so daß für mehrstufige und/oder mehrachsige Beanspruchungen die nichtlineare Viskoelastizitätstheorie z.B. entsprechend (4.26) bei anwendungsorientierter
Vorgehensweise weniger geeignet erscheint.

c) Empirische Ansätze

Empirische Ansätze oder Interpolationsformeln zur Beschreibung des Relaxationsverhaltens sind im Schrifttum im Vergleich zu Kriechgesetzen selten angegeben.

Für den isothermen Relaxationsversuch mit konstanter, zeitunabhängiger Gesamtdehnung kann die zeitliche Spannungsabnahme
formal durch (4.3o) angesetzt werden. Verwendet man für den
relaxierenden Anteil σ_r der Spannung in (4.3o) einen multiplikativen Ansatz entsprechend (3.53)

$$\sigma_r = g^{**}(\varepsilon)h(t) \; , \qquad (4.36)$$

so kann auf die empirischen Beziehungen der Tabellen 2-III
und 3-II zurückgegriffen werden. Dazu muß nur in Tabelle
2-III formal σ mit ε vertauscht werden. So ergibt sich z.B.
bei Benutzung des Potenzansatzes nach (3.54) formal mit
(4.3o)

$$\sigma(t) = \sigma_o - K\varepsilon^M t^N \; . \qquad (4.37)$$

Am Werkstoffbeispiel PUR [87] ist (4.37) nach der Methode der
kleinsten Fehlerquadratsumme überprüft und im Vergleich mit
dem Rechenergebnis nach (4.29) (Tabelle 4-I) und den Meßergebnissen [87] in <u>Bild 4-3</u> dargestellt (Tabellen 3-III und 6-II).

Der relaxierende Anteil der Spannung in (4.37) ergibt bei
doppelt logarithmischer Darstellung eine Gerade. Lassen sich
dagegen Meßergebnisse aus Relaxationsversuchen in einfach logarithmischer Darstellung als Geraden wiedergeben, genügt die
Beziehung

$$\sigma(t) = \sigma_o - g^{**}(\varepsilon)\ln(1+t) \; . \qquad (4.38)$$

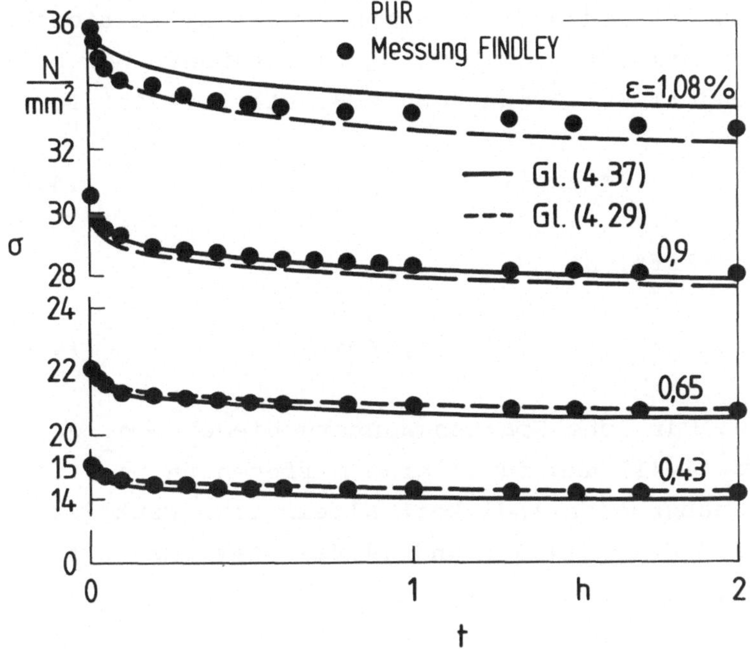

Bild 4-3

Aus (4.38) erhält man durch Differentiation nach der Zeit

$$\sigma = - g** (1 + t)^{-1} \qquad (4.39a)$$

bzw. mit (4.38) und (4.3o)

$$\dot{\sigma} = - g** \exp(- \sigma_r/g**) \qquad (4.39b)$$

Die Verknüpfung von (4.39b) mit der Grundgleichung der Spannungsrelaxation in der Form (1.29) liefert die Geschwindigkeit der viskosen Dehnung

$$\dot{\varepsilon}_\eta(\sigma) = \dot{\varepsilon}(\sigma) = \frac{g**}{M(\sigma)} \exp\left(- \frac{\sigma_r}{g**}\right) \qquad (4.4o)$$

die mit zunehmendem relaxierenden Anteil σ_r abnimmt und für $\sigma_r \to \sigma_o$ verschwinden muß.

In der Regel sinkt allerdings die Spannung bei Relaxationsbeanspruchung nicht bis auf $\sigma = 0$ bzw. $\sigma_r = \sigma_o$, sondern nur bis
$\sigma = \sigma_i$ entsprechend (1.31). Dann kann z.B. statt (4.4o) formal

$$\dot{\varepsilon}(\sigma) = P^* \exp[(\sigma - \sigma_i)/p^*] \qquad (4.41)$$

oder allgemeiner (Ziff. 3)

$$\dot{\varepsilon}(\sigma) = P \; \sinh[(\sigma - \sigma_i)/p] \qquad (4.42)$$

angesetzt werden. Für hohe Spannungsunterschiede $\sigma - \sigma_i$ geht
(4.42) formal in (4.41) und für kleine Differenzen in (1.35)
über. Da die Dehnungsgeschwindigkeit allein eine Funktion der
Spannung ist, wird durch (4.41) und (4.42) stationäres Kriechen dargestellt.

Die Spannungsrelaxation ergibt sich aus (4.42) und z.B. (1.3oa)
zu

$$d\sigma = - \; EP \; \sinh[(\sigma - \sigma_i)/p \,] \, dt \; . \qquad (4.43a)$$

Die Integration von (4.43a) mit den Randbedingungen $t = 0$;
$\sigma = \sigma_o$ liefert dann

$$t = \frac{p}{EP} \, [\, \ln \, \tanh(\frac{\sigma_o - \sigma_i}{p}) - \ln \, \tanh(\frac{\sigma - \sigma_i}{p}) \,] . \qquad (4.43b)$$

In <u>Bild 4-4</u> ist (4.43b) für $\sigma_o/p = 1$ und $\sigma_i/p = 0,1$ dargestellt.

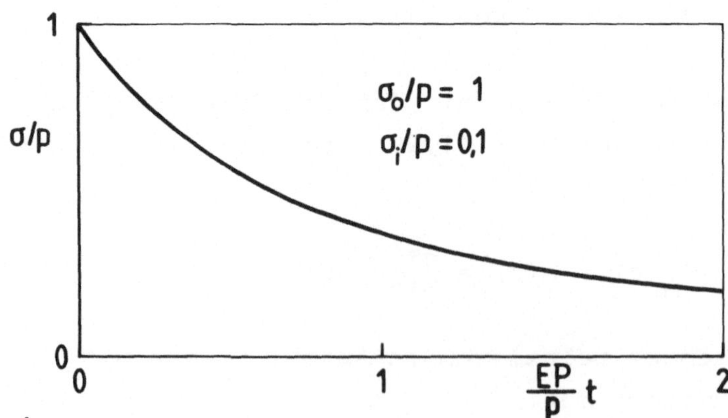

Bild 4-4

In den Ziffern 2 bis 4 sind Formulierungsmöglichkeiten für
das mechanische Verhalten in den drei Grundversuchen angegeben worden. Diese Rechenansätze beschreiben im wesentlichen nur die Ergebnisse einer Versuchsart. Kriechen und Relaxation werden zwar durch das BURGERS-Modell und die Beziehungen aus der Viskoelastizitätstheorie berücksichtigt. Lösungen
sind jedoch nur für spezielles Werkstoffverhalten möglich und
setzen einen größeren rechnerischen Aufwand voraus.

Aus dem Zusammenhang zwischen (4.42) und (4.43a,b) kann man
aber ersehen, daß andere Überlegungen, wie sie z.B. für (1.2o)
getroffen worden sind, zu einer gemeinsamen Formulierung des
mechanischen Verhaltens bei Kriechen und Relaxationsbeanspruchung führen. Deshalb soll im folgenden auf ein Rechenverfahren zurückgegriffen werden, das für die plastische Verformung
metallischer Werkstoffe von LUDWIK [3o] vorgeschlagen und auch
erfolgreich angewendet worden ist.

5. Mechanische Zustandsgleichung

a) Grundversuche

Zur Formulierung des mechanischen Verhaltens von Werkstoffen
mit zeitabhängiger Spannung-Verformung-Beziehung kann man
(Ziff. 1) bei phänomenologischer (makroskopischer) Betrachtungsweise von einem Zusammenhang der den mechanischen Zu-
stand beschreibenden Zustandsvariablen Spannung σ, Dehnung ε
und Dehnungsgeschwindigkeit $\dot{\varepsilon}$ sowie der Temperatur T und so-
genannter Strukturparameter P_s ausgehen:

$$f(\sigma,\varepsilon,\dot{\varepsilon},T,P_s) = 0 . \qquad (5.1)$$

Die mechanische Beanspruchung $(\sigma,\varepsilon,\dot{\varepsilon})$ und die Temperatur T
können die Struktur des Werkstoffs verändern und damit sein
mechanisches Verhalten. Da diese Wechselwirkung - wenn überhaupt - nur sehr schwierig zu ermitteln ist, formuliert man

(5.1) für verschiedene Beanspruchungs- und Temperaturbereiche, in denen der Werkstoff sich strukturell stabil($P_s \approx 0$) verhält, auf der Grundlage mechanischer Modelle oder phänomenologischer Ansätze [1]:

$$P_s \approx 0: \qquad f(\sigma, \varepsilon, \dot{\varepsilon}, T) = 0 \; . \qquad (5.2)$$

Gl. (5.2) geht auf einen Vorschlag von LUDWIK [3o] zurück und wird in Anlehnung an die thermodynamische Zustandsgleichung idealer Gase mit mechanischer Zustandsgleichung bezeichnet. Man stellt an sie die Forderung, daß sie in allgmeingültiger Form unabhängig von Beanspruchungsart, Belastungsweg und Vorgeschichte den Zusammenhang zwischen den Momentanwerten von σ, ε und $\dot{\varepsilon}$ sowie T angibt.[5]

Aus der Forderung nach Unabhängigkeit vom Belastungsweg folgt bei isothermer Beanspruchung für das Kurvenintegral

$$T = const.: \qquad \int P(\sigma, \dot{\varepsilon}) d\sigma + Q(\sigma, \dot{\varepsilon}) d\dot{\varepsilon} \; , \qquad (5.3)$$

daß eine Funktion $\varepsilon(\sigma, \dot{\varepsilon})$ derart existiert, daß der Integrand vollständiges Differential dieser Funktion ist

$$d\varepsilon = P(\sigma, \dot{\varepsilon}) d\sigma + Q(\sigma, \dot{\varepsilon}) d\dot{\varepsilon} \qquad (5.4)$$

und die Integrabilitätsbedingung

$$\partial P / \partial \dot{\varepsilon} = \partial Q / \partial \sigma \qquad (5.5)$$

erfüllt sein muß [53]. Danach nimmt die Dehnung ε bei vorgegebener Spannung σ und Dehnungsgeschwindigkeit $\dot{\varepsilon}$ einen bestimmten Wert an, gleichgültig ob die Verformung z.B. im Zugversuch mit $\dot{\varepsilon} = const.$ oder im Kriechversuch mit $\sigma = const.$ ermittelt wird. Somit folgen aus (5.4)

$$P(\sigma, \dot{\varepsilon}) \equiv \left(\frac{\partial \varepsilon}{\partial \sigma} \right)_{\dot{\varepsilon}} \qquad (5.6a)$$

---

5) σ und $\dot{\varepsilon}$ werden als normierte Größen angesetzt und besitzen damit die Dimension einer Zahl

und

$$Q(\sigma,\dot{\varepsilon}) \equiv \left(\frac{\partial \varepsilon}{\partial \dot{\varepsilon}}\right)_\sigma \ . \qquad (5.6b)$$

Empirische Formeln bzw. Interpolationsfunktionen zur analytischen Beschreibung gemessener Kurven oder einzelner Punkte werden meist durch Linearisierung der ermittelten Abhängigkeiten gefunden (Ziff. 3,4). Dabei benutzt man im wesentlichen die doppelt lineare, die einfach oder doppelt logarithmische Darstellung. Oft zeigt sich aber, daß auch bei logarithmischer Darstellung eine unmittelbare Linearisierung nicht immer zustande kommt. Jedoch lassen sich Kurven durch Superposition der Zustandsgrößen $(\sigma,\varepsilon,\dot{\varepsilon})$ mit geeigneten Faktoren (A,B,C) zu Geraden strecken. Deshalb soll angenommen werden, daß sich die Ergebnisse aus Zug- und Kriechversuchen im Potenznetz durch

$$\ln(\sigma-A) = f(\dot{\varepsilon}) + a \ln(\varepsilon+B) \ , \qquad (5.7a)$$

$$\ln(\varepsilon+B) = g(\sigma) - b \ln(\dot{\varepsilon}+C) \qquad (5.7b)$$

darstellen lassen. So zeigt z.B. <u>Bild 5-1</u> Meßergebnisse aus Kriechversuchen an PC [14]. Diese Ergebnisse können mit (5.7b) beschrieben werden.

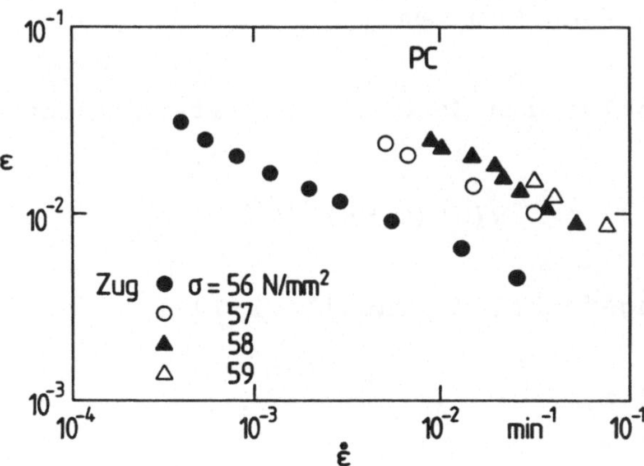

Bild 5-1

Mit (5.6a) und (5.7a) sowie (5.6b) und (5.7b) erhält man die Funktionen

$$P = \frac{1}{a}\frac{\varepsilon + B}{\sigma - A} \; , \tag{5.8a}$$

$$Q = -\, b\, \frac{\varepsilon + B}{\dot{\varepsilon} + C} \tag{5.8b}$$

sowie die triviale Erfüllung der Integrabilitätsbedingung (5.5). Die Verknüpfung von (5.8a,b) mit (5.4) liefert das vollständige Differential

$$\frac{d\varepsilon}{\varepsilon + B} = \frac{1}{a}\frac{d\sigma}{\sigma - A} - b\,\frac{d\dot{\varepsilon}}{\dot{\varepsilon} + C} \; , \tag{5.9}$$

und nach Integration unter Berücksichtigung einer Integrationskonstanten die mechanische Zustandsgleichung, die unmittelbar zur Beschreibung des Spannung-Dehnung-Verhaltens im Zugversuch verwendet werden kann [9o]:

$$\sigma - A = K(\varepsilon + B)^a \, (\dot{\varepsilon} + C)^{ab} \; . \tag{5.1o}$$

Gl. (5.1o) ist eine formale Erweiterung verschiedener Ansätze, die hauptsächlich zur Beschreibung von Fließkurven metallischer Werkstoffe verwendet werden. So erhält man für $B = b = 0$ formal den ältesten Ansatz, der LUDWIK [3o] zugeschrieben wird, für $A = b = 0$ den SWIFTschen [89] und für $A = 0$ eine Zustandsgleichung nach [9O, 91].

Setzt man in (5.1o) den Geschwindigkeitsparameter $C = O$, so folgt

$$C = O: \qquad \dot{\varepsilon} = g(\sigma)\,(\varepsilon + B)^{-1/b} \tag{5.11a}$$

mit der Spannungsfunktion (Tabelle 2-III)

$$g(\sigma) = \left(\frac{\sigma - A}{K}\right)^{1/ab} \; . \tag{5.11b}$$

Für $b = -1$ und $\dot{\varepsilon} = d\varepsilon/dt$ liefert (5.11a) unter Berücksichtigung der Randbedingung, daß zur Zeit $t = O$ die Gesamtdehnung ε nur aus dem spontanen Anteil ε_o besteht, das exponentielle Kriechgesetz

$$b = -1: \qquad \varepsilon - B = (\varepsilon_o - B)\exp[g(\sigma)t] . \qquad (5.12)$$

Mit $B = O$ ergibt sich ein Sonderfall des von STRUIK [92] verwendeten Ansatzes zur Beschreibung des Kriechverhaltens von Kunststoffen. Setzt man dagegen wie in [91] $B \gg \varepsilon$, so folgt aus (5.11a)

$$B \gg \varepsilon: \qquad \dot{\varepsilon}\,\frac{d\varepsilon}{dt} = g(\sigma)B^{-1/b}\,(1 - \frac{1}{b}\frac{\varepsilon}{B}) . \qquad (5.13)$$

Integration und Berücksichtigung der Randbedingung $\varepsilon = \varepsilon_o$ für $t = O$ liefert mit $k^* = B\,b - \varepsilon_o$

$$B \gg \varepsilon: \qquad \varepsilon = \varepsilon_o + k\,\{1 - \exp[-g^*(\sigma)t]\}, \qquad (5.14a)$$

$$g^*(\sigma) = \frac{1}{b}\,B^{(1+b)/b}g(\sigma) . \qquad (5.14b)$$

Gl. (5.14a) stellt formal die Kriechbeziehung des Drei-Element-Modells mit nichtlinearen Charakteristiken von Feder und parallelgeschaltetem Dämpfer dar. Für $\sigma - A = 1$ in (5.11b) folgt aus (5.14b) $g^* = const. := t_K^{-1}$ (t_K Retardationszeit) entsprechend (3.22)

$$\varepsilon = \varepsilon_o + k^*\,[1 - \exp(-t/t_K)] . \qquad (5.14c)$$

Aus (5.11a) ergibt sich ferner nach Integration und der hier gebrauchten Randbedingung unter Benutzung der Abkürzung $n = b/(1 + b)$

$$\varepsilon = -B + [\frac{1}{n}\,g(\sigma)]^n[n\,\frac{(\varepsilon_o + B)^{1/n}}{g(\sigma)} + t]^n . \qquad (5.15)$$

Nimmt in (5.15) der Betrag des Parameters B den Wert der spontanen Dehnung ε_o an, erhält man mit (5.11b) ein gegenüber (3.55) erweitertes parabolisches Kriechgesetz [93]:

$$B = -\varepsilon_o(\sigma): \quad \varepsilon = \varepsilon_o + k(\sigma - A)^m t^n , \qquad O < m \leq 1 \qquad (5.16)$$

mit

$$m^{-1} = a(1 + b), \quad k = n^{-n}\,K^{-m} .$$

Die Beschreibung der Zeitabhängigkeit des Verformungsverhaltens bei Kriechbeanspruchung durch die Potenzfunktion t^n hat sich für eine Vielzahl von Kunststoffen bewährt (Ziff. 3). Die Spannungsfunktion $k(\sigma - A)^m$ in (5.16) kann in weiten Beanspruchungsbereichen die üblichen Sinushyperbolicus oder Exponentialansätze ersetzen. Für den Sonderfall $A = 0$ geht (5.16) in die bekannte NUTTING-Formel (3.54) über.

Mit der Ausgangsgleichung (5.11a) läßt sich schließlich noch formal ein logarithmisches Kriechgesetz herleiten. Dazu bildet man aus (5.15) und (5.11a) die Abhängigkeit der Dehnungsgeschwindigkeit $\dot{\varepsilon}$ von der Zeit t:

$$\dot{\varepsilon} = u(v + t)^{n-1} \tag{5.17a}$$

mit

$$u = \left[n^{\frac{1-n}{n}} g(\sigma) \right]^n , \qquad v = n(\varepsilon_0 - B)^{1/n}/g(\sigma) . \tag{5.17b}$$

Für $n = 0$ liefert (5.17a) formal ohne Berücksichtigung von (5.17b) mit der Randbedingung $t = 0$: $\varepsilon = \varepsilon_0$

$$\varepsilon = \varepsilon_0 + u \ln (1 + t/v) . \tag{5.18}$$

Mit (5.12) bis (5.18) ist gezeigt, daß sich aus der mechanischen Zustandsgleichung (5.1o) die wesentlichen Kriechgesetze herleiten lassen [91].

Da in der Theorie der mechanischen Zustandsgleichung die Unabhängigkeit von der Beanspruchungsart gefordert wird, muß (5.1o) auch zur Formulierung des mechanischen Werkstoffverhaltens bei Relaxationsbedingungen verwendet werden können. Wie die aus (5.11a) hergeleiteten Kriechgesetze zeigen, wird die Gesamtdehnung ε als Summe der spontanen, zeitunabhängigen Verformung ε_0 und des zeitabhängigen Anteils – hier mit ε_η bezeichnet – angenommen:

$$\varepsilon(\sigma,t) = \varepsilon_0(\sigma) + \varepsilon_\eta(\sigma,t) . \tag{5.19}$$

Die Spannungsabhängigkeit der Spontandehnung kann z.B. wie in (1.26) durch

$$\varepsilon_o \; = \; \sigma/M \qquad\qquad (5.2o)$$

formuliert werden (M Sekantenmodul). Damit wird nichtlineares Spontanverhalten berücksichtigt, das im Zugversuch mit $\dot{\varepsilon} = \text{const.}$ ermittelt werden kann.

Für den Spannungsrelaxationsversuch mit zeitunabhängiger Gesamtdehnung der Probe wird angenommen, daß die Summe aus spontaner Dehnung und zeitabhängiger (viskoser) Dehnung konstant und gleich der Anfangsdehnung $\varepsilon(\sigma,0)$ ist (Ziff. 1):

$$\varepsilon_o(\sigma) \; + \; \varepsilon_\eta(\sigma,t) \; = \; \text{const.} \qquad\qquad (5.21)$$

Durch Differentiation nach der Zeit t erhält man aus (5.21) die Grundgleichung der Spannungsrelaxation

$$\dot{\varepsilon}_o(\sigma) \; + \; \dot{\varepsilon}_\eta(\sigma) \; = \; 0 \qquad\qquad (5.22)$$

und mit (5.2o) die Spannungsabbaugeschwindigkeit $\dot{\sigma} = \dfrac{d\sigma}{dt}$:

$$\dot{\sigma} \; = \; - \; M \; \dot{\varepsilon}_\eta(\sigma) \; . \qquad\qquad (5.23)$$

Mit der Relaxationsbedingung $\varepsilon = \text{const.}$ ergibt sich aus (5.1o)

$$\varepsilon = \text{const.:} \qquad \dot{\varepsilon} \; = \; C \; + \; D(\sigma - A)^{1/ab} \qquad\qquad (5.24)$$

mit

$$D = K^{-1}(\varepsilon + B)^{-1/b} \; , \qquad B = \text{const.}$$

Da $\dot{\varepsilon} \equiv \dot{\varepsilon}_\eta$ ist, was auch trivial durch Differentiation der angegebenen Kriechgesetze nach der Zeit folgt, können (5.23) und (5.24) verknüpft werden:

$$\dot{\sigma}/M \; = \; - \; C \; - \; D(\sigma - A)^{1/ab} \; . \qquad\qquad (5.25)$$

Entsprechend der Herleitung der Kriechgleichungen erhält man für C = O

$$C = O: \qquad (\sigma - A)^{-1/ab} \, d\sigma \ = \ - \ D^* dt, \quad D^* = M \, D \qquad (5.26)$$

und nach Integration sowie mit $w = ab/(1 - ab)$ und $ab \neq 1$

$$(\sigma - A)^{-1/w} \ = \ \frac{D^*}{w}(t + \frac{c}{D^*}) \ . \qquad (5.27)$$

Setzt man in (5.27) für die Integrationskonstante $c = D^* t_o$, so ergibt sich die Spannungsrelaxationsbeziehung (1.31)

$$\sigma - A = D^{**}(t + t_o)^{-w}, \quad D^{**} = (\frac{D^*}{w})^w \ , \qquad (5.28)$$

die formalidentisch mit derjenigen von LI [25] ist. In seinem Ansatz wird der Freiwert A mit einer "inneren" Spannung (Eigenspannung) identifiziert.

Die Integrationskonstante c in (5.27) kann auch über die Randbedingung $t = o$, $\sigma = \sigma_o$ bestimmt werden. Damit folgt für die Spannungsrelaxationskurve

$$t = \frac{w}{D^*} \ [(\sigma - A)^{-1/w} - (\sigma_o - A)^{-1/w}] \ . \qquad (5.29)$$

Gl. (5.29) wird ebenfalls zur Beschreibung des Verhaltens von Kunststoffen unter Relaxationsbeanspruchung verwendet [56], allerdings im Sonderfall mit $A \equiv O$.

Für $a \, b = 1$ in (5.26) erhält man schließlich je nach Behandlung der Integrationskonstanten

$$\sigma - A = \exp \ [- \ D^*(t + t_o)] \qquad (5.3o)$$

oder aus der Bedingung $t = O$, $\sigma = \sigma_o$:

$$\sigma - A = (\sigma_o - A) \ \exp \ (- \ D^* t) \ . \qquad (5.31)$$

Setzt man jedoch wie in (5.16) $B = - \varepsilon_o$, dann erhält man wegen (5.19) für die mechanische Zustandsgleichung (5.1o, mit $\dot{\varepsilon} = \dot{\varepsilon}_\eta$

$$C = 0: \qquad \sigma - A = K \, \varepsilon_\eta^a \, \dot{\varepsilon}_\eta^{ab} \qquad\qquad (5.32a)$$

bzw.

$$\dot{\varepsilon}_\eta = (\frac{\sigma - A}{K})^{1/ab} \, \varepsilon_\eta^{-1/b} \ . \qquad\qquad (5.32b)$$

Die Verknüpfung von (5.32b) mit (5.23) liefert nach Trennung der Veränderlichen

$$dt = - \frac{1}{M} (\frac{\sigma - A}{K})^{-1/ab} \, \varepsilon_\eta^{1/b} \, d\sigma \ . \qquad\qquad (5.33)$$

Die zeitabhängige (viskose) Dehnung in (5.23) ergibt sich mit der Relaxationsbedingung $\varepsilon(t,\sigma) = $ const. aus (5.19):

$$t = 0: \qquad \varepsilon(0,\sigma_o) = \varepsilon_o(\sigma_o) = \text{const.} \ , \qquad\qquad (5.34a)$$

$$t = t: \qquad \varepsilon(t,\sigma) = \varepsilon_o(\sigma) + \varepsilon_\eta(t,\sigma) = \text{const.} \qquad (5.34b)$$

Da (5.34a) und (5.34b) gleichgesetzt werden können, erhält man

$$\varepsilon_\eta(t,\sigma) = \varepsilon_o(\sigma_o) - \varepsilon_o(\sigma) \qquad\qquad (5.35a)$$

und mit (5.2o)

$$\varepsilon_\eta(t,\sigma) = (\sigma_o - \sigma)/M \ . \qquad\qquad (5.35b)$$

Aus (5.35b) und (5.33) folgt die Lösung für die Spannungsrelaxation [93]

$$t = K^{1/ab} \int_\sigma^{\sigma_o} M^{-(1+b)/b} \, (\sigma_o - \sigma)^{1/b} (\sigma - A)^{-1/ab} \, d\sigma \ ,$$
$$(5.36)$$

die außer für bestimmte Werte von a und b numerisch auszuwerten ist.

Je nach experimentellem Befund kann (5.1) statt in der Gesamtdehnung ε allein im zeitabhängigen Anteil ε_η angesetzt werden:

$$\varepsilon_\eta(\sigma,t) = \varepsilon(\sigma,t) - \varepsilon_o(\sigma) \ . \qquad\qquad (5.37)$$

Dann kann allerdings nicht wie für (5.16) der Ansatzfreiwert
B den numerischen Wert der Spontandehnung ε_o annehmen. So erhält man z.B. für C = O statt (5.32b)

$$C = O: \qquad \dot{\varepsilon}_\eta = (\frac{\sigma - A}{K})^{1/ab} (\varepsilon_\eta + B)^{-1/b} . \qquad (5.38)$$

Die Verknüpfung von (5.38) mit (5.23) liefert so

$$dt = - (\frac{\sigma - A}{K})^{-1/ab} (\varepsilon_\eta + B)^{1/b} d\sigma \qquad (5.39a)$$

bzw. wegen (5.35b) eine andere Lösung als (5.36) für die
Spannungsrelaxation

$$t = K^{1/ab} \int_\sigma^{\sigma_o} M^{-(1+b)/b} (\sigma - A)^{-1/ab} (\sigma_o - \sigma + MB)^{1/b} d\sigma . \qquad (5.39b)$$

b) Auswertung von Kriechkurven

Bei der Untersuchung zeitabhängigen Werkstoffverhaltens werden vor allem Kriechversuche durchgeführt und die Ergebnisse
z.B. als Zeitdehnlinien dargestellt. Zur mathematischen Beschreibung des experimentellen Befunds werden die erforderlichen Stützwerte oft diesen bzw. umgezeichneten Darstellungen entnommen, so daß zu eventuellen Meßungenauigkeiten sich
weitere Fehler einstellen können.

Andererseits ist das Kriechverhalten von vielen Kunststoffen
untersucht worden, und die Ergebnisse stehen in Form von Dia-
grammen zur Verfügung, so daß sie als Basisinformation über
das jeweilige Werkstoffverhalten bei anderen Beanspruchungsarten verwendet werden sollten. Deshalb werden im folgenden
die Ansatzfreiwerte für die Kriechgleichung (5.16) nach der
Methode der kleinsten Fehlerquadratsumme bestimmt.

Aus (5.16) erhält man durch Logarithmieren die linearen Beziehungen

$$\ln(\varepsilon - \varepsilon_o) = \ln k + n \ln t + m \ln(\sigma - A) \qquad (5.4o)$$

bzw.

$$y = p_1 + p_2 t + p_3 x \qquad (5.41a)$$

mit

$$y = \ln(\varepsilon - \varepsilon_o) , \quad x = \ln(\sigma - p_4) , \quad t := \ln t \qquad (5.41b)$$

und

$$p_1 = \ln k , \quad p_2 = n , \quad p_3 = m , \quad p_4 = A . \qquad (5.41c)$$

Für die in Kriechversuchen ermittelten Meßergebnisse $\varepsilon_i - \varepsilon_{oi}$, t_i, σ_i (i=1...r) ist die Summe der quadratischen Abweichungen vom Verlauf nach (5.41a)

$$S = \sum_{i=1}^{r} (y_i - p_1 - p_2 t_i - p_3 x_i)^2 \qquad (5.42a)$$

mit

$$x_i = \ln(\sigma_i - p_4) . \qquad (5.42b)$$

Die kleinste Fehlerquadratsumme folgt aus den Bedingungen

$$\partial S / \partial p_k = 0 , \quad \partial^2 S / \partial p_k^2 > 0; \quad k=1...4 . \qquad (5.43a,b)$$

Aus (5.42a,b) und (5.43a) ergeben sich die Bestimmungsgleichungen für die Koeffizienten p_k:

$$\frac{\partial S}{\partial p_1} = 0: \quad \Sigma y_i = r\, p_1 + p_2 \Sigma t_i + p_3 \Sigma x_i , \qquad (5.44a)$$

$$\frac{\partial S}{\partial p_2} = 0: \quad \Sigma y_i t_i = p_1 \Sigma t_i + p_2 \Sigma t_i^2 + p_3 \Sigma x_i t_i , \qquad (5.44b)$$

$$\frac{\partial S}{\partial p_3} = 0: \quad \Sigma y_i x_i = p_1 \Sigma x_i + p_2 \Sigma x_i t_i + p_3 \Sigma x_i^2 , \qquad (5.44c)$$

$$\frac{\partial S}{\partial p_4} = 2p_3 (\Sigma y_i e^{-x_i} - p_1 \Sigma e^{-x_i} - p_2 \Sigma t_i e^{-x_i} - p_3 \Sigma x_i e^{-x_i}) . \qquad (5.45)$$

Die Gln. (5.44a) bis (5.45) stellen wegen (5.42b) ein nicht-lineares Gleichungssystem dar, das auf iterativem Weg zu lösen ist. Hierzu gibt man sich für p_4 einen groben Näherungswert $^{o}p_4$ vor und berechnet die Parameter $^{o}p_1$ bis $^{o}p_3$ nach dem aus (5.44a) bis (5.44c) folgenden linearen System:

$$\begin{bmatrix} p_1 \\ p_2 \\ p_3 \end{bmatrix} = \begin{bmatrix} r & \Sigma t_i & \Sigma x_i \\ \Sigma t_i & \Sigma t_i^2 & \Sigma x_i t_i \\ \Sigma x_i & \Sigma x_i t_i & \Sigma x_i^2 \end{bmatrix}^{-1} \begin{bmatrix} \Sigma y_i \\ \Sigma y_i t_i \\ \Sigma y_i x_i \end{bmatrix} \tag{5.46}$$

Mit den numerischen Werten von $^{o}p_1$ bis $^{o}p_4$ und den aufbereiteten Meßwerten x_i, y_i und t_i überprüft man, ob die Forderung $\partial S / \partial p_4 = 0$ gemäß (5.45) erfüllt ist. Zur Verfeinerung des groben Näherungswertes $^{o}p_4$ kann z.B. nach dem NEWTONschen Näherungsverfahren ein neuer Wert $^{1}p_4$ berechnet werden:

$$^{s}p_4 = {}^{s-1}p_4 - \left(\frac{\partial S}{\partial p_4} \Big/ \frac{\partial^2 S}{\partial p_4^2} \right)_{p_4 = {}^{s-1}p_4} , \quad s = 1, 2, \ldots \tag{5.47}$$

Mehrfache Wiederholung dieser Rechenschritte liefert dann eine beliebige Genauigkeit für $\partial S / \partial p_4 \approx 0$. Aus (5.45) erhält man noch für (5.47)

$$\frac{\partial^2 S}{\partial p_4^2} = 2p_3 \left[\Sigma y_i \, e^{-2x_i} - (p_1 - p_3) \Sigma \, e^{-2x_i} - p_2 \Sigma t_i \, e^{-2x_i} - p_3 \Sigma x_i \, e^{-2x_i} \right].$$

$$\tag{5.48}$$

c) Anwendungsbeispiele

Zur Überprüfung des Rechenverfahrens (5.4o) bis (5.48) sind die von FINDLEY [87] angegebenen Meßergebnisse aus Kurzzeit-Kriechversuchen an PUR (Bild 3-3) entsprechend (5.41b) aufbereitet und nach (5.46) bis (5.48) die erforderlichen Koeffizienten gemäß (5.4o) berechnet worden (Tabelle 5-I). Aus Dimensionsgründen sind die mechanischen Variablen $\sigma, \dot{\varepsilon}$ sowie die Zeit t als normierte Größen in die Zustandsgleichung

Tabelle 5-I

k	$4,012 \cdot 10^{-6}$		m	$1,628$
A	$-1,796$		n	$0,143$

(5.2) und den daraus folgenden Gleichungen angesetzt, so daß
die Ansatzfreiwerte (Tabelle 5-I) die Dimension einer Zahl
annehmen. Der Einfluß des Parameters A auf die Funktion $g(\sigma)$
nach (5.11b) läßt sich aus <u>Bild 5-2</u> erkennen. Für $A = 0$ ergibt

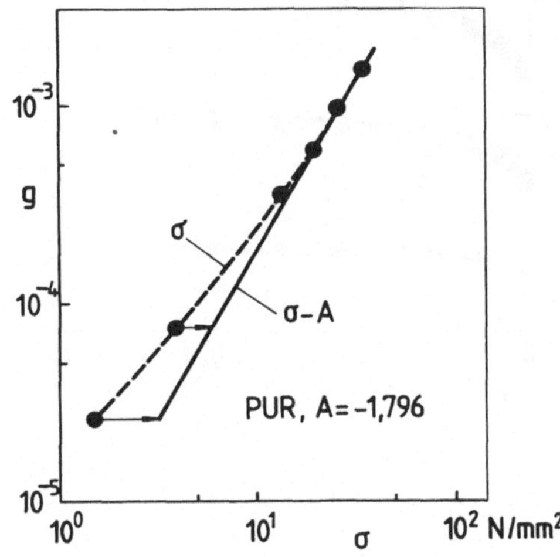

Bild 5-2

sich bei doppelt logarithmischer Darstellung für die Meßwerte
[87] ein krummliniger Zusammenhang, der bei Berücksichtigung
von A zu einer Geraden gestreckt wird. Mit den Koeffizienten
in Tabelle 5-I ist nach (5.16) das Kriechverhalten bei unterschiedlichen, zeitunabhängigen Spannungen berechnet und im
Vergleich mit den Meßergebnissen nach [87] in <u>Bild 5-3</u> dargestellt. Der Ansatzfreiwert A in (5.16) läßt sich auch ohne
das Näherungsverfahren nach (5.47) ermitteln. Dazu schreibt
man für (5.16)

$$\varepsilon - \varepsilon_0 = g^*(\sigma)\, t^n \qquad (5.49a)$$

mit

$$g^*(\sigma) = k\,(\sigma - A)^m \qquad (5.49b)$$

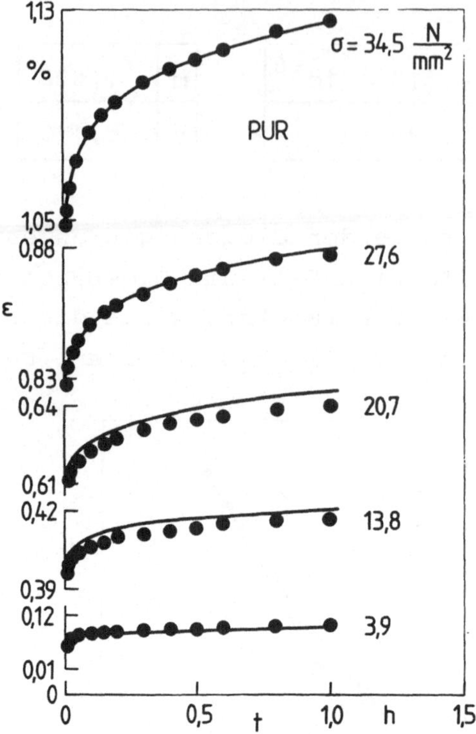

Bild 5-3

und bestimmt $g^*(\sigma)$ aus Kriechversuchen mit jeweils konstanter,
zeitunabhängiger Spannung. Logarithmieren und anschließendes
Differenzieren von (5.49b) ergibt

$$d[\ln g^*(\sigma)] \;=\; m\,d[\ln(\sigma - A)] \qquad\qquad (5.5\text{oa})$$

bzw.

$$\frac{d\,\sigma}{d[\ln g^*(\sigma)]} \;=\; -\frac{A}{m} + \frac{1}{m}\,\sigma\,. \qquad\qquad (5.5\text{ob})$$

Gl. (5.5ob) liefert aus den Tangenten des $\sigma - \ln g^*(\sigma)$-Verlaufs
und den dazugehörigen Spannungen σ z.B. über eine Ausgleichsrechnung nach der Methode der kleinsten Fehlerquadratsumme
die Koeffizienten A und m. Als Beispiel hierfür sind die Meßergebnisse nach [87] in der für (5.5ob) erforderlichen Form
in __Bild 5-4__ dargestellt. Der Schnittpunkt der Ausgleichsgeraden mit der Abszisse ergibt den Parameter A.

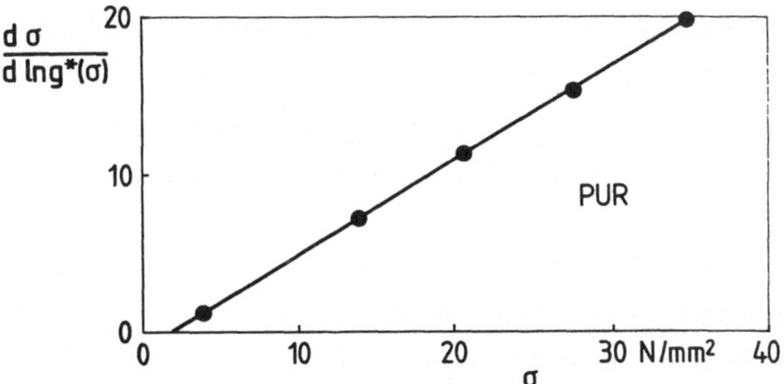

Bild 5-4

Wendet man die um ein Iterationsverfahren erweiterte Methode
der kleinsten Fehlerquadratsumme allgemein für die mechanische Zustandsgleichung (5.1o) z.B. auf die Meßergebnisse aus
Zugversuchen mit jeweils konstanter Dehnungsgeschwindigkeit
sowie die Tangenten bei einfach logarithmischer Darstellung
der Ergebnisse an, so lassen sich die Ansatzfreiwerte aus einer Beanspruchungsart bestimmen. Nach entsprechender Vorgehensweise können auch die Koeffizienten der Kriechgleichung
(5.15) ermittelt werden, auch dann, wenn sich die Spontandehnung ε_o nicht unmittelbar aus den Versuchsergebnissen ablesen
läßt.

Untersuchungen an Kunststoffen mit dem Ziel, das mechanische
Verhalten aus Zug-, Kriech- und Relaxationsversuchen miteinander zu verknüpfen, liegen bisher kaum vor. In [54] sind Ergebnisse aus diesen Grundversuchsarten für PC angegeben. Dabei ist die Spontanbeanspruchung für die Kriech- und Relaxationsversuche mit konstanter, maschinell maximal möglicher
Geschwindigkeit auf die Prüfkörper aufgebracht worden. Deshalb wird hier diejenige Spannung-Dehnung-Beziehung des Zug-
versuchs mit der größten Dehnungsgeschwindigkeit ($\dot{\varepsilon}/\dot{\varepsilon}^* = 1o^2$,
$\dot{\varepsilon}^* = 3,9 \cdot 1o^{-2}$ min) als Spontanverhalten $\varepsilon_o(\sigma)$ des untersuchten Werkstoffs zugrunde gelegt und mit der Interpolationsfor-
mel (Gl. 3.55)

$$\varepsilon_o = l_o \sigma + k_o \sigma^{m_o}$$

(5.51)

beschrieben [94]. Je nach numerischem Wert der Koeffizienten l_o, k_o und m_o überwiegt der lineare oder nichtlineare Anteil der Spannung-Dehnung-Kurve. Für $k_o \equiv 0$ verschwindet letzterer, und l_o nimmt den Kehrwert des Ursprungsmoduls an.

Die Kurvenanpassung entsprechend (5.51) liefert die in Tabelle 5-II angegebenen Koeffizienten und den in Bild 5-5 im Vergleich mit den Meßergebnissen [54] dargestellten Verlauf für $\dot{\varepsilon}/\dot{\varepsilon}^* = 10^2$. Mit eingetragen in Bild 5-5 sind die Ergebnisse

Tabelle 5-II

l_o	$4,2378 \cdot 10^{-4}$
k_o	$6,6350 \cdot 10^{-18}$
m_o	$8,4796$

nach (5.1o) mit $A = C \equiv 0$ und $B = -\varepsilon_o$. Die Ansatzfreiwerte K, a und b sind aus den Meßergebnissen der in Bild 5-6 dargestellten Kriechkurven nach (5.16) und $A \equiv 0$ mit der Methode der kleinsten Fehlerquadratsumme bestimmt und in Tabelle 5-III wiedergegeben. Zum Vergleich sind diese Koeffizienten auch aus den Ergebnissen der Zugversuche ermittelt worden. Wie

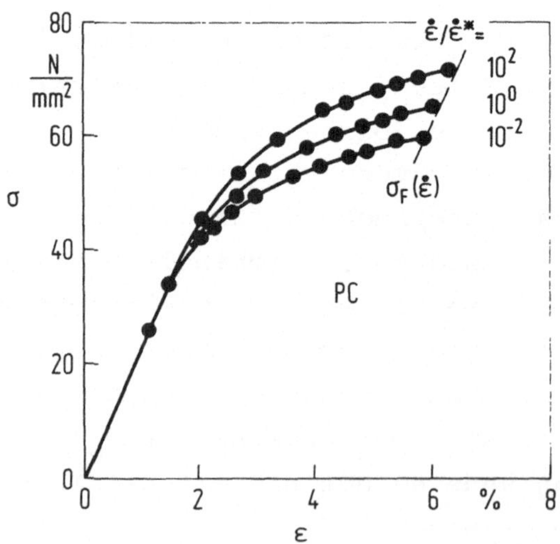

Bild 5-5

Tabelle 5-III

	Zugversuch	Kriechversuch
K	183,446	2o4,239
a	o,191	o,196
b	o,238	o,264

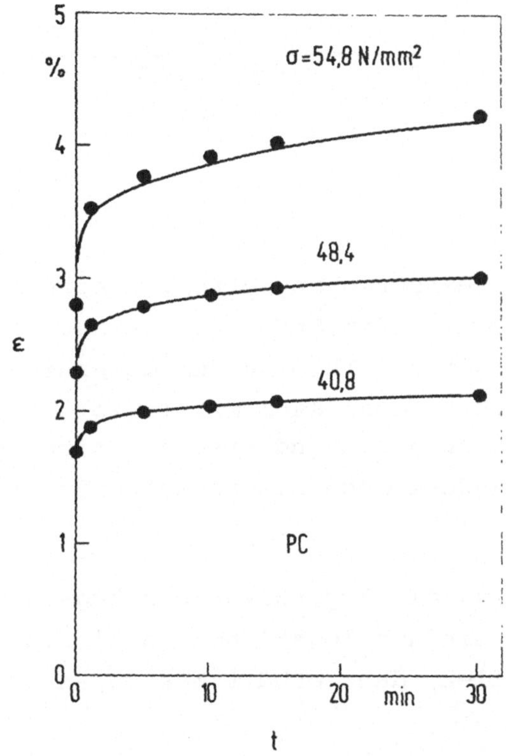

Bild 5-6

Tabelle 5-III zeigt, führt die Auswertung [94] beider Versuchsarten zu Ergebnissen mit weniger als 1o% Unterschied.

Zur Berechnung der Spannungsrelaxation bildet man aus (5.51)
den Sekantenmodul M gemäß (5.2o) und erhält mit (5.36) und
den Koeffizienten aus den Tabellen 5-II und 5-III die in
Bild 5-7 dargestellten Relaxationskurven.

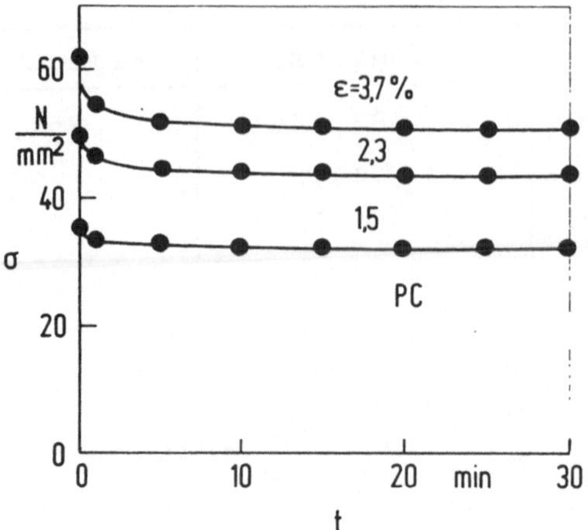

Bild 5-7

Für spezielle Beanspruchungsarten, insbesondere in Grundversuchen, kann somit zeitabhängiges Werkstoffverhalten von
Thermoplasten mit der Theorie der mechanischen Zustandsgleichung behandelt werden. Kann mit (5.1o) das mechanische Werkstoffverhalten in den Grundversuchen nicht beschrieben werden, so sind andere mechanische Zustandsgleichungen zu formulieren.

Lassen sich z.B. die Ergebnisse aus Zug- und/oder Kriechversuchen besser einfach logarithmisch als durch (5.7a) bzw.
(5.7b) darstellen, dann erhält man wegen

$$\varepsilon \;=\; f(\dot{\varepsilon}) \,+\, \nu\,\ln(\sigma - A) \qquad\qquad (5.52a)$$

und

$$\varepsilon \;=\; g(\sigma) \,-\, \mu\,\ln(\dot{\varepsilon} + C) \qquad\qquad (5.52b)$$

die mechanische Zustandsgleichung

$$d\varepsilon \;=\; \nu\,d\ln(\sigma - A) \,-\, \mu\,d\ln(\dot{\varepsilon} + C)\;, \qquad\qquad (5.53)$$

die für $A, C \equiv 0$ mit derjenigen von HART [95] identisch ist.
Aus (5.53) erhält man für Zugversuche mit jeweils konstanter
Dehngeschwindigkeit $\dot{\varepsilon}$ formal (2.22).

Setzt man statt der Gesamtdehnung ε die Zustandsgleichung mit dem viskosen bzw. plastischen Anteil ε_p der Dehnung an und nimmt statt (5.52a) einen linearen Zusammenhang zwischen ε und σ bei linearer Darstellung an,

$$\varepsilon_p = f(\dot{\varepsilon}) + \nu\sigma, \qquad\qquad (5.54)$$

dann folgt aus (5.54) und (5.52b) mit $\varepsilon = \varepsilon_p$ in Verbindung mit (5.4)

$$d\varepsilon_p = \nu\,d\sigma - \mu\,d\ln(\dot{\varepsilon}+C) \ . \qquad\qquad (5.55)$$

Ermittelt man z.B. den Fließbeginn anhand vorgegebener Dehngrenzen $\sigma_F(\varepsilon_p = \text{const.})$, so liefert (5.55) mit $\sigma = \sigma_F$

$$\sigma_F = a + b\,\ln(\dot{\varepsilon} + C) \ . \qquad\qquad (5.56)$$

Für $C \equiv 0$ geht (5.56) in den Ansatz (2.2) über, der die Abhängigkeit der Fließspannung von der Dehnungsgeschwindigkeit für Kunststoffe im allgemeinen gut beschreibt (Ziff. 2).

Experimentelle Untersuchungen an PVC [96] zeigen allerdings, daß die Ergebnisse aus Zugversuchen und Kriechversuchen sich bei einfach logarithmischer Darstellung kaum Geraden anordnen und deshalb weniger genau mit (2.2) formuliert werden können (Bild 5-8). Jedoch lassen sich durch geeignete Wahl des Freiwerts C in (5.56) die Kurven von Bild 5-8 zu Geraden strekken.

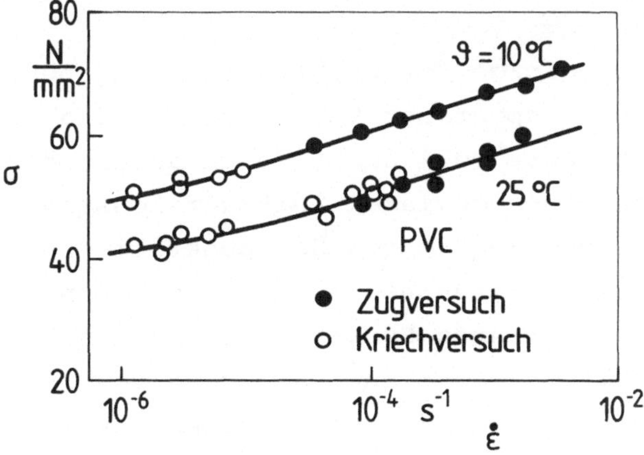

Bild 5-8

6. Zeitlich veränderliche Beanspruchung

Die in den Ziffern 1 bis 6 behandelten Grundversuche bei einachsiger Beanspruchung liefern die Basisinformationen über
das mechanische Werkstoffverhalten. Diese Informationen können im weiteren zur Berechnung des mechanischen Verhaltens
bei zeitlich veränderlichen Beanspruchungsbedingungen verwendet werden. Einfachstes Beispiel ist die spontane Änderung der
Spannung im Kriechversuch.

Das Werkstoffverhalten unter Kriech- oder Relaxationsbeanspruchung bei zeitlich veränderter Spannung läßt sich im linearen
Fall mit den Methoden der linearen Viskoelastizitätstheorie
behandeln. Damit kann aber nur in seltenen Fällen reales Werkstoffverhalten beschrieben werden, so daß andere Rechenverfahren und/oder Theorien verwendet werden müssen. Die meisten dieser Theorien gehen zur Formulierung des Kriechverhaltens bei
zeitlich veränderlicher Spannung von den Kriechgleichungen für
konstante, zeitunabhängige Beanspruchung aus (Ziff.3). Sie
führen jedoch trotz gleicher Belastungsgeschichte zu teilweise
recht unterschiedlichen Ergebnissen, so daß letztlich nur das
Experiment Auskunft über die Anwendbarkeit der verschiedenen
Hypothesen liefern kann.

a) Kriech- oder Verfestigungshypothesen

Im folgenden werden einige der wichtigsten Kriechhypothesen
[z.B. 98] am Beispiel spontaner Spannungsänderung behandelt.
Die Belastungsgeschichte soll dabei so ablaufen, daß die Spannung zunächst über einen gewissen Zeitraum konstant gehalten
wird und dann zu einem bestimmten Zeitpunkt im ersten Fall
(Bild 6-1a) abrupt auf einen neuen Wert angehoben wird bzw.
im zweiten Fall (sogenanntes Rückkriechen oder auch Kriecherholung) infolge vollständiger Entlastung verschwindet (Bild
6-1a). Zum Vergleich der einzelnen Hypothesen soll das Werkstoffverhalten im Kriechversuch mit jeweils konstanter, zeit-

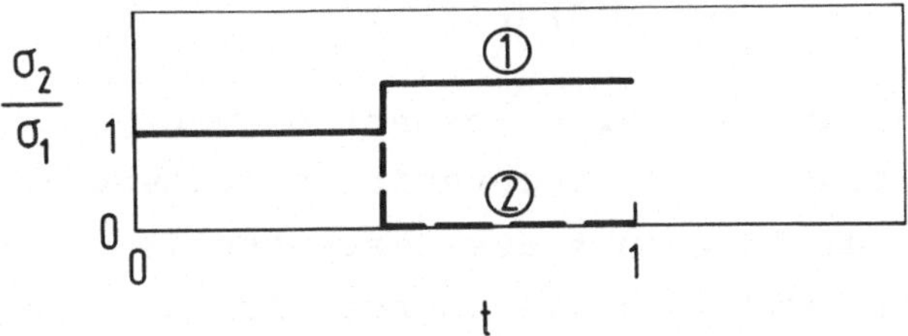

Bild 6-1a

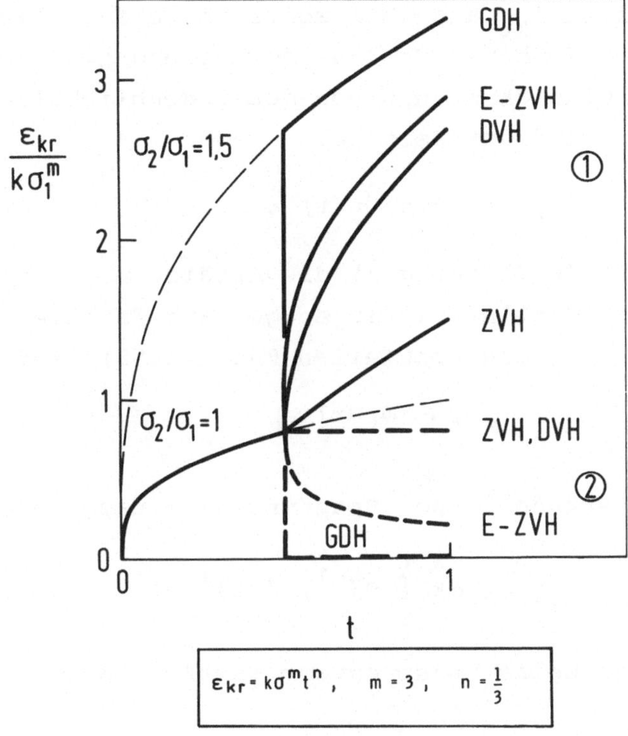

Bild 6-1b

unabhängiger Spannung durch die NUTTING-Gleichung (3.54) festgelegt sein.

Nach der Gesamtdehnungs-Hypothese (GDH) wird angenommen, daß
für eine variable Spannung die gleiche Beziehung zwischen
Spannung, Kriechdehnung und Zeit gültig ist wie bei konstanter, zeitunabhängiger Spannung (Gl. 3.53),

$$\text{GDH:} \qquad \varepsilon_{kr} = g(\sigma)\, h(t) \ . \qquad\qquad (6.1)$$

Diese Theorie unterscheidet sich wesentlich von den übrigen (**Bild 6-1b**), insbesondere bei spontaner Entlastung, bei der die Kriechdehnung zum Zeitpunkt des Lastwechsels verschwindet. Die GDH kann deshalb auch nur als oberste Schranke zur Abschätzung des Werkstoffverhaltens dienen.

Nach der Zeitverfestigungs-Hypothese (ZVH [81]) hängt die Kriechgeschwindigkeit $\dot{\varepsilon}_{kr}$ auch bei zeitlich veränderlicher Last unabhängig vom früheren Verlauf der Spannung, Dehnung oder Dehnungsgeschwindigkeit nur von den augenblicklichen Werten der Spannung und der Zeit ab,

$$\text{ZVH:} \qquad \dot{\varepsilon}_{kr} = g(\sigma)\, \dot{h}(t) \ . \qquad\qquad (6.2)$$

Allgemein können in (6.2) für $g(\sigma)$ die Ansätze nach Tabelle 2-III und für $\dot{h}(t) = d/dt[h(t)]$ diejenigen aus Tabelle 3-II eingesetzt werden. Für den speziellen Fall (3.53) liefert (6.2)

$$d\varepsilon_{kr} = n\, k\, \sigma^m t^{n-1}\, dt \qquad\qquad (6.3)$$

und für zeitlich veränderliche Spannung $\sigma(t)$ nach Integration

$$\varepsilon_{kr} = nk \int_{o}^{t} \Theta^{n-1} [\sigma(\Theta)]^m \, d\Theta \ . \qquad\qquad (6.4)$$

Für das zweistufige Belastungsprogramm gemäß Bild 6-1a

$$\sigma(t) = \sigma_1 H(t) + \sigma_2 H(t - t_1) - \sigma_1 H(t - t_1), \quad t > t_1 \qquad (6.5)$$

folgt aus (6.4) die Kriechdehnung wegen (3.41)

$$\varepsilon_{kr} = k\, \sigma_2^m\, t^n + k(\sigma_1^m - \sigma_2^m)\, t_1^n \qquad\qquad (6.6a)$$

bzw. mit

$$\varepsilon_1 := k\, \sigma_1^m\, t_1^n, \qquad \varepsilon_2 := k\, \sigma_2^m\, t_1^n \qquad\qquad (6.6b,c)$$

$$\varepsilon_{kr} = \varepsilon_1 - \varepsilon_2 + k\, \sigma_2^m\, t^n \ . \qquad\qquad (6.6d)$$

Nach (6.6d) ist der Kriechkurvenverlauf nach der Spannungsänderung mit der Kriechkurve für $\sigma = \sigma_2$ identisch, wenn diese
um den Betrag $\varepsilon_1 - \varepsilon_2$ in Ordinatenrichtung (Bild 6-1b) verscho-
ben wird. Für vollständige Entlastung zum Zeitpunkt t_1 folgt
aus (6.6a) wegen $\sigma_2 \equiv 0$

$$\varepsilon_{kr} = k\sigma_1^m t_1^n , \tag{6.7}$$

so daß durch die ZVH Rückkriechen oder Kriecherholung infolge
Entlastung nicht berücksichtigt wird.

Zum gleichen Ergebnis wie nach (6.7) gelangt man auch mit der
Dehnungsverfestigungs-Hypothese (DVH, [81]), für die angenommen wird, daß die Dehnungsgeschwindigkeit allein eine Funktion
der momentanen Spannung und Dehnung ist,

$$\text{DVH:} \qquad \dot{\varepsilon}_{kr} = f(\sigma, \varepsilon_{kr}) . \tag{6.8}$$

Bei isothermen Versuchsbedingungen entspricht (6.8) dem phänomenologischen Ansatz (5.2). Mithin ist die DVH der Theorie
der mechanischen Zustandsgleichung (Ziff. 5) zuzuordnen. Läßt
sich (6.8) in eine Spannungs- und Geschwindigkeitsfunktion
separieren,

$$\dot{\varepsilon}_{kr} = g(\sigma)h^*(\dot{\varepsilon}_{kr}) , \tag{6.9}$$

dann können für (6.8) z.B. die Ansätze aus den Tabellen 2-III
und 3-II verwendet werden. So erhält man z.B. aus der NUTTING-
Gleichung (3.54)

$$\varepsilon_{kr}^{1/n} = (k\,\sigma^m)^{1/n}\, t \tag{6.1oa}$$

und nach Differentiation nach t

$$\varepsilon_{kr}^{\frac{1-n}{n}}\, d\varepsilon_{kr} = n(k\,\sigma^m)^{1/n}\, dt . \tag{6.1ob}$$

Für zeitlich veränderliche Spannung $\sigma(t)$ folgt aus (6.1ob)
entsprechend (6.4)

$$\varepsilon_{kr} = k \left\{ \int_{o}^{t} [\sigma(\Theta)]^{m/n} \, d\Theta \right\}^{n} . \qquad (6.11)$$

Mit dem Belastungsprogramm (6.5) liefert (6.11) die Kriechdehnung für $t > t_1$

$$\varepsilon_{kr} = [(k\sigma_1^m)^{1/n} \, t_1 + (k\sigma_2^m)^{1/n} (t - t_1)]^{n} . \qquad (6.12a)$$

Führt man (6.6b) in (6.12a) ein, ergibt sich

$$\varepsilon_{kr} = \varepsilon_1 [1 + (k\sigma_2^m/\varepsilon_1)^{1/n} (t - t_1)]^{n} . \qquad (6.12b)$$

Da die Spannung σ_2 bei einstufiger Beanspruchung die Kriechdehnung ε_1 zur Zeit $t = t_2$ erreicht, kann nach (3.53) für $k\sigma_2^m/\varepsilon_1 = t_2^{-1}$ gesetzt werden. Damit erhält man aus (6.12b)

$$\varepsilon_{kr} = k\sigma_2^m [t + (t_2 - t_1)]^{n} . \qquad (6.12c)$$

Nach einem Spannungswechsel gemäß Bild 6-1a entspricht der Kriechkurvenverlauf nach (6.12c) demjenigen einer einstufigen Beanspruchung mit $\sigma = \sigma_2$ bei einer Parallelverschiebung um den Betrag $t_2 - t_1$. Bei verschwindender Belastung zur Zeit t_1 folgt z.B. aus (6.12b) das Ergebnis von (6.7), wie in Bild 6-1b dargestellt ist.

Kombinationen aus der ZVH und DVH führen formal zu (1.1), wenn isotherme Bedingungen - die allgemein allerdings nicht vorausgesetzt werden - und strukturelle Stabilität zugrunde gelegt werden. Entsprechend dem multiplikativen Potenzansatz (3.54) kann die Kriechgeschwindigkeit z.B. mit

$$\dot{\varepsilon}_{kr} = K \sigma^M \varepsilon_{kr}^N t^P \qquad (6.13)$$

angesetzt werden (z.B. [99]).

Da sowohl die ZVH als auch die DVH in ihrer Anwendung auf (3.54) "Rückkriechen" oder "Kriecherholung" nicht berücksichti-

gen, dieses Werkstoffverhalten im allgemeinen zumindest im
Bereich des Übergangskriechens festgestellt und insbesondere
von Kunststoffen wegen ihrer viskoelastischen Natur gezeigt
wird, ist zu untersuchen, ob andere multiplikative Ansätze
gemäß (3.53) zu realistischeren Formulierungen führen.

Lassen sich die Ergebnisse aus Zugversuchen mit jeweils konstanter Dehngeschwindigkeit und aus Kriechversuchen mit jeweils konstanter, zeitunabhängiger Spannung durch

$$\varepsilon_\eta = f(\dot\varepsilon_\eta) + k\,\sigma^m \qquad (6.14a)$$

und

$$\varepsilon_\eta = g(\sigma) - \dot\varepsilon_\eta/q \qquad (6.14b)$$

mit $\varepsilon_\eta = \varepsilon_{kr}$ darstellen, so erhält man entsprechend der Rechen-
vorschrift (5.3) bis (5.6b) die mechanische Zustandsgleichung

$$\varepsilon_\eta = k\,\sigma^m - \dot\varepsilon_\eta/q \;. \qquad (6.15)$$

Aus der Differentialgleichung (6.15) folgen bei konstanter,
zeitunabhängiger Spannung das Integral

$$\varepsilon_\eta = qk\sigma^m \int_o^t e^{-q(t-\Theta)}\,d\Theta \qquad (6.16)$$

und die Lösung entsprechend (3.19c)

$$\varepsilon_\eta = k\,\sigma^m(1-e^{-qt}) \;, \qquad (6.17)$$

die sich mit (3.53) formal auch aus den entsprechenden Ansätzen in den Tabellen 2-III und 3-II ergibt. In dieser Schreibweise ist (6.16) formalidentisch mit (3.24) bei Vernachlässigung der spontanen Nachgiebigkeit und hat die Form einer VOL-
TERRAschen Integralgleichung

$$\varepsilon_\eta = \int_o^t \dot h(t-\Theta)g[\sigma(\Theta)]\,d\Theta \;. \qquad (6.18)$$

Gl. (6.18) kann als nichtlineare Verallgemeinerung des BOLTZ-
MANNschen Superpositionsprinzips für zeitlich veränderliche
Spannung aufgefaßt werden [77]. Formal ergibt sich die Kriechhypothese (6.18), wenn man in (3.53) oder in (6.2) die Bean-
spruchungsdauer t durch Zeitintervalle $t - t_i$ ersetzt und die
Extrapolation für zeitlich sich beliebig ändernde Spannung
durchführt:

$$\text{E-ZVH:} \qquad \dot{\varepsilon}_\eta = \dot{\varepsilon}_{kr} = \frac{d}{dt} \int_0^t \dot{h}(t-\Theta)g[\sigma(\Theta)]d\Theta \ . \qquad (6.19)$$

Gl. (6.19) soll hier wegen ihrer formalen Herleitung aus der
ZVH mit "erweiterter Zeitverfestigungshypothese" (E-ZVH) bezeichnet werden. Sie erfüllt die für viskoses Werkstoffverhalten elementare Forderung nach Invarianz gegenüber Zeit-
translation [1oo]. Für die Zustandsgleichung (6.15) ist die
E-ZVH gemäß (6.19) identisch mit (6.16), wenn (6.16) für zeitlich veränderliche Spannung geschrieben wird:

$$\varepsilon_\eta = \varepsilon_{kr} = \int_0^t qk[\sigma(\Theta)]^m \, e^{-q(t-\Theta)} \, d\Theta \ . \qquad (6.2o)$$

Bei zweistufigem Belastungsprogramm entsprechend (6.5) liefert (6.2o)

$$\varepsilon_{kr} = k\sigma_1^m(1 - e^{-qt}) + k\sigma_2^m [1 - e^{-q(t-t_1)}] - k\sigma_1^m [1 - e^{-q(t-t_1)}] .$$
$$(6.21)$$

In allgemeiner Form läßt sich (6.21) durch Verknüpfung von
(6.5) mit (6.18) angeben

$$\varepsilon_{kr} = \varepsilon(\sigma_1,t) + \varepsilon(\sigma_2,t-t_1) - \varepsilon(\sigma_1,t-t_1) , \qquad (6.22a)$$

und nach Separierung der Funktionen $\varepsilon(\sigma,t)$ entsprechend
(3.53) lautet das Überlagerungsprinzip

$$\varepsilon_{kr} = g(\sigma_1)h(t) + g(\sigma_2)h(t-t_1) - g(\sigma_1)h(t-t_1) . \qquad (6.22b)$$

Gl. (6.22a) stellt ein modifiziertes Überlagerungsprinzip für
"Kriechwechselbeanspruchung" mit abrupten Spannungsänderungen

dar. Dieses nichtlineare Überlagerungsprinzip kann allgemein auf die in den Tabellen 2-III und 3-II angegebenen Interpolationsfunktionen angewendet werden.

Für den multiplikativen Potenzansatz (3.54) folgt so aus (6.21b)

$$\varepsilon_{kr} = k\,\sigma_1^m\,t^n + k\,\sigma_2^m\,(t-t_1)^n - k\,\sigma_1^m\,(t-t_1)^n \,. \qquad (6.23)$$

Zum gleichen Ergebnis wie (6.23) gelangt man, wenn man in (6.19) für

$$\dot{h}(t-\Theta) = n(t-\Theta)^{n-1}$$

sowie für

$$g[\sigma(\Theta)] = k[\sigma(\Theta)]^m$$

setzt:

$$\varepsilon_{kr} = n\,k \int_o^t (t-\Theta)^{n-1}[\sigma(\Theta)]^m\,d\Theta \qquad (6.24)$$

und (6.24) mit dem Stufenprogramm (6.5) verknüpft.

Bild 6-1b zeigt den Verlauf der Kriechdehnung ε_{kr} nach (6.23). Für einen sprunghaften Spannungsanstieg zeigt der Verlauf (E-ZVH) der Dehnung nach (6.23) gegenüber dem nach der DVH entsprechend (6.12a) den geringsten Unterschied im Vergleich zu den übrigen Hypothesen. Dagegen stellt sich bei spontaner Entlastung auf einen niedrigeren Spannungshorizont oder bei verschwindender Last reversibles Kriechen (Rückkriechen) ein. Diese "Nachwirkung" mit negativer "Kriech-Geschwindigkeit", wie sie aus (6.23) folgt:

$$\sigma_2 \equiv O: \qquad \dot{\varepsilon}_{kr} = n\,k\,\sigma_1^m[t^{-(1-n)} - (t-t_1)^{-(1-n)}] \,, \qquad (6.25)$$

ist somit ein wesentliches, die Entscheidung hinsichtlich der Auswahl einer Kriechhypothese bestimmendes Merkmal des Werkstoffverhaltens.

Für eine beliebige Anzahl r Belastungssprünge von der Form
(6.5) geht (6.22b) in

$$\varepsilon_{kr} = \sum_{p=1}^{r} [g(\sigma_p) - g(\sigma_{p-1})] h(t - t_{p-1}), \quad t_{r+1} \geq t > t_r \quad (6.26)$$

über. Zur Berücksichtigung der spontanen Dehnung $\varepsilon_o(\sigma)$ gemäß
(3.52) muß (6.26) der zeitunabhängige Anteil $\varepsilon_o(\sigma_r)$ der Gesamtverformung hinzugefügt werden.

In [1o1] ist allerdings nur für den Sonderfall des Potenzansatzes für die Zeitfunktion h(t) ein Überlagerungsprinzip gemäß (6.26) angegeben. Demgegenüber ist die hier angeführte
Herleitung über (6.14a) bis (6.19) eine konsequente Erweiterung des BOLTZMANNschen Superpositionsprinzips [77], mit der
auch bei nichtlinearer Spannung-Verformung-Beziehung die Ant-
wort des Werkstoffs auf sich zeitlich spontan ändernde Spannung gefunden werden kann.

b) Rückkriechen

Da mit der Theorie der mechanischen Zustandsgleichung (Ziff. 5)
sich das zeitabhängige Werkstoffverhalten bei Beanspruchung
in den Grundversuchen gut beschreiben läßt, die mit dieser
Theorie verknüpfte Dehnungsverfestigungshypothese jedoch im
Falle des "Rückkriechens" mit zeitlich sich ändernder Spannung bei Anwendung des multiplikativen Potenzansatzes versagt,
soll im folgenden eine Modifikation der Dehnungsverfestigungshypothese behandelt werden. Dazu untersucht man das mechanische Werkstoffverhalten im sogenannten Rückkriechversuch, bei
dem nach einer bestimmten Zeit der Belastung mit einer konstanten zeitunabhängigen Spannung der Probestab spontan entlastet und die mit der Zeit abnehmende Kriechdehnung gemessen
wird.

Für diesen Beanspruchungsfall liefert (6.21) für das spezielle Werkstoffverhalten nach (6.15) mit $\sigma_2 \equiv 0$

$$\varepsilon_{kr} = k\,\sigma_1^m (1 - e^{-qt}) - k\,\sigma_1^m [1 - e^{-q(t-t_1)}] \; . \qquad (6.27)$$

In (6.27) entspricht der erste Ausdruck der rechten Seite dem Kriechkurvenverlauf bei konstanter, zeitunabhängiger Spannung σ_1, während der zweite Ausdruck die sogenannte Rück-Kriechdehnung ε_{rk} nach Verschwinden der Belastung darstellt, die durch Subtraktion von der "Belastungsdehnung" zur Kriechdehnung nach völliger Entlastung führt. Entsprechend (6.22a) lautet die allgemeinere Formulierung bei dieser Belastungsgeschichte

$$\varepsilon_{kr} = \varepsilon_{kr}(\sigma_1, t) - \varepsilon_{rk}(\sigma_1, t - t_1) \; , \qquad (6.28)$$

die in <u>Bild 6-2a</u> skizziert ist. Zum formal gleichen Kurvenverlauf gelangt man mit der E-ZVH und dem multiplikativen Potenzansatz, wie aus (6.23) mit $\sigma_2 \equiv 0$ folgt.

Experimentell kann die Rück-Kriechdehnung ε_{rk} an ein und derselben Probe nicht bestimmt werden. Man kann allenfalls durch Extrapolation des Kriechkurvenverlaufs vor Entlastung und Messung der Dehnung nach Entlastung auf die Rück-Kriechdehnung schließen. Zur Vermeidung dieses unbefriedigenden Sachverhalts soll deshalb das Rückkriechen statt nach (6.28) durch (<u>Bild 6-2b</u>)

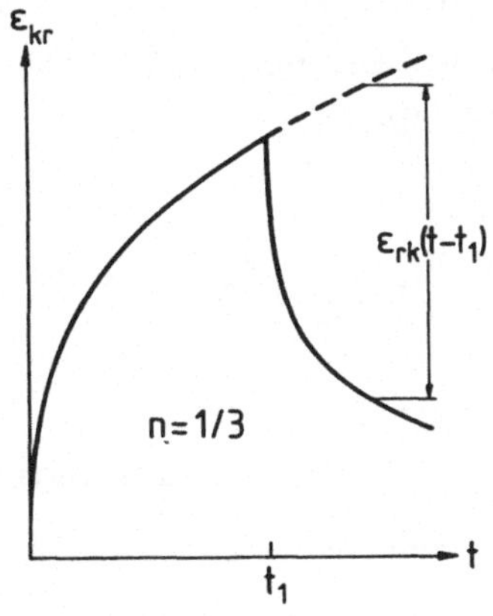

Bild 6-2a

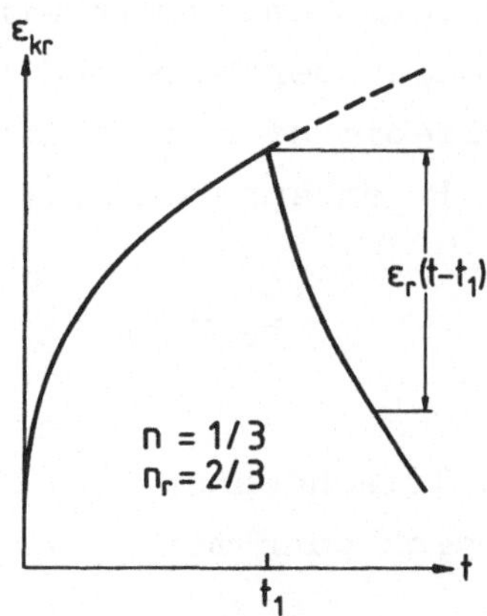

Bild 6-2b

$$\varepsilon_{kr} = \varepsilon_{kr}(\sigma_1, t_1) - \varepsilon_r(\sigma_1, t - t_1) \qquad (6.29)$$

angesetzt werden. Die Rück-Kriechdehnung ε_r in (6.29) kann als diejenige fiktive Dehnung aufgefaßt werden, die eine um den Betrag $\varepsilon_{kr}(\sigma_1, t_1)$ durch Zugbeanspruchung vorverformte Probe bei einer Druckspannung σ_1 zur Zeit $t > t_1$ erfährt. Die Beschreibung des Werkstoffverhaltens wird dann getrennt für "Hinkriechen" und "Rückkriechen" durchgeführt.

Da sich die Theorie der mechanischen Zustandsgleichung bzw. die DVH für Hinkriechen auch bei sprunghaftem Spannungsanstieg bewährt, soll das Werkstoffverhalten bei Rückkriechen formal entsprechend (6.8) durch

$$\dot{\varepsilon}_r = f(\sigma_r, \varepsilon_r) \qquad (6.3o)$$

angesetzt werden. In (6.3o) bedeutet σ_r diejenige fiktive Spannung, die einer um $\varepsilon_{kr}(\sigma_1, t_1)$ vorverformten Probe in Gegenrichtung aufgebracht werden muß. Geht man für das Rück-Kriechen ebenfalls von der NUTTING-Gleichung aus, so ergibt sich entsprechend (6.1ob) mit $\dot{\varepsilon} = d\varepsilon/dt$

$$\dot{\varepsilon}_r = n_r (k_r \, \sigma_r^{m_r})^{1/n_r} \, \varepsilon_r^{-\frac{1-n_r}{n_r}} . \qquad (6.31)$$

Zur Unterscheidung sind in (6.31) die Ansatzfreiwerte mit dem Index r versehen. Damit wird unterschiedliches Werkstoffverhalten gegenüber Hin- und Rückkriechen berücksichtigt. Für eine beliebig sich zeitlich ändernde "Rückspannung" σ_r folgt aus (6.31) entsprechend (6.11)

$$\varepsilon_r = k_r \left\{ \int_{t_1}^{t} [\sigma_r(\Theta)]^{m_r/n_r} \, d\Theta \right\}^{n_r} . \qquad (6.32)$$

Die Rückkriechdehnung ε_r für einen Be- und Entlastungszyklus ergibt sich dann mit $\sigma_r = \sigma_1 H(t - t_1)$ zu

$$\varepsilon_r = k_r \, \sigma_1^{m_r} \, (t - t_1)^{n_r} , \qquad (6.33a)$$

und die Kriechdehnung ε_{kr} für $t > t_1$ lautet wegen (6.29) und (3.54)

$$\varepsilon_{kr} = k\, \sigma_1^m\, t_1^n - k_r\, \sigma_1^{m_r}\, (t - t_1)^{n_r} \; . \qquad (6.33b)$$

Der Unterschied von (6.33b) zu (6.23) mit $\sigma_2 \equiv 0$ ist offensichtlich.

In erster Näherung können die Ansatzfreiwerte in (6.33b) jeweils für Hin- und Rückkriechen gleichgesetzt werden ($k = k_r$ usw.):

$$\frac{\varepsilon_{kr}}{k\sigma_1^m} = t_1^n - (t - t_1)^n \; ; \qquad t < t_1 \le 2t_1 \; , \qquad (6.34)$$

so daß die Kriechdehnung ε_{kr} für $t = 2t_1$ verschwindet.

Für das Werkstoffbeispiel PUR [87,1o2] ist mit den nach (3.55) bestimmten und in Tabelle 3-III angegebenen Koeffizienten nach (6.34) der Dehnungsverlauf des Rückkriechens berechnet und im Vergleich mit der Lösung nach der E-ZVH (Gl. 6.23) mit $\sigma_2 \equiv 0$ und den Meßwerten [1o2] in <u>Bild 6-3</u> dargestellt. Danach schneidet (6.34) gegenüber (6.23) sogar besser ab; eine Entscheidung für die eine oder die andere Hypothese kann jedoch damit nicht getroffen werden.

Für ein weiteres Beispiel wird von (6.33b) ausgegangen. Mit (3.55) folgt aus (6.33b)

$$\varepsilon_{kr}(\sigma_1, t) = \varepsilon_{kr}(\sigma_1, t_1) - k_r\, \sigma_1^{m_r}\, (t - t_1)^{n_r} \qquad (6.35a)$$

bzw. die auf $\varepsilon_{kr}(\sigma_1, t_1)$ bezogene Rückkriechdehnung ε_r gemäß (6.29)

$$\frac{\varepsilon_r(\sigma_1, t - t_1)}{\varepsilon_{kr}(\sigma_1, t_1)} = \frac{\varepsilon_{kr}(\sigma_1, t_1) - \varepsilon_{kr}(\sigma_1, t)}{\varepsilon_{kr}(\sigma_1, t_1)} := \eta \; . \qquad (6.35b)$$

Die bezogene Rückkriechdehnung nach (6.35b) ist von TURNER [1o3] angegeben und am Werkstoffbeispiel PVC [1o3] mit (6.23)

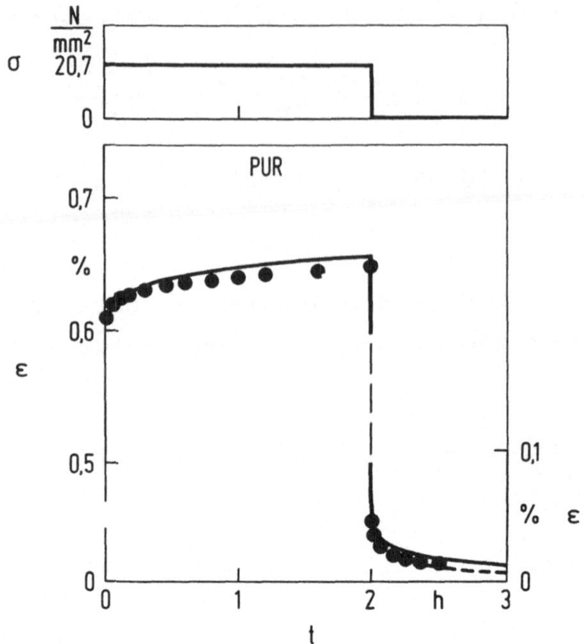

Bild 6-3

unter Berücksichtigung von $\sigma_2 \equiv 0$ überprüft worden. So folgt aus (6.35b) und (6.23) mit $\sigma_2 \equiv 0$

$$\eta = 1 - \left(\frac{t}{t_1}\right)^n + \left(\frac{t}{t_1} - 1\right)^n . \qquad (6.36)$$

Nach (6.36) ist die bezogene Rückkriechdehnung unabhängig von dem jeweiligen Spannungshorizont, von dem aus entlastet wird. Dagegen sprechen jedoch die Meßergebnisse an PVC [1o3], wie __Bild 6-4__ zeigt, so daß in [1o3] zusätzlich ein Korrekturfaktor zur Anpassung von (6.36) an die Meßergebnisse eingeführt wurde. Die Auswertung der Meßergebnisse [1o3] läßt sich durch die Verknüpfung von (6.35b) und (6.33a) sowie (3.55) unmittelbar z.B. nach der Methode der kleinsten Fehlerquadratsumme durchführen. So erhält man für die bezogene Rück-Kriechdehnung

$$\eta = \frac{k_r}{k} \, \sigma_1^{m_r - m} \, \frac{(t - t_1)^{n_r}}{t_1^n} \qquad (6.37a)$$

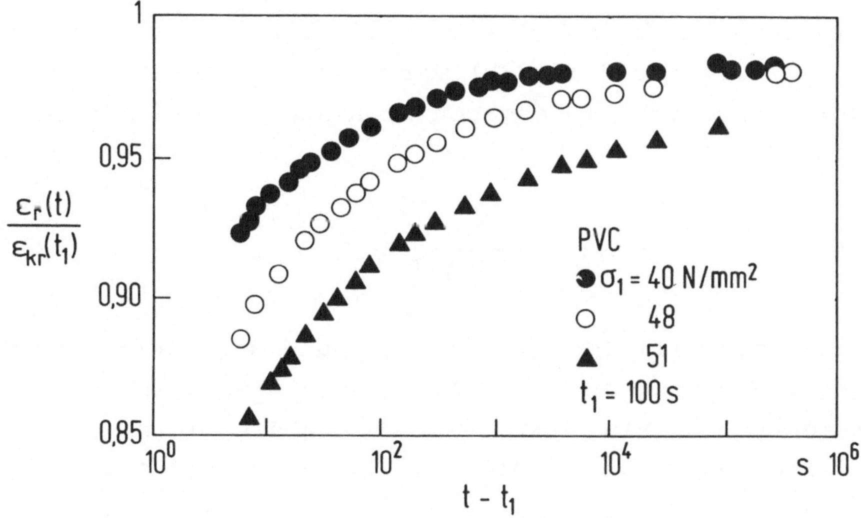

Bild 6-4

bzw. formal

$$\eta = g(\sigma)\ (t - t_1)^{n_r} \tag{6.37b}$$

mit

$$g(\sigma) = B\ \sigma_1^{\,b}\ . \tag{6.37c}$$

Vereinfachende Annahmen für (6.37a) liefern z.B.:

$$\eta = t_1^{\,n_r - n}\ \left(\frac{t - t_1}{t_1}\right)^{n_r} \tag{6.38a}$$

oder

$$\eta = K\ \sigma_1^{\,m_r - m}\ \left(\frac{t - t_1}{t_1}\right)^{n_r}\ . \tag{6.38b}$$

In Anlehnung an den Begriff "Verfestigungshypothesen" (ZVH
und DVH), bei dem von einer Akkumulation der Kriechdehnungen
bei Änderung der Belastung ausgegangen wird, kann (6.3o) usw.
mit "Entfestigungshypothese" bezeichnet werden, da eine Akkumulation der Rück-Kriechdehnung bei zeitlich sich ändernder
Rückspannung stattfindet. Für Werkstoffe mit Ver- und Ent-

festigungsmechanismen beim Belastungsfall des Rückkriechens
kann man z.B. (6.12b) und (6.33b) mit Hilfe der linearen Mischungsregel verknüpfen. So ergeben sich aus (6.12b) mit
$\sigma_2 \equiv 0$ und (6.33b)

$$\frac{\varepsilon_{kr}}{\varepsilon_1(\sigma_1,t_1)} = a + (1-a)\,[\,1 - \frac{k_r\,\sigma_1^{m_r}}{\varepsilon_1(\sigma_1,t_1)}(t-t_1)^{n_r}\,] \tag{6.39}$$

mit dem Mischungskoeffizienten $a = [\,o;1\,]$ und der Verlauf der
bezogenen Kriechdehnung nach (6.39) in __Bild 6-5__, wenn z.B.
die Koeffizienten für Hin- und Rückkriechen die gleichen numerischen Werte besitzen. Zum Vergleich ist in Bild 6-5 die
Lösung nach der E-ZVH (Gl. 6.23 mit $\sigma_2 \equiv 0$) mit eingetragen.
Danach liefert die Kombination aus Ver- und Entfestigungshypothese schon für den einfachen Fall (6.39) eine weitrei-
chende Beschreibungsmöglichkeit.

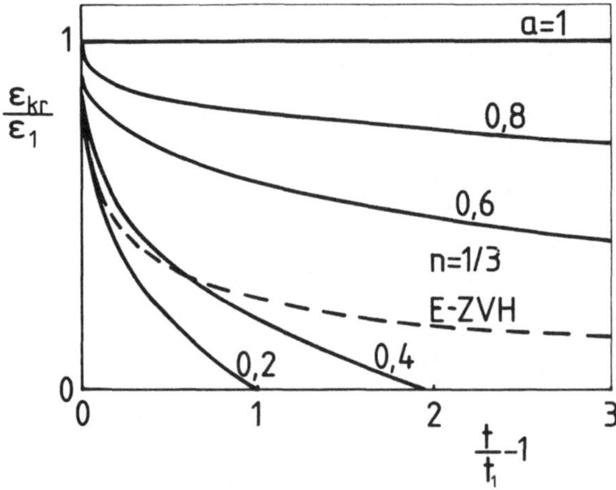

Bild 6-5

c) Anwendungsbeispiele

Zu der Gruppe der Versuche mit zeitlich sich ändernder
Spannung gehört neben den Kriechversuchen mit spontan wech-
selnder Spannung der Zugversuch mit konstanter Spannungsgeschwindigkeit $\dot{\sigma}$, d.h.

$$\sigma = \dot{\sigma}\, t H(t) \ . \tag{6.40}$$

Wendet man diese Belastungsgeschichte auf die Kriechhypothesen (6.2), (6.8) und (6.19) an, so erhält man auf der Grundlage
des multiplikativen Potenzansatzes (3.54) aus (6.4)

$$\text{ZVH:} \qquad \varepsilon_{kr} = \frac{n}{m+n}\, k\, \dot{\sigma}^m\, t^{m+n} \ , \tag{6.41}$$

aus (6.11)

$$\text{DVH:} \qquad \varepsilon_{kr} = \left(\frac{n}{m+n}\right)^n k\, \dot{\sigma}^m\, t^{m+n} \tag{6.42}$$

und aus (6.24)

$$\text{E-ZVH:} \qquad \varepsilon_{kr} = n\, B\,(1+m,n)\, k\, \dot{\sigma}^m\, t^{m+n} \ . \tag{6.43}$$

In (6.43) bedeutet $B(1+m,n)$ die Betafunktion

$$\int_0^1 x^{\alpha-1}(1-x)^{\beta-1}\, dx = \frac{\Gamma(\alpha)\,\Gamma(\beta)}{\Gamma(\alpha+\beta)} := B\,(\alpha,\beta) \ . \tag{6.44}$$

Zum Vergleich der einzelnen Hypothesen sind für $m=3$ und
$n=1/3$ die Ergebnisse aus (6.41) bis (6.43) in <u>Bild 6-6</u> dargestellt. Wie in Bild 6-1 zeigen auch hier die DVH und die
E-ZVH nur geringe Unterschiede, so daß mit einer gleicherma-
ßen befriedigenden Wiedergabe des experimentellen Befunds zu
rechnen ist.

Ein weiterer Beanspruchungsfall zur Überprüfung zeitabhängigen Werkstoffverhaltens kann die mit der Zeit linear abnehmende Spannung nach einer spontanen Belastung auf $\sigma = \sigma_o$ sein.
Für dieses Beispiel lautet das Belastungsprogramm entsprechend
<u>Bild 6-7</u>

$$\sigma = \sigma_o - \dot{\sigma}\, t\, , \qquad \dot{\sigma} = \sigma_o/t^* \ . \tag{6.45}$$

Mit (6.45) und $t^*=1$ liefern die hier untersuchten Hypothesen
die zeitabhängige Dehnung. Man erhält für die

$$\text{ZVH:} \qquad \varepsilon_{kr} = n\, k\, \sigma_o^m \int_0^t (1-\Theta)^m\, \Theta^{n-1}\, d\Theta \tag{6.46a}$$

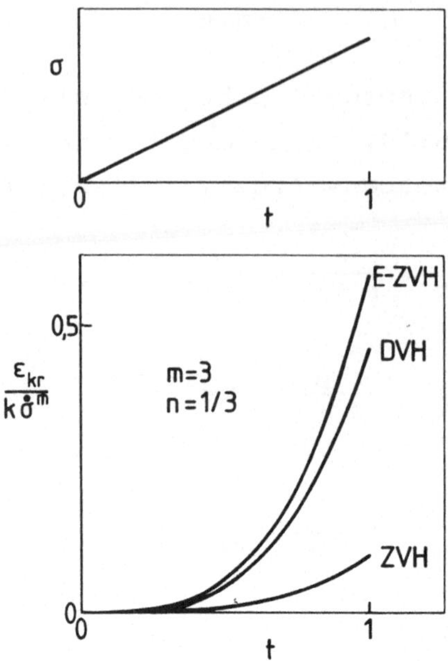

Bild 6-6

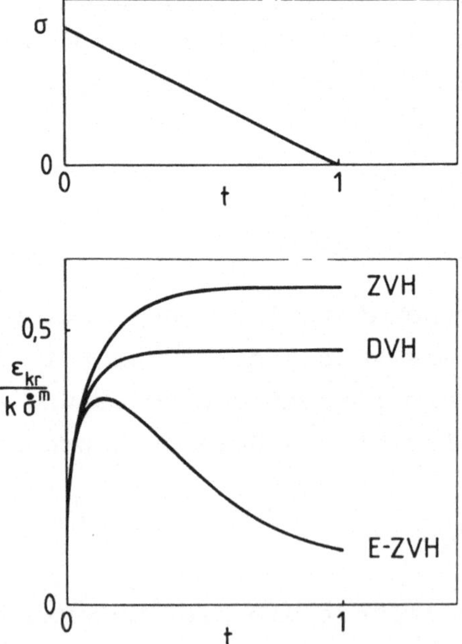

Bild 6-7

und für $t = 1$ die Beta-Funktion (6.44). Mit den für die Berechnung der Kurven von Bild 6-6 verwendeten Koeffizienten $m = 3$ und $n = 1/3$ ergibt sich aus (6.46)

$$\varepsilon_{kr} = n \, k \, \sigma_o^m (t^{1/3} - \frac{3}{4} t^{4/3} + \frac{3}{7} t^{7/3} - \frac{1}{1o} t^{1o/3}) . \quad (6.46b)$$

Nach der Dehnungsverfestigungshypothese folgt mit (6.45) und $t^* = 1$ aus (6.11)

$$\text{DVH:} \quad \varepsilon_{kr} = (\frac{n}{m+n})^n \, k \, \sigma_o^m \, [1 - (1-t)^{\frac{m+n}{n}}]^n . \quad (6.47)$$

Entsprechend erhält man aus (6.24) für die

$$\text{E-ZVH:} \quad \varepsilon_{kr} = n \, k \, \sigma_o^m \int_o^t (t-\Theta)^{n-1} (1-\Theta)^m \, d\Theta \quad (6.48a)$$

und für $m = 3$ sowie $n = 1/3$

$$\varepsilon_{kr} = n \, k \, \sigma_o^m [B(1,n) \, t^n - 3B(2,n) \, t^{1+n} + 3B(3,n) \, t^{2+n} - B(4,n) \, t^{3+n}] .$$

$$(6.48b)$$

Die Ergebnisse aus diesen Hypothesen sind in Bild 6-7 gegenübergestellt. Wie schon aus dem Vergleich der Hypothesen bei konstanter, zeitunabhängiger Kriechbelastung bekannt ist, ergeben sich bei Spannungsverminderung wesentliche Unterschiede in den Lösungen von (6.47) und (6.48a).

Wie die Lösung von (6.48a) zeigt, ergibt sich schon für einen ganzzahligen Exponenten m ein mathematisch umfangreicher Ausdruck für die einfache Belastungsgeschichte (6.45). Deshalb soll im weiteren der aus der Theorie der mechanischen Zustandsgleichung hergeleitete formale Ansatz für Rückkriechen (Gl. 6.3o) auf zeitlich sich beliebig ändernde Beanspruchung angewendet werden. Diese Vorgehensweise bietet neben der einfacheren Rechnung z.B. gegenüber (6.48a) den Vorteil, daß ohne wesentliche Erhöhung des experimentellen Aufwands Be- und Entlastungsvorgänge besser dem realen Werkstoffverhalten angepaßt werden können.

Ein geeignetes Experiment zur Überprüfung dieses Rechenverfahrens ist der Zugversuch, bei dem die Zugprobe mit konstanter Spannungsgeschwindigkeit belastet und nach Erreichen einer bestimmten, vorgegebenen Spannung mit konstanter Spannungsgeschwindigkeit entlastet wird:

$$\sigma(t) = \dot{\sigma}\, t\, H(t) - 2\dot{\sigma}(t - t_1)\, H(t - t_1) \ . \qquad (6.49)$$

Für $t \leq t_1$ liefern die ZVH und die DVH für die Belastungsgeschichte (6.49) die Darstellungen in Bild 6-6. Im Belastungszeitraum $t > t_1$ ergeben sich aus (6.3) mit $\sigma = \sigma(t)$ und (6.49)
für die

$$\text{ZVH:} \quad \int_{\varepsilon_{kr}(t_1)}^{\varepsilon_{kr}} d\varepsilon^*_{kr} = n\, k\, \dot{\sigma}^m \int_{t_1}^{t} (2t_1 - \Theta)^m\, \Theta^{n-1}\, d\Theta \qquad (6.5oa)$$

bzw. mit $m = 3$

$$\frac{\varepsilon_{kr}}{k\dot{\sigma}^m} = \left(\frac{2\,n}{3+n} - \frac{6\,n}{2+n} + \frac{12n}{1+n} - 8\right) t_1^{3+n}$$

$$- \left(\frac{n}{3+n}\, t^{3+n} - \frac{6\,n}{2+n}\, t_1 t^{2+n} + \frac{12n}{1+n}\, t_1^2 t^{1+n} - 8\, t_1^3 t^{n}\right) \ , \quad t > t_1 . \ (6.5ob)$$

Für beliebige numerische Werte von m ist (6.5oa) numerisch
auszuwerten.

Die Anwendung der Dehnungsverfestigungshypothese gemäß (6.1ob)
ergibt mit (6.49) für $t > t_1$

$$\text{DVH:} \quad \int_{\varepsilon_{kr}(t_1)}^{\varepsilon_{kr}} \varepsilon^{*\,(1-n)/n}_{kr}\, d\varepsilon^*_{kr} = n\,(k\dot{\sigma}^m)^{1/n} \int_{t_1}^{t} (2t_1 - \Theta)^{m/n}\, d\Theta \qquad (6.51a)$$

bzw. nach Integration

$$\varepsilon_{kr} = \left[2\, \varepsilon^{1/n}_{kr}(t_1) - \frac{n}{m+n}\,(k\dot{\sigma}^m)^{1/n}(2t_1 - t)^{\frac{m+n}{n}}\right]^{1/n} \ , \quad t > t_1 . \ (6.51b)$$

Aus (6.51b) liest man unmittelbar ab, daß für $t = 2t_1$, d.h. für
$\sigma = 0$ gemäß (6.49), die Kriechdehnung den Wert

$$\varepsilon_{kr}(2t_1) = 2^n \, \varepsilon_{kr}(t_1) \tag{6.51c}$$

annimmt. Drückt man noch $\varepsilon_{kr}(t_1)$ durch (6.42) mit $t = t_1$ in (6.51b) aus, erhält man

$$\varepsilon_{kr} = \left(\frac{n}{m+n}\right)^n k\, \dot{\sigma}^m \left[\, 2t_1^{\frac{m+n}{n}} - (2t_1 - t)^{\frac{m+n}{n}} \,\right]^n . \tag{6.51d}$$

Die Ergebnisse aus (6.5ob) und (6.51d) sind in <u>Bild 6-8</u> dargestellt. Entsprechend der Theorie der Verfestigungshypothesen akkumuliert die Kriechdehnung auch bei abnehmender Spannung. Dieses für Kunststoffe im allgemeinen unwahrscheinliche Verhalten tritt bei Verwendung der "Rückkriechvorstellung" entsprechend (6.3o) bis (6.32) nicht auf.

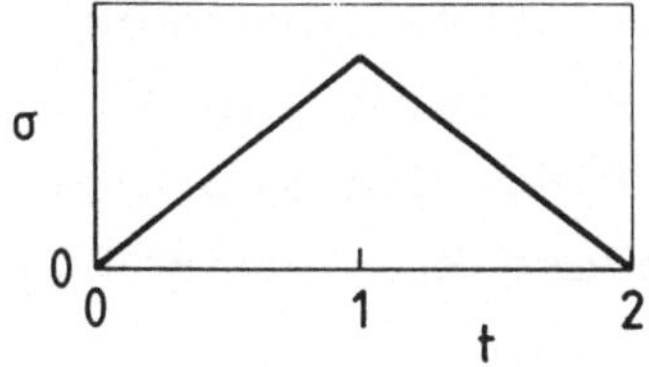

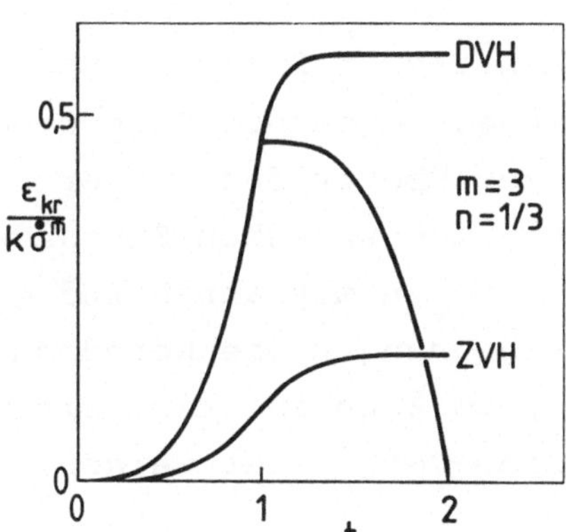

Bild 6-8

Aus (6.49) ergibt sich für den Belastungszeitraum $t > t_1$

$$\sigma(t) = \dot{\sigma} t_1 - \sigma(t - t_1) \tag{6.52a}$$

bzw.

$$\sigma(t) = \sigma(t_1) - \dot{\sigma}(t - t_1) . \tag{6.52b}$$

Die sogenannte Rückspannung σ_r folgt dann aus (6.52b) zu

$$\sigma_r = \sigma(t_1) - \sigma(t) = \mathring{\sigma}(t - t_1) \ . \tag{6.53}$$

Mit (6.53) liefert (6.31) oder (6.32) die aus der Rückspannung resultierende Rückkriechdehnung

$$\varepsilon_r = \left(\frac{n_r}{m_r + n_r}\right)^{n_r} k_r \, \mathring{\sigma}^{m_r} (t - t_1)^{m_r + n_r} \ . \tag{6.54}$$

Die Überlagerung von (6.54) mit der Dehnung $\varepsilon_{kr}(t_1)$ gemäß (6.29) führt schließlich zur Kriechdehnung

$$\varepsilon_{kr} = \left(\frac{n}{m+n}\right)^{n} k \, \mathring{\sigma}^{m} \, t_1^{m+n} - \left(\frac{n_r}{m_r + n_r}\right)^{n_r} k_r \, \mathring{\sigma}^{m_r} (t - t_1)^{m_r + n_r} \ . \tag{6.55}$$

Für das einfache Beispiel mit gleich großen Koeffizienten $k = k_r$ usw. bei Hin- und Rückbeanspruchung ist der Verlauf der zeitabhängigen Dehnung nach (6.55) in Bild 6-8 eingezeichnet. Je nach Werkstoff kann (6.55) dem mechanischen Verhalten angepaßt werden, so daß andere Kurvenverläufe als der dargestellte möglich sind.

Der Zugversuch mit konstanter Spannungsgeschwindigkeit ist insbesondere beim Einsatz moderner Zugprüfmaschinen ein schnelles Verfahren zur Überprüfung einer z.B. durch Kriechversuche aufgestellten mechanischen Zustandsgleichung. Wird der Zugversuch in Bereichen mit annähernd gleich großer Nennspannung und wahrer Spannung sowie Nenndehnung und wahrer Dehnung durchgeführt, so kann auf eine umfangreiche Instrumentierung der Zugprobe verzichtet werden.

Zur Überprüfung der nichtlinearen Viskoelastizitätstheorie (z.B. Gl. 3.39) sind in [7o] Versuchsergebnisse aus unterschiedlichen Beanspruchungsgeschichten angegeben worden. Diese experimentellen Ergebnisse aus Untersuchungen an PE werden im folgenden zur Überprüfung der in dieser Ziffer angegebenen Rechenverfahren verwendet. Dazu werden zunächst die Ergebnisse aus Kriechversuchen mit jeweils konstanter, zeitunabhängi-

ger Dehnung nach (3.54) bzw. (3.55) ausgewertet. Die aus der
Kurvenanpassung nach der Methode der kleinsten Fehlerquadratsumme sich ergebenden Koeffizienten von (3.54) bzw. (3.55)
sind in <u>Tabelle 6-I</u> angegeben, der berechnete Verlauf der
Kriechkurven ist im Vergleich mit den Meßergebnissen in <u>Bild
6-9</u> dargestellt.

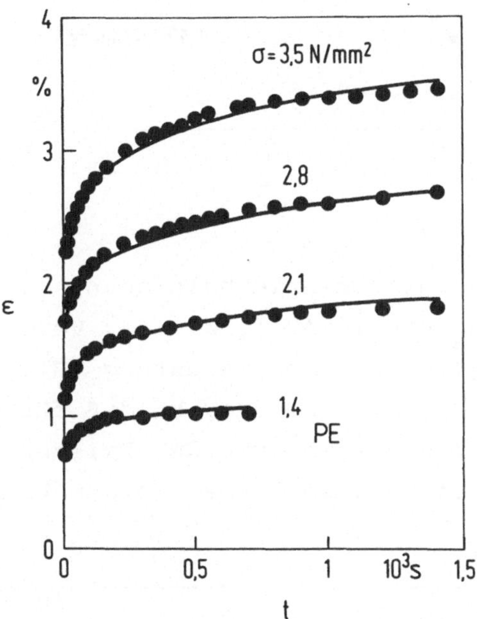

Bild 6-9

Zur Auswertung des Zugversuchs mit konstanter Spannungsgeschwindigkeit bei Be- bzw. Entlastung wird (6.42) in der Form

$$\varepsilon_{kr} = K_h \, t^{M_h} \, , \qquad \dot{\sigma} = \text{const.} \qquad (6.42a)$$

und (6.55) in der Form

$$\varepsilon_{kr} = K_h \, t_1^{M_h} - K_r (t - t_1)^{M_r} \, , \quad \dot{\sigma} = \text{const.} \quad (6.55a)$$

geschrieben und mittels der Methode der kleinsten Fehlerquadratsumme dem Werkstoffverhalten entsprechend <u>Bild 6-1o</u> angepaßt. Die Koeffizienten von (6.42a) und (6.55a) sind in Tabelle 6-I aufgeführt. Mit angegeben in der Tabelle 6-I sind

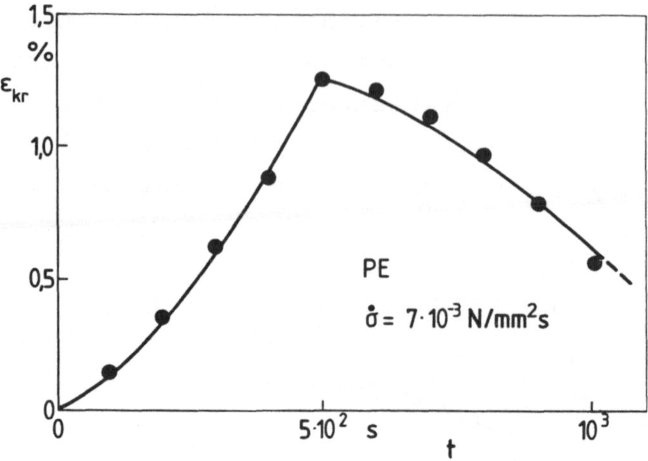

Bild 6-1o

die aus den Freiwerten der Kriechgleichung (3.54) berechneten
Parameter K_h und M_h von (6.42a). Wie der Vergleich mit den
Parametern des Zugversuchs bei Belastung (Gl. 6.42a) zeigt,
besteht eine gute Übereinstimmung, so daß für das untersuchte
Werkstoffbeispiel von der Theorie der Existenz einer mechani-
schen Zustandsgleichung ausgegangen werden kann.

Tabelle 6-I

Kriechversuche					Zugversuch mit $\dot{\sigma} = 7 \cdot 10^{-3}$ N/mm^{2}s			
l_o	-	n	o,222	K_h	$1,124 \cdot 10^{-6}$	K_h	$1,273 \cdot 10^{-6}$	K_r	$8,213 \cdot 10^{-7}$
m_o	1,166	m	1,258	M_h	1,48o	M_h	1,482	M_r	1,396
k_o	$3,7o3 \cdot 10^{-3}$	k	$8,8o5 \cdot 10^{-4}$						

Da die Ansatzfreiwerte für das Rückkriechen nach (6.33a) nicht
aus den Ergebnissen eines Zugversuchs mit abnehmender Spannung ermittelt werden können, wie auch (6.55a) zeigt, werden
diese Koeffizienten aus den Meßwerten des Rückkriechens an PE
[7o] bestimmt. Aus dem in __Bild 6-11__ dargestellten experimentellen Befund erhält man wegen (3.52) und (6.33a) für den
Zeitexponenten $n_r = o,116$. Mit diesem zusätzlichen Stützwert
können die restlichen Ansatzfreiwerte für (6.33a) unter Berücksichtigung der Daten von Tabelle 6-I berechnet werden.

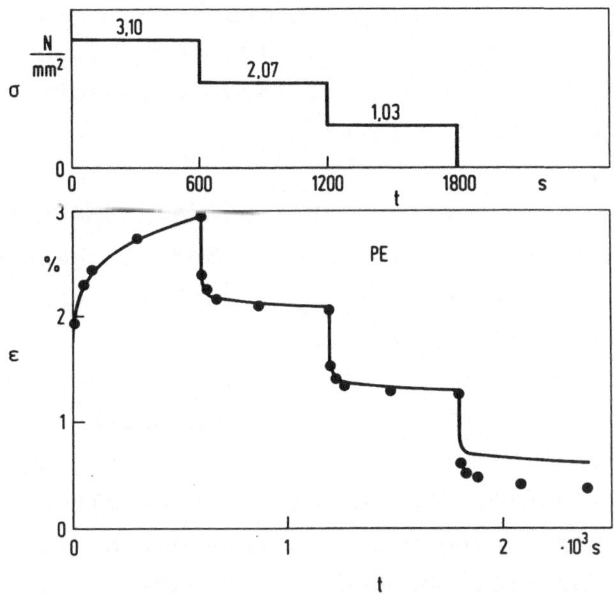

Bild 6-11

Mit den so ermittelten Koeffizienten wird abschließend die
zeitabhängige Dehnung bei einer Belastungsgeschichte berechnet, die eine Kombination der behandelten Beispiele (Bilder
6-9 bis 6-11) darstellt (<u>Bild 6-12</u>). Die nach (6.11) bzw.

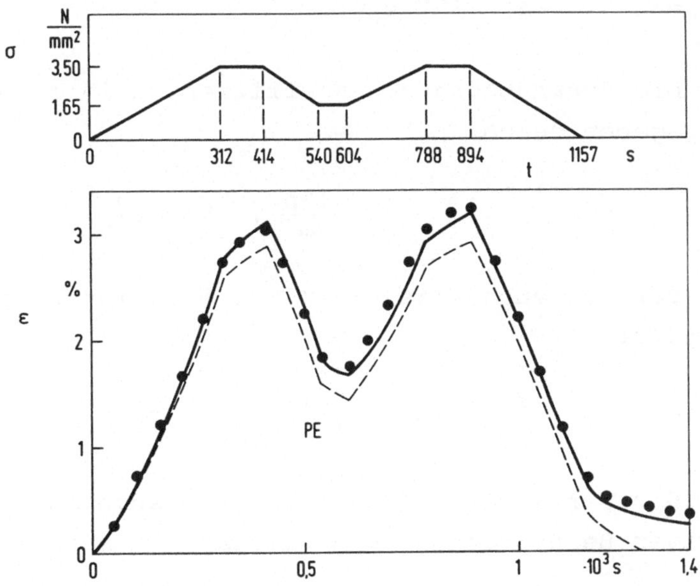

Bild 6-12

(6.32) durchgeführten Rechnungen ergeben im Vergleich zum
experimentellen Befund eine befriedigendere Lösung als der
nach (6.24) und (3.55) berechnete [1o4] und gestrichelt im
Bild 6-12 dargestellte Kurvenverlauf.

Entsprechend dem Kriechversuch, bei dem die Spannung zu bestimmten Zeiten sprunghaft ihren Wert ändert, kann der Spannungsrelaxationsversuch mit zeitlich sich spontan ändernder
Gesamtdehnung durchgeführt werden.

Mit (5.36) wird aus der Theorie der mechanischen Zustandsgleichung (Ziff. 5) ein Ausdruck für die Spannungsrelaxation
hergeleitet. Das entsprechende Werkstoffverhalten bei einstufiger Kriechbeanspruchung muß sich dann durch (5.16) formulieren lassen. Zur Beschreibung der Relaxation bei zeitlich
sich ändernder Gesamtdehnung kann man von (5.32a) ausgehen.

Da die Koeffizienten der mechanischen Zustandsgleichung (5.1o)
teilweise aus Kriechversuchen mit jeweils konstanter Spannung
ermittelt werden (Gl. 5.16), wird von (6.32b) in der Schreibweise

$$\dot{\varepsilon}_\eta = n[k(\sigma - A)^m]^{1/n} \, \varepsilon_\eta^{-(1-n)/n} \tag{6.56}$$

ausgegangen. Die Verknüpfung der Koeffizienten in (6.56) und
(5.32b) ist gegeben durch

$$K = (k \, n^n)^{-1/m} \, , \qquad a = \frac{1-n}{m} \, , \qquad b = \frac{n}{1-n} \, .$$

Entsprechend der Vorgehensweise in Ziff. 5 ergibt sich aus
(6.56) und (5.23)

$$dt = -(n \, M)^{-1} [\, k \, (\sigma - A)^m]^{-1/n} \, \varepsilon_\eta^{(1-n)/n} \, d\sigma \, . \tag{6.57}$$

Verhält sich der Werkstoff jedoch schon bei spontaner, quasi-
zeitunabhängiger Beanspruchung nichtlinear, so kann statt des
Sekantenmoduls M in (6.57) auch mit dem Tangentenmodul M*
gerechnet werden. Bei idealsteifer Prüfeinrichtung (Ziff. 1)

und einem Werkstoffverhalten nach (5.41) folgt dann aus (5.41) mit $\varepsilon_o = \varepsilon$

$$M^{*-1} = l_o + m_o \, k_o \, \sigma^{m_o - 1} \; . \tag{6.58}$$

Ändert sich die Gesamtdehnung z.B. bei einem bestimmten Zeitpunkt t_1 sprunghaft und stellt sich dabei die neue Anfangsspannung $\sigma_o(t_1)$ ein, so ergibt sich aus (6.57) und (6.58) die Spannungsrelaxation für $t > t_1$ zu

$$t - t_1 = n^{-1} \int_{\sigma}^{\sigma_o(t_1)} (l_o + m_o \, k_o \, \sigma^{m_o-1}) \, [\sigma_o(l_o + k_o \, \sigma_o^{m_o-1}) - \sigma(l_o + k_o \, \sigma^{m_o-1})]^{(1-n)/n}$$

$$\cdot \, [\, k \, (\sigma - A)^m \,]^{-1/n} \, d\sigma \; . \tag{6.59}$$

Mit (6.59) ist zunächst für den einstufigen Relaxationsversuch, d.h. $t_1 \equiv 0$, die Spannungsabnahme für das Werkstoffbeispiel PUR [87] mit den aus Kriechversuchen ermittelten Werten der Tabelle 3-III für k_o, l_o und m_o und der Tabelle 5-I berechnet und im Vergleich mit den Meßergebnissen in <u>Bild 6-13</u> dargestellt. Das Ergebnis der Rechnung bei einer spontanen Dehnungsänderung entsprechend der in <u>Bild 6-14</u> dargestellten Beanspruchungsgeschichte zeigt eine zufriedenstellende Übereinstimmung mit dem experimentellen Befund [87].

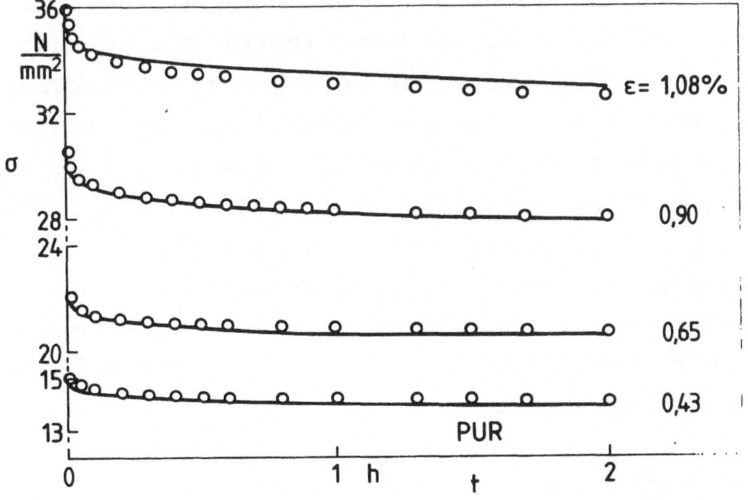

Bild 6-13

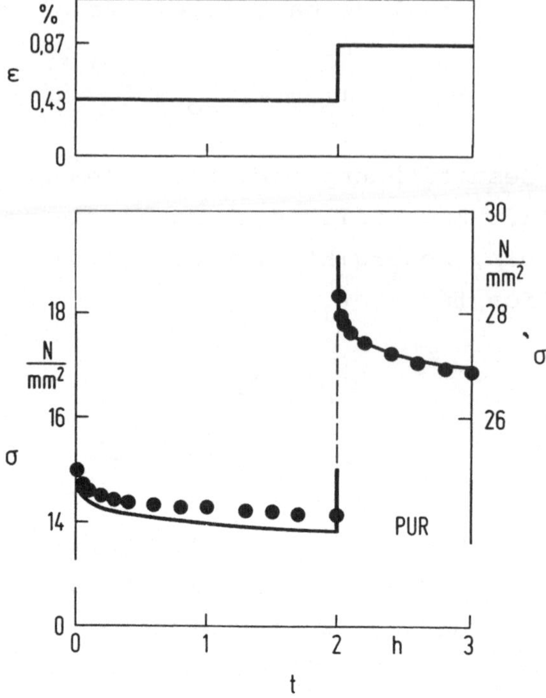

Bild 6-14

Da (6.59) bzw. (5.36) im allgemeinen nur numerisch ausgewertet werden können, liegt es nahe, bei Kenntnis des Spannungs-
relaxationsverhaltens z.B. aus dem einstufigen Versuch den
experimentellen Befund mit einer Interpolationsfunktion zu
beschreiben. Ebenso kann man zur Darstellung von (6.59)
eine Approximationsfunktion auswählen, die sich z.B. durch
(4.3o) oder (4.37) angeben läßt. Wie Bild 4-3 zeigt, kann das
Spannungsrelaxationsverhalten von PUR [87] mit (4.37) beschrieben werden. Für eine zeitlich sich ändernde Gesamtdehnung kann man formal in Anlehnung an die erweiterte Zeitverfestigungshypothese (6.19) für den gemäß (4.36) relaxierenden
Anteil der Spannung schreiben:

$$\sigma_r = N\,K \int_0^t (t-\Theta)^{N-1} \left[\varepsilon(\Theta)\right]^M \, d\Theta \ . \qquad (6.6o)$$

Ist der zeitliche Verlauf der Gesamtdehnung bekannt, etwa in
(6.5) entsprechender Form

$$\varepsilon(t) = \varepsilon_1 \, H(t) + (\varepsilon_2 - \varepsilon_1) \, H(t - t_1) \; ,$$

kann (6.6o) unmittelbar integriert werden und liefert im speziellen Fall unter Berücksichtigung von (4.3o) und

$$\sigma_o(\varepsilon) = \sigma_o(\varepsilon_2) = (\varepsilon_o/k_o)^{1/m_o} \tag{6.61}$$

$$\sigma = (\varepsilon_2/k_o)^{1/m_o} - K\varepsilon_1^M [t^N - (t - t_1)^N] - K\varepsilon_2^M (t - t_1)^N , \quad t > t_1 . \tag{6.62}$$

Tabelle 6-II

K	1287,4
M	1,24o6
N	o,1345

Mit (6.62) und den aus dem Relaxationsverhalten von PUR [87]
gemäß Bild 4-3 ermittelten Ansatzfreiwerten K, M und N (Tabelle 6-II) sowie den Koeffizienten k_o und m_o aus Tabelle
3-III ist die Spannungsrelaxation für die in Bild 6-15 angegebene Beanspruchungsgeschichte berechnet und im Vergleich mit
den Meßergebnissen [87] in Bild 6-15 dargestellt. Dabei fällt
besonders auf, daß nach spontaner Verformungsabnahme die Spannung zunächst ansteigt und dieses Verhalten durch (6.22) wiedergegeben wird.

Eine Beschreibung des in den Bildern 6-13 bis 6-15 dargestellten Werkstoffverhaltens ist außer in [86,87] auch in [1o5] angegeben, jedoch ist die Berechnung komplizierter als die hier
durchgeführte.

Die Anwendungsbeispiele in dieser Ziffer zeigen, daß mit der
Theorie von der Existenz einer mechanischen Zustandsgleichung
und den daraus folgenden Kriechhypothesen das Werkstoffverhal-

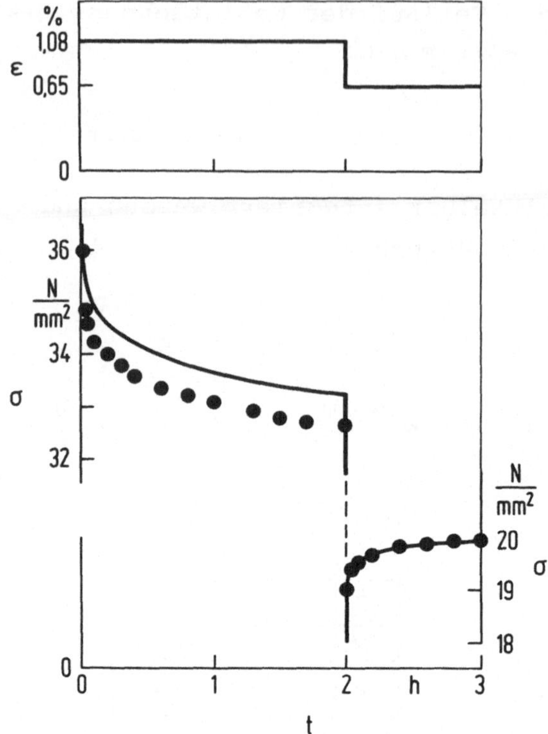

Bild 6-15

ten bei zeitabhängiger Spannung-Dehnung-Beziehung formulierbar sowie methodisch beschreibbar ist. Damit ist ein
Rechenverfahren für geschwindigkeitabhängiges Werkstoffverhalten speziell im nichtlinearen Verformungsbereich und bei
einachsiger Beanspruchung dargestellt und untersucht worden.
Weitere Rechenmethoden unterstützen und ergänzen das angegebene Verfahren, so daß insbesondere für die mehr anwendungsorientierte Berechnung des mechanischen Werkstoffverhaltens
vielfältige Beschreibungsformen zur Verfügung stehen.

C Formulierung des mechanischen Werkstoffverhaltens bei mehrachsiger Beanspruchung

Die Beurteilung des mechanischen Verhaltens eines Bauteils, auf das im allgemeinen ein mehrachsiger Beanspruchungszustand wirkt, läßt sich im wesentlichen durch die Analyse der Beanspruchungen und den Festigkeits- bzw. Sicherheitsnachweis führen. Die Durchführung des Sicherheitsnachweises einer Konstruktion gegen funktionelles oder strukturelles Versagen umfaßt die Ermittlung des Verformungs- bzw. Spannungszustands aufgrund der am Bauteil angreifenden Kräfte und Momente und den Vergleich dieses Beanspruchungszustands mit Kennwerten aus einachsigen Grundversuchen gleicher Werkstoffanstrengung. Mithin werden zur Bestimmung des Verformungszustands bei bekanntem Spannungszustand oder zur Berechnung des Spannungszustands bei experimentell bestimmten Verformungen werkstoffgerechte Stoffgesetze und -gleichungen sowie zur Analyse der Beanspruchbarkeit Anstrengungskriterien bzw. Versagensbedingungen benötigt.

Stoffgleichungen sowie Anstrengungshypothesen können im allgemeinen nur experimentell festgelegt werden. Dazu werden Versuche an einfachen Probenkörpern unter definierten Spannungs- oder Formänderungszuständen durchgeführt. Neben dem einachsigen Zug- und dem einachsigen Druckversuch wendet man als weiteren Grundversuch den Torsions- oder Schubversuch an sowie z.B. Versuche mit zweiachsigem Spannungszustand, etwa zylindrische, dünnwandige Hohlproben mit Innendruck und überlagerter Längskraft oder spezielle Probenformen (z.B.[1o6 bis 111]). Ebenso kann die Hohlprobe einer zusätzlichen Torsionsbeanspru-

chung unterzogen werden, so daß ein Werkstoff mit vielfältigen
Beanspruchungsarten untersucht werden kann. Darüber hinaus
kann den Belastungen in den Grundversuchen ein hydrostatischer
Druck überlagert werden, um z.B. dessen Einfluss auf den Fließbeginn zu untersuchen. Versuchsarten mit definiertem Verformungszustand sind z.B. ein- oder zweiachsige Stauchungen im
Gesenk sowie der Flachstauchversuch (z.B.[112,113]).

Zur Verringerung des experimentellen Aufwands kann man von Annahmen über mechanische Kenngrößen ausgehen, die maßgebend für
das mechanische Werkstoffverhalten bzw. für die Werkstoffanstrengung sind, und den Gültigkeitsbereich dieser Annahmen
(Stoffgleichungen und Anstrengungskriterien) durch gezielte
Versuche überprüfen. Die Annahmen sind umso widerspruchsfreier,
je besser Stoffgleichungen und Anstrengungshypothesen miteinander korrespondieren.

Für duktile metallische Werkstoffe hat sich die quadratische
Fließbedingung nach MISES [114] zur Ermittlung der Werkstoffanstrengung bewährt. Die pseudophysikalische Deutung dieser
Anstrengungsbedingung gelingt aufgrund der Annahme von der Maß-
geblichkeit der Gestaltänderungsenergiedichte (-arbeit) für
den elastischen Anteil der Gesamtverformung mit Hilfe der linearen Elastizitätsgleichungen, wie HENCKY [115] gezeigt hat.
Für den plastischen Anteil kann der Nachweis mit den LEVY-MISES-
Stoffgleichungen [116,117] und für die elastoplastische Verformung anhand der PRANDTL-REUSS-Gleichungen [118,119] geführt werden, wie TROOST in [12o] zeigt. Somit besteht ein enger Zusammenhang zwischen Stoffgleichungen und Anstrengungsbedingung, mit
dem eine mechanisch sinnvolle Beanspruchungsanalyse von Bauteilen durchgeführt werden kann.

Für Werkstoffe mit zeitabhängiger Spannung-Verformung-Beziehung,wie z.B. polymere Konstruktionswerkstoffe, ist deshalb
zunächst die Kenntnis des über die einachsige Zugbeanspruchung
hinausgehenden mechanischen Verhaltens erforderlich.

7. Grundversuche mit überlagertem hydrostatischen Druck

a) Elastische Kenngrößen

Zur Beurteilung des Werkstoffverhaltens im Vergleich mit Stoffgleichungen und Anstrengungsbedingungen, etwa den linearen
Elastizitätsgleichungen und der MISESschen Fließbedingung
(Ziff. 8), sind neben den Ergebnissen des einachsigen Zugversuchs diejenigen des einachsigen Druckversuchs, des Torsions-
versuchs und besonders die Ergebnisse aus Untersuchungen mit
überlagertem hydrostatischem Spannungszustand geeignet. Hinsichtlich des Verformungsverhaltens geben die Moduln (Elasti-
zitäts- und Schubmodul bei linearelastischem Verhalten, Sekan-
ten- bzw. Tangentenmodul bei nichtlinearer Spannung-Verformung-
Beziehung) aus den Grundversuchsergebnissen Auskunft über die
Verwendbarkeit z.B. von bekannten Stoffgleichungen. In Bezug
auf den Fließbeginn (Beginn der plastischen Verformung) bzw.
bei allgemeinerer Betrachtungsweise hinsichtlich der Werkstoffanstrengung kann der experimentelle Befund aus Grundversuchen
mit überlagertem hydrostatischem Druck zur Überprüfung eines
Anstrengungskriteriums angewendet werden.

Versuche mit überlagertem hydrostatischem Spannungszustand ver-
langen zwar einen hohen technischen Aufwand, nehmen aber im
letzten Jahrzehnt bei der Untersuchung des mechanischen Verhaltens von Polymerwerkstoffen an Bedeutung zu. Grundlegende Untersuchungen mit hydrostatischer Druckbeanspruchung gehen auf
BRIDGMAN [121] zurück. Bei Drücken bis teilweise 10^4 MPa zeig-
te sich, daß bei den untersuchten duktilen metallischen Werkstoffen die entstehenden Volumenänderungen annähernd linearelastischer Natur sind. Dies gilt jedoch weniger für "porige"
Werkstoffe wie Gußeisen, Messing und Sinterwerkstoffe und im
allgemeinen nicht für Kunststoffe. Die frühesten Untersuchungen an amorphen Polymeren im Glaszustand sowie an kristallinen
wurden von HOLLIDAY u.a. [122] und AINBINDER u.a. [123] durchgeführt. Dabei entdeckte man das für Kunststoffe überraschende
Phänomen, daß das bei Zimmertemperatur und atmosphärischem

128

Druck spröde PS sich unter hydrostatischem Druck duktil verhält [122]. Dieser Übergang von sprödem zu zähem Werkstoffverhalten sowie die Änderung mechanischer Eigenschaften unter
dem Einfluß einer hydrostatischen Druckbeanspruchung waren
und sind Gegenstand zahlreicher Untersuchungen [123 bis 144].

Den Zusammenhang zwischen wahrer Spannung und wahrer Dehnung
aus Zug- und Druckversuchen unter atmosphärischem und überlagertem hydrostatischem Druck zeigen für zwei Beispiele [144]
die Bilder 7-1a und 7-1b. Danach ist schon bei atmosphärischem Druck unterschiedliches Verhalten der Werkstoffe gegenüber Zug- (Z) und Druckbeanspruchung (D) insbesondere bei größ-
ßeren Dehnungen zu erkennen. Mit zunehmendem hydrostatischem
Druck verlagert sich jedoch nicht nur die Fließgrenze oder
eine definierte Dehngrenze zu höheren Werten, sondern ändert
sich auch der Ursprungsmodul (Elastizitätsmodul).

Die Abhängigkeit der Ursprungsmoduln aus Zug- oder Druckversuchen vom hydrostatischen Druck zeigt Bild 7-2a für das Werkstoffbeispiel ABS [143]. Für ein anderes Beispiel [142] ist
die Abhängigkeit des Schubmoduls vom hydrostatischen Druck in
Bild 7-2b dargestellt. Innerhalb des untersuchten Druckberei-
ches kann man in erster Näherung eine lineare Abhängigkeit der
Moduln vom überlagerten hydrostatischen Druck feststellen. Demgegenüber werden auch nichtlineare Zusammenhänge festgestellt
[14o,142], wie sie in den Bildern 7-3a und 7-3b dargestellt
sind.

Der Einfluß eines hydrostatischen Drucks auf das elastische
Verhalten eines isotropen Festkörpers wird in der linearen
Elastizitätstheorie nicht berücksichtigt. Die linearen Elasti-
zitätsgleichungen liefern für die Längsdehnung ε eines auf
Zug und überlagerten hydrostatischen Druck beanspruchten Pro-
bestabs

$$\varepsilon(p) \;=\; \frac{1}{E(o)} \left[\sigma - p(1 - 2\nu) \right] \; . \qquad (7.1)$$

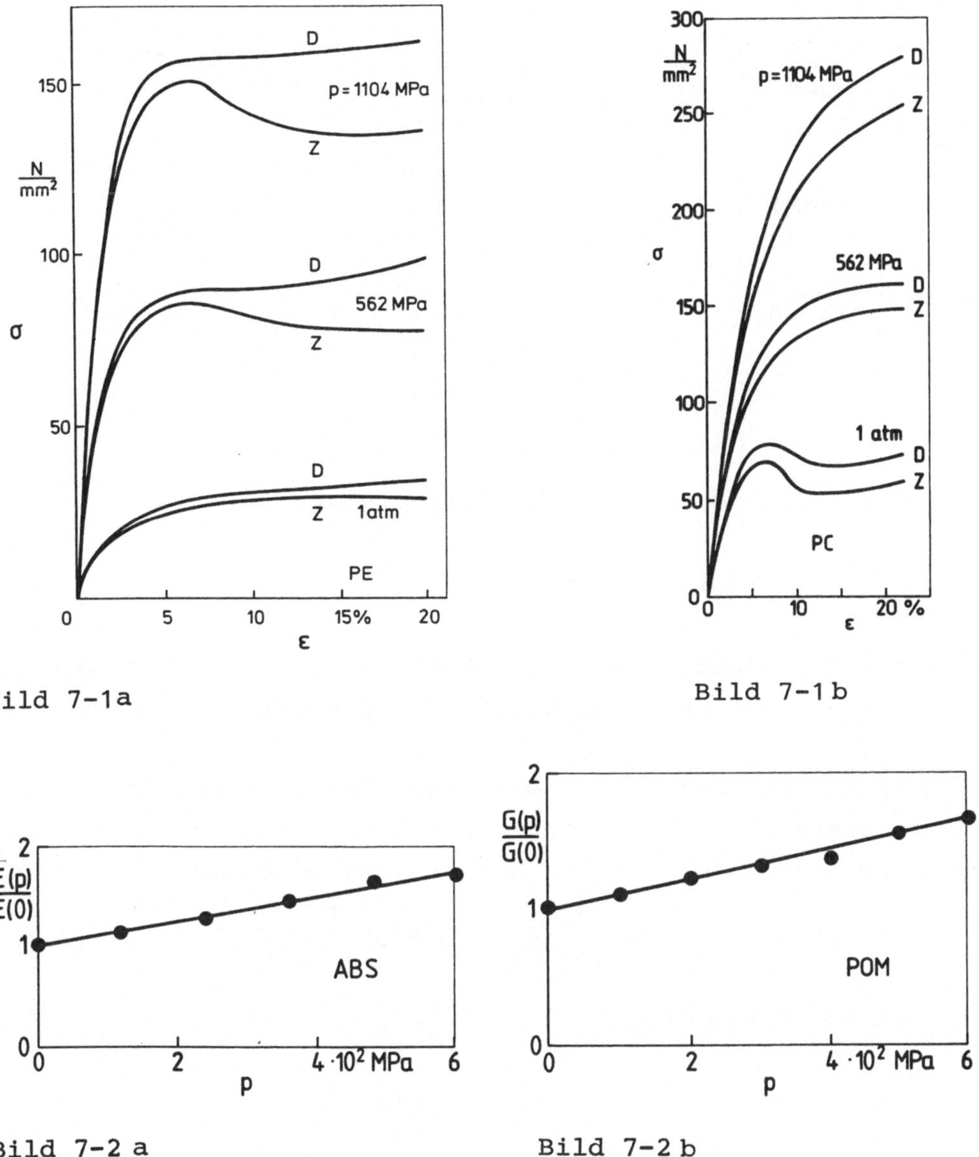

Bild 7-1a   Bild 7-1b

Bild 7-2 a   Bild 7-2 b

Der Elastizitätsmodul E(p) der unter hydrostatischem Druck p
und axialer Zugspannung σ stehenden Probe ergibt sich aus der
Differenz Δσ zweier Spannungen und der Differenz Δε(p) der
entsprechenden Dehnungen zu

$$E(p) := \frac{\Delta\sigma}{\Delta\varepsilon(p)} = \frac{\sigma_2 - \sigma_1}{\varepsilon_2(p) - \varepsilon_1(p)} \quad . \tag{7.2}$$

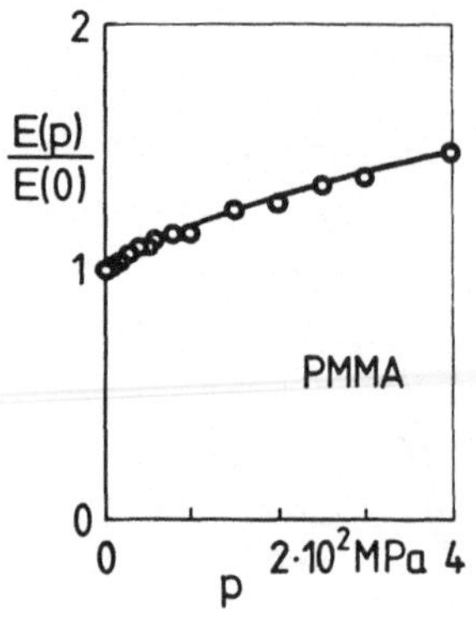

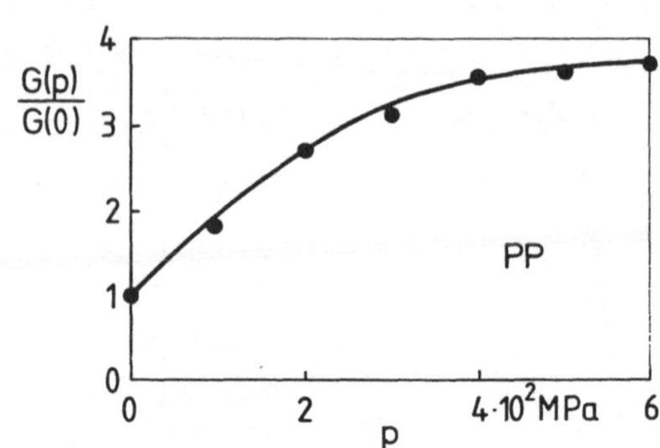

Bild 7-3 a   Bild 7-3 b

Die Verknüpfung von (7.2) und (7.1) liefert

$$E(p) \; = \; E(o) \; .$$
(7.3)

Damit ist der Elastizitätsmodul E(o) bei atmosphärischem Druck
gleich demjenigen bei überlagertem hydrostatischem Druck.

Zur Beschreibung der in den Bildern 7-2a bis 7-3b beispiel-
haft dargestellten Abhängigkeit der Moduln vom hydrostatischen
Druck kann man allgemein für den Elastizitätsmodul

$$E(p) \, / \, E(o) \; = \; 1 + \sum_{r=1}^{s} \alpha_r \, [\, p \, / \, E(o) \,]^r \; , \quad s \; gzz.$$
(7.4)

bzw. für den Schubmodul

$$G(p) \, / \, G(o) \; = \; 1 + \sum_{r=1}^{s} \beta_r \, [\, p \, / \, G(o) \,]^r \; , \quad s \; gzz.$$
(7.5)

ansetzen.

Für die lineare Abhängigkeit mit $s = 1$ lassen sich α_1 bzw. β_1
durch die elastische Querzahl ν ausdrücken, wenn man von einer
durch MURNAGHAN [145] aufgestellten und von BIRCH [146] zur
Berechnung der Abhängigkeit der elastischen Kenngrößen vom hydrostatischen Druck angewendeten "Theorie kleiner endlicher
Dehnungen" ausgeht. Danach folgt aus dem elastischen Potential

in den Invarianten des Dehnungstensors (Ziff. 8) und mit gewissen Einschränkungen [146]

$$s = 1: \qquad \alpha_1 = 2(5 - 4\nu)(1 - \nu) , \qquad\qquad (7.6)$$

$$\beta_1 = \frac{3(3 - 4\nu)}{2(1 + \nu)} . \qquad\qquad (7.7)$$

Für einen isotropen Werkstoff mit den Grenzwerten $\nu = [0;1/2]$ für die Querzahl, ergeben sich aus (7.6) und (7.7) $\alpha_1 = [10;3]$ und $\beta_1 = [4,5; 1]$. Mithin können die in den Bildern 7-3a und 7-3b dargestellten Ergebnisse unter der Voraussetzung isotropen Werkstoffverhaltens zwar durch (7.4) bzw. (7.5), aber nicht mit (7.6) bzw. (7.7) berechnet werden. Andere Meßergebnisse [z.B. 129] konnten jedoch mit den in Tabelle 7-I angegebenen numerischen Werten [129] rechnerisch wiedergegeben werden, wie der Vergleich mit den experimentell bestimmten Werten $(\alpha_1)_{exp}$ zeigt. Im allgemeinen werden jedoch (7.6) und (7.7) zur Bestimmung der hydrostatischen Druckabhängigkeit des Elastizitäts- und Schubmoduls weniger geeignet sein. Eine Abschätzung dieser Druckabhängigkeit aus anderen Kenngrößen als der Querzahl ist in Ziff. 7c) angegeben.

Tabelle 7-I

Werkstoff	ν	α_1	$(\alpha_1)_{exp}$
PTFE	0,5	3,00	3,30
PC	0,4	4,03	4,08

b) Streck- oder Versagensgrenze

Lineare und nichtlineare Abhängigkeiten vom hydrostatischen Druck stellt man auch für die Streckgrenzen der untersuchten Werkstoffe [123 bis 144] fest. Als Beispiele sind Ergebnisse [147] aus Zug-, Druck- und Torsionsversuchen mit jeweils hydrostatischer Drucküberlagerung in den Bildern 7-4a und 7-4b

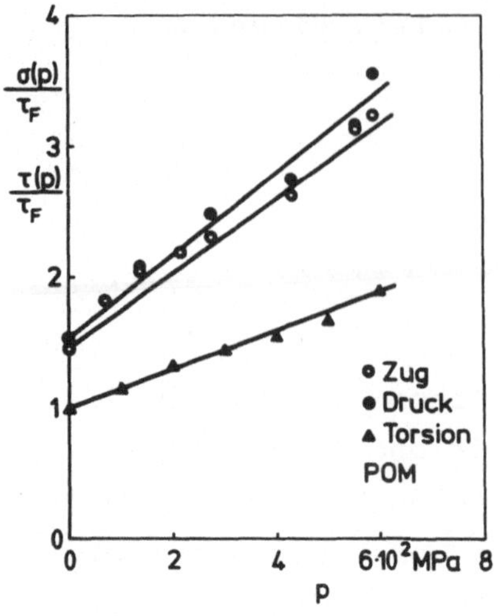

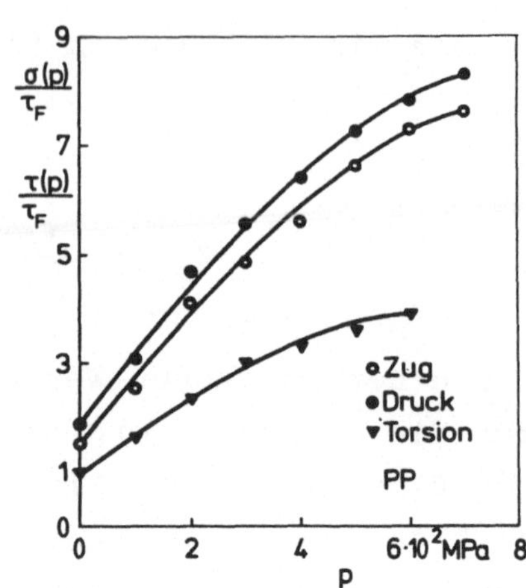

Bild 7-4 a   Bild 7-4 b

dargestellt. Für duktile Polymerwerkstoffe werden dabei die
Fließgrenzen entsprechend Ziff. 2 entweder durch die Bedingung
$d\sigma/d\varepsilon = 0$ oder durch Dehngrenzen definiert.

Zur Formulierung des Fließbeginns von polymeren Werkstoffen
bei mehrachsiger Beanspruchung wird in den ersten Arbeiten von
einem modifizierten TRESCA-Kriterium [112,113] sowie von einem
modifizierten MISES-Kriterium [148] ausgegangen. Dabei entspricht das um die mittlere Normalspannung erweiterte TRESCA-
Kriterium [149] formal der Bedingung nach COULOMB [15o]. Für
das erweiterte MISES-Kriterium [114] werden dagegen lineare
[148,151] und nichtlineare [151,152,126] Abhängigkeiten vom hydrostatischen Spannungszustand berücksichtigt. Diese so gewon-
nenen Fließbedingungen sind aber formalidentisch mit früheren
Ansätzen wie z.B. demjenigen von DRUCKER und PRAGER [153] oder
von SCHLEICHER [154]. Eine diesen Kriterien übergeordnete Bedingung wird in Ziff. 9 behandelt.

Eine allgemeine Form einer Fließbedingung bei Isotropie, in
der die lineare und nichtlineare Abhängigkeit vom hydrostatischen Spannungszustand berücksichtigt wird, ist in [155 bis
157] angegeben. Für den Hauptnormalspannungszustand (σ_I, σ_{II},

σ_{III}) lautet sie

$$\sigma_F^m \left(1 + \sum_{p=1}^{q} {}^m a_p \right) = (\sigma_I + \sigma_{II} + \sigma_{III} - \sigma_I \sigma_{II} - \sigma_{II} \sigma_{III} - \sigma_{III} \sigma_I)^{m/2} +$$

$$+ \sum_{p=1}^{q} {}^m a_p \sigma_F^{m-p} (\sigma_I + \sigma_{II} + \sigma_{III})^p; \quad p = 1,2 \ldots q; \quad m = 1,2 \ldots \tag{7.8}$$

mit den Ansatzfreiwerten ${}^m a_1$ und ${}^m a_2$ bei der Beschränkung $q = 2$:

$${}^m a_1 = [(1 + \kappa)(2 + \kappa)]^{-1} \{\kappa(2 + \kappa)[(1 + \phi)^{m/2} - 1] + (1 + \kappa)^m - 1\},\ \tag{7.9a}$$

$${}^m a_2 = [(1 + \kappa)(2 + \kappa)]^{-1} \{(2 + \kappa)[(1 + \phi)^{m/2} - 1] - (1 + \kappa)^m + 1\}. \tag{7.9b}$$

In (7.9a) und (7.9b) bedeuten

$$\kappa = D/Z - 1, \qquad \phi = 3(T/Z)^2 - 1 \tag{7.1o}$$

mit der Zugfließgrenze Z, dem Betrag D der Druckfließgrenze und der Schubfließgrenze T. Für den Betrag nach gleich große Zug- und Druckfließgrenzen (symmetrisches Werkstoffverhalten) liefern (7.9a,b) wegen $\kappa \equiv 0$

$${}^m a_1 = 0, \qquad {}^m a_2 = (1 + \phi)^{m/2} - 1\ , \tag{7.11}$$

und mit $\Theta \equiv 0$ folgen aus (7.11)

$${}^m a_1 = {}^m a_2 \equiv 0$$

bzw. aus (7.8) die quadratische MISESsche Fließbedingung [114] . Mit $m = 1$ erhält man [155] aus (7.9a,b) für ${}^1 a_2 \equiv 0$

$$\phi = 4 \left(\frac{1 + \kappa}{2 + \kappa}\right)^2 - 1, \qquad {}^1 a_1 = \frac{\kappa}{2 + \kappa}, \qquad {}^1 a_2 \equiv 0 \tag{7.12}$$

und mit $m = 2$ für ${}^2 a_2 \equiv 0$

$$\phi = \kappa, \qquad {}^2 a_1 = \kappa, \qquad {}^2 a_2 \equiv 0\ . \tag{7.13}$$

134

Wegen der Einschränkung $^m a_2 \equiv 0$ $(m = 1;2)$ in (7.12) und (7.13) stehen die Zug-, Druck- und Schubfließgrenze in einem festen Verhältnis zueinander. So kann man reales Werkstoffverhalten aber nur bedingt beschreiben. Mit (7.12) und (7.13) folgen die für Polymerwerkstoffe benutzten [14o,158,159] Fließbedingungen aus (7.8) unter Berücksichtigung von (7.10)

$$2DZ(D+Z)^{-1} = (\sigma_I^2 + \ldots - \sigma_{III}\sigma_I)^{\frac{1}{2}} + (D-Z)(D+Z)^{-1}(\sigma_I + \sigma_{II} + \sigma_{III}) \quad (7.14)$$

und

$$DZ = (\sigma_I^2 + \ldots - \sigma_{III}\sigma_I) + (D-Z)(\sigma_I + \sigma_{II} + \sigma_{III}) \, . \quad (7.15)$$

Die dem Betrag nach unterschiedlichen Zug- und Druckfließgrenzen bestimmen entsprechend den Bedingungen (7.14) und (7.15) entscheidend den Fließbeginn bei mehrachsiger Beanspruchung.

Für einige aus der Gruppe der untersuchten Werkstoffe ist in Tabelle 7-II deshalb das Verhältnis aus Druck- und Zugfließgrenze (D/Z) angegeben, das dem Schrifttum [112,113,129,13o, 132,148,16o bis 166] entnommen worden ist.

Tabelle 7-II $^{6)}$

Werkstoff	D/Z	Werkstoff	D/Z
PE	1,1o ... 1,3o	PS	1,3o
PP	1,16 ... 1,38	PMMA	1,67
PC	1,14 ... 1,21	PVC	1,18 ... 1,3o
PTFE	1,24	ABS	1,18 ... 1,34
EP	1,33	PETP	1,25

---

6) Die Versuche wurden bei Zimmertemperatur und Geschwindigkeiten von $1o^{-5}$ bis $1o^{-3}$ s^{-1} durchgeführt

Die Abhängigkeit der Fließspannung σ, die sich bei Zugversuchen mit überlagertem hydrostatischem Druck p einstellt, ergibt sich aus (7.14) bzw. (7.15) mit ($\sigma_I = \sigma - p$, $\sigma_{II} = \sigma_{III} = -p$) für das lineare Kriterium zu

$$\sigma = Z + \frac{3}{2}\left(1 - \frac{Z}{D}\right)p \qquad (7.16)$$

und für das parabolische Kriterium zu

$$\sigma = -\frac{1}{2}(D - Z) + \frac{1}{2}\left[(D + Z)^2 + 12(D - Z)p\right]^{1/2}. \qquad (7.17)$$

Mit den vereinfachten Fließbedingungen (7.14) und (7.15) kann somit aus (7.16) bzw. (7.17) die Abhängigkeit der Fließspannung vom hydrostatischen Druck allein bei Kenntnis der Zug- und Druckfließgrenze unter atmosphärischem Druck berechnet werden.

Bei Untersuchungen [139,14o] über das Fließ- bzw. Versagensverhalten von Plastomeren werden je nach Höhe des überlagerten hydrostatischen Drucks im allgemeinen vier unterschiedliche Phänomene festgestellt: Crazes, Scherbänder, Bruch und Fließbeginn. In den **Bildern 7-5a** und **7-5b** ist für die Werkstoffbeispiele [139,14o] PMMA und PS die Abhängigkeit der jeweiligen "Grenzspannung" vom hydrostatischen Druck dargestellt. Crazebildung und Bruchversagen tritt danach bei relativ niedrigen hydrostatischen Drücken auf, und die Abhängigkeit der jeweiligen Spannung vom überlagerten Druck folgt einem linearen Ansatz, wie etwa (7.16). Beim Übergang von sprödem zu zähem Werkstoffverhalten schließt sich dagegen ein nichtlinearer Zusammenhang zwischen "Versagensspannung" und hydrostatischem Druck an, etwa nach (7.17). Zur phänomenologischen Beschreibung des Werkstoffversagens kann man jedoch ohne Berücksichtigung einzelner Versagensarten, wie Bruch oder Fließen in erster Näherung, eine einzige Anstrengungsbedingung, z.B. eine nichtlineare gemäß des experimentellen Befunds in den Bildern 7-5a und 7-5b ansetzen.

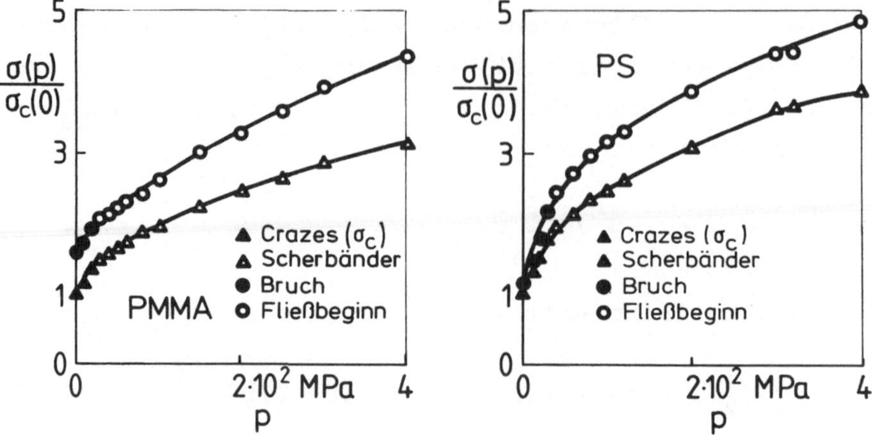

Bild 7-5a   Bild 7-5b

Zu erwähnen sind weitere Kriterien, mit denen der Beginn der
Craze-Bildung formuliert werden kann. Aus Untersuchungen mit
zweiachsigem Spannungszustand an Proben aus PMMA schließen
STERNSTEIN u.a. [148,167], daß die größte Differenz der Hauptnormalspannungen für die Craze-Bildung verantwortlich ist:

$$|\sigma_{max} - \sigma_{min}| = A(T) + B(T) \cdot (\sigma_I + \sigma_{II} + \sigma_{III})^{-1}. \qquad (7.18)$$

In (7.18) sind A(T) und B(T) temperaturabhängige Ansatzfreiwerte. Als Ergebnis zweiachsiger Zug-Druckuntersuchungen formulieren OXBOROUGH und BOWDEN [168] eine beim Beginn der Craze-
Bildung kritische Dehnung

$$\varepsilon_c = A^*(t,T) + B^*(t,T) \cdot (\sigma_I + \sigma_{II} + \sigma_{III})^{-1} \qquad (7.19)$$

mit zeit- und temperaturabhängigen Koeffizienten. Eine weitere
Bedingung wird von GENT [169] angegeben, nach der die Spannung
σ_c bei Craze-Beginn linear vom hydrostatischen Druck abhängig
ist:

$$\sigma_c = 3[\beta(T_g - T) + p] K^{-1}. \qquad (7.2o)$$

In (7.2o) sind β ein Ansatzfreiwert, T_g die Einfrier- oder
Glasumwandlungstemperatur und K ein Spannungskonzentrations-

faktor für die Craze-Spitze. Formal entspricht (7.2o) dem
Ergebnis (7.16) und ist damit in Übereinstimmung mit dem in den
Bildern 7-5a und 7-5b dargestellten experimentellen Befund für
sprödes Werkstoffverhalten.

In Ziff. 9 wird die Formulierung des makroskopischen Fließbeginns wieder aufgegriffen und allgemeiner auf der Grundlage
der Theorie des plastischen Potentials behandelt.

c) Elastizitätsmodul und Fließgrenze

Der Vergleich der Bilder 7-2a bis 7-4b zeigt schon, daß bei
Erhöhung des hydrostatischen Drucks sich sowohl die elastischen Ursprungsmoduln als auch die Fließgrenzen in ähnlicher
Weise ändern. Allgemein wird für Polymerwerkstoffe festgestellt (z.B. [17o bis 172]), daß sich die Fließ- und Versagensgrenze mit dem Ursprungsmodul der Spannung-Dehnung-Kurve ändert, wenn eine Einflußgröße, etwa der hydrostatische Druck,
der Orientierungsgrad oder die Dichte, sowie Dehnungsgeschwindigkeit und Temperatur eine Moduländerung hervorrufen. Man kann
aber annehmen, daß ein Zusammenhang zwischen den numerischen
Werten von Elastizitätsmodul und Fließgrenze besteht.

Dieser Zusammenhang läßt sich anhand eines einfachen Modells
in erster Näherung folgendermaßen formulieren [1]. Dazu werden
die Ansätze von MIE und GRÜNEISEN für das anziehende und ab-
stoßende Potential der Gitterteilchen (Atome oder Moleküle)

$$W_{pot} = -Cr^{-p} + Dr^{-q} \tag{7.21}$$

für die potentielle Energie ausgedrückt [1]. In (7.21) ist r
der Abstand zwischen zwei Teilchen benachbarter Molekülketten,
p der Anziehungs- und q der Abstoßungskoeffizient. Die Ansatzfreiwerte C und D müssen bestimmt werden [1]. Aus (7.21) ergibt sich nach einigen Rechenschritten [1] das Verhältnis der

maximalen Spannung zum Elastizitätsmodul bzw.

$$\frac{\sigma_F}{E} = [\,(1+p)^{1+p}\,(1+q)^{-(1+q)}\,]^{1/(q-p)} \quad . \quad (7.22)$$

Das Verhältnis σ_F/E wird nach (7.22) nur von den Exponenten p und q bestimmt, die jedoch die maximale Spannung oder wie hier die Fließgrenze nur wenig beeinflussen. Die Größenordnung der Fließgrenze wird vielmehr durch den Elastizitätsmodul bestimmt, der sich bei den verschiedenen Kunststoffen um mehr als zwei Zehnerpotenzen unterscheiden kann [173]. Da der Zusammenhalt der Polymere im wesentlichen auf Nebenvalenzkräften beruht und für die VAN DER WAALSsche Bindung die Exponenten in (7.21) mit p = 6 und q = 12 angegeben werden [1], ergibt sich aus (7.22) das Verhältnis aus Fließgrenze und Elastizitätsmodul zu $\sigma_F/E \approx 1/3o$. Nach einer neuen Theorie von BROWN [174] erhält man $\sigma_F/E \approx 1/25$. Für einige Plastomere ist die Abhängigkeit der Fließgrenze σ_F vom Ursprungsmodul E aus Zugversuchen mit überlagertem hydrostatischem Druck [122 bis 144] in <u>Bild 7-6</u> dar-

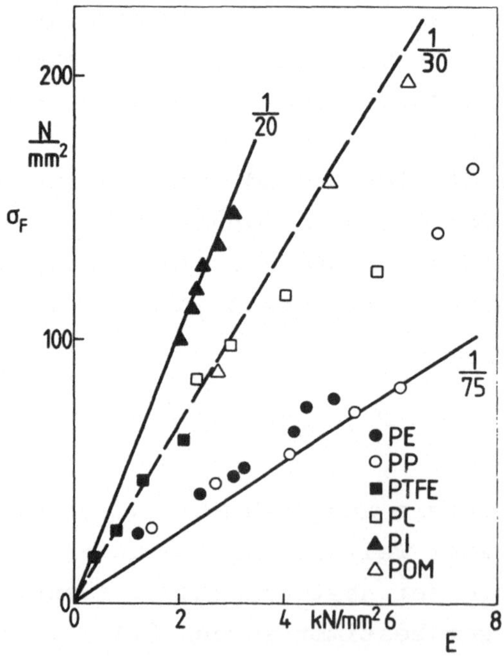

Bild 7-6

gestellt. Dabei bewegt sich das Verhältnis σ_F/E annähernd zwischen 1/75 und 1/2o. Der Mittelwert aus diesen Grenzen entspricht dem nach (7.22) berechneten Verhältnis. Einige Werkstoffe, etwa PE, POM und PI, zeigen ein fast konstantes Verhältnis, während für andere, z.B. PC, es sich nur innerhalb der angegebenen Grenzen bewegt.

Wie die Ergebnisse in Bild 7-6 zeigen, besteht offensichtlich ein nichtlinearer Zusammenhang zwischen der Fließgrenze und dem Elastizitätsmodul, der in einfacher Form z.B. durch einen Potenzansatz, ausgedrückt werden kann:

$$\sigma_F = a \, E^m \; ; \; m \leq 1 \tag{7.23}$$

mit $a = a(T,\dot{\varepsilon},p,\ldots)$. Zur Überprüfung, inwieweit der Ansatz (7.23) mit Theorien molekularer Modelle, z.B. von ARGON und BESSONOV [175] oder BOWDEN u.a. [176,177] korrespondiert, werden die Zugfließgrenze σ_F durch die Schubfließgrenze τ_F entsprechend (7.1o) durch

$$\tau_F = \sigma_F[\,(1+\phi)\,/3\,]^{1/2} \tag{7.24a}$$

und der Elastizitätsmodul E entsprechend der linearen Elastizitätstheorie durch

$$G = E/2(1+\nu) \tag{7.24b}$$

ersetzt. Gl. (7.23) wird dann formal durch

$$\tau_F = a^* \, G^m \tag{7.25}$$

ausgedrückt.

Will man z.B. den Temperatureinfluß auf Schubfließgrenze und Schubmodul untersuchen und berücksichtigt dabei das Ansteigen dieser Kennwerte mit sinkender Temperatur durch den Ansatz

$$a^* = A \, T^{-n} \, , \tag{7.26}$$

so liefern (7.25) und (7.26)

$$\tau_F = A \, T^{-n} \, G^m \, .$$

(7.27a)

Mit der Schubfließgrenze τ_F^* und dem Schubmodul G* für eine
Referenztemperatur T* folgt aus (7.27a)

$$\tau_F / \tau_F^* = (T/T^*)^{-n} \, (G/G^*)^m \, .$$

(7.27b)

Für den Sonderfall $m = 1 + n$ ergibt sich aus (7.27b) der in
[172] angegebene Ansatz

$$\frac{T^*}{T} \, \frac{\tau_F}{\tau_F^*} = (\frac{G}{G^*} \, \frac{T^*}{T})^m \, .$$

(7.27c)

Nach [172] nimmt der Exponent für amorphe Thermoplaste den
Wert $m \approx 1,63$ und für (teil-)kristalline den Wert $m \approx 0,93$ an.
Für teilkristalline Thermoplaste ist mithin σ_F/E annähernd
konstant, was auch durch die Beispiele in Bild 7-6 bestätigt
wird. Der Sonderfall (7.27c) ist andererseits aber das Ergebnis [172] aus einem Modell für das Fließen amorpher Plastomere,
das von BOWDEN und RAHA [176], ausgehend von der Energie der
Schraubenversetzung, aufgestellt wurde. Weniger gut korrespondiert (7.27a) mit dem von ARGON und BESSONOV [175] angegebenen
Ansatz

$$(\tau_F/G)^{5/6} = A^* - B(T_0/G)$$

(7.28)

mit dem Ansatzfreiwert A* und dem von der Schergeschwindigkeit
abhängigen Koeffizient B sowie der absoluten Temperatur T_0.

Die Abhängigkeit des Elastizitätsmoduls von der Höhe des der
Zugbeanspruchung überlagerten hydrostatischen Drucks kann nun
aus (7.23) und einem Ansatz für die hydrostatische Druckabhängigkeit der Fließgrenze berechnet werden. Diese Abhängigkeit
kann eine lineare sein, wie sie z.B. durch (7.16) dargestellt
wird, oder eine nichtlineare, etwa nach (7.17). Somit besteht
auch eine Beschreibungsmöglichkeit für Werkstoffe, deren Fließ-

grenzen eine lineare (Gl. 7.16) und deren Ursprungsmoduln jedoch eine nichtlineare Abhängigkeit vom hydrostatischen Druck
zeigen, wie etwa beim Beispiel PP [126].

Zur rechnerischen Beschreibung des experimentellen Befunds aus
diesen Untersuchungen wird (7.16) mit (7.23) verknüpft:

$$E(p) = \left\{ \frac{1}{a} \left[\sigma_F + \frac{3}{2}(1 - \frac{Z}{D})p \right] \right\}^{1/m} . \qquad (7.29)$$

Für $p = 0$, d.h. für atmosphärischen Druck, folgt $E(o) = (\sigma_F/a)^{1/m}$,
und mit (7.29) ergibt sich

$$\frac{E(p)}{E(o)} = \left[1 + \frac{3}{2} (1 - \frac{Z}{D})\frac{p}{\sigma_F} \right]^{1/m} . \qquad (7.3o)$$

Mit dem in Tabelle 7-II angegebenen Verhältnis aus Zug- und
Druckfließgrenze D/Z = 1,16 für PP und dem aus einer Ausgleichsrechnung nach der Methode der kleinsten Fehlerquadratsumme folgenden Exponenten m = 1,12 ist die Lösung nach (7.3o) im Vergleich mit Meßergebnissen [126] in <u>Bild 7-7</u> dargestellt. Mit
angegeben sind die Lösungen mit den von KITAGAWA [172] angegebenen Exponenten m für amorphe und kristalline Thermoplaste.

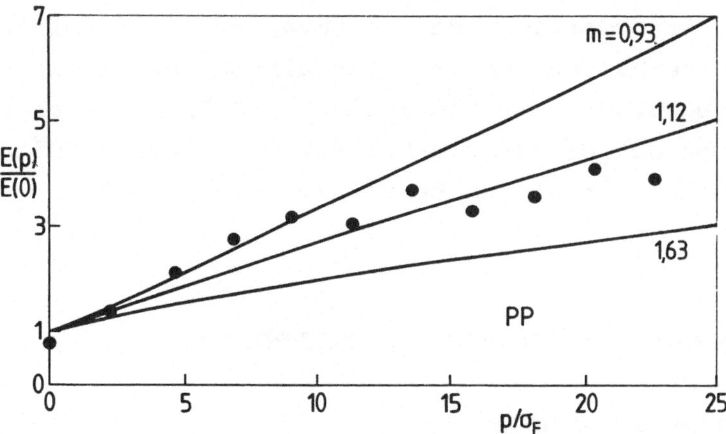

Bild 7-7

Die mit (7.16) und dem Verhältnis D/Z = 1,16 berechnete lineare
Abhängigkeit der Fließgrenze vom hydrostatischen Druck ist im
Vergleich mit den Meßergebnissen [126] in Bild 7-8 dargestellt.

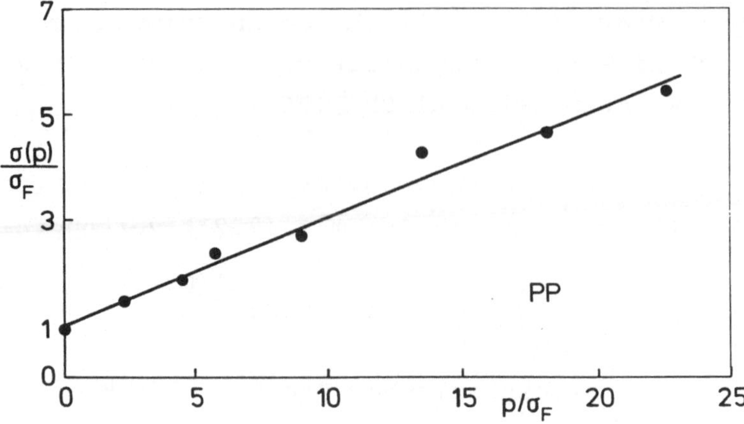

Bild 7-8

Bauteile oder Maschinenelemente werden in der Regel ohne eine
hydrostatische Drucküberlagerung von der in den Beispielen angegebenen Höhe von etwa 7oo MPa beansprucht. So kann man erwarten, daß der in gebräuchlichen Konstruktionen anzutreffende
hydrostatische Spannungszustand das Werkstoffverhalten nur ge-
ringfügig beeinflußt. Zur Aufstellung von Versagensbedingungen
oder Stoffgleichungen, die eine exakte Beschreibung des Werkstoffverhaltens ermöglichen sollen, sind aber gerade Untersuchungen unter extremen Bedingungen, etwa bei hohem hydrostatischen Druck, erforderlich, da sie umfassendere Kenntnisse über
das Werkstoffverhalten liefern. Deshalb müssen die in dieser
Ziffer angegegebenen charakteristischen Phänomene der untersuchten Gruppe der Werkstoffe bei der weiteren Formulierung
des mechanischen Verhaltens berücksichtigt werden.

8. Isotrope Spannung – Verformung – Beziehung

a) Lineare Elastizitätsgleichungen

Bei anwendungsorientierter Berechnung mehrachsiger Beanspru-
chungszustände wird oft (z.B. [159,173,178 bis 18o]) auch bei
zeitabhängigem Spannung-Dehnung-Verhalten von den linearen

Elastizitätsgleichungen ausgegangen und z.B. für Kriechprobleme eine Modifikation derart vorgenommen, daß die linearelastischen Konstanten durch zeitabhängige Kenngrößen bzw. -funktio-
nen wie Kriechmodul (Gl. 1.6a) und zeitabhängige Querzahl ersetzt werden. Dabei wird angenommen, daß die bei einachsiger Beanspruchung festgestellten Versagenserscheinungen (z.B.
Crazes) mit der Grenze des linearen Bereichs korrespondieren,
auch im Fall der mehrachsigen Beanspruchung [178,179]. Um allerdings ein so "erweitertes" HOOKEsches Gesetz allgemein anwenden zu können, muß experimentell überprüft werden, ob die
Spannung-Verformung-Beziehung bei ein- und mehrachsiger Beanspruchung einen gemeinsamen quasilinearen Bereich besitzt.

Für die weitere Behandlung der mehrachsigen Beanspruchung sollen - ausgehend von den linearen Elastizitätsgleichungen - an
dieser Stelle wichtige Beziehungen zusammenfassend angegeben
werden. Die Stoffgleichungen des linearelastischen isotropen
Körpers lauten in rechtwinkligen kartesischen Koordinaten

$$E\,\varepsilon_{ij} = (1 + \nu)\sigma_{ij} - \nu\sigma_{kk}\,\delta_{ij}; \quad i,j,k = 1,2,3 \tag{8.1}$$

mit dem symmetrischen Verzerrungstensor zweiter Stufe

$$\varepsilon_{ij} = \varepsilon_{ji} = \begin{pmatrix} \varepsilon_{11} & \gamma_{12}/2 & \gamma_{13}/2 \\ \gamma_{21}/2 & \varepsilon_{22} & \gamma_{23}/2 \\ \gamma_{31}/2 & \gamma_{32}/2 & \varepsilon_{33} \end{pmatrix}, \tag{8.2a}$$

den Dehnungen ε_{11} usw. und den Winkeländerungen $\gamma_{12} \equiv 2\varepsilon_{12}$
usw., dem symmetrischen Spannungstensor

$$\sigma_{ij} = \sigma_{ji} = \begin{pmatrix} \sigma_{11} & \tau_{12} & \tau_{13} \\ \tau_{21} & \sigma_{22} & \tau_{23} \\ \tau_{31} & \tau_{32} & \sigma_{33} \end{pmatrix}, \quad \tau_{12} \equiv \sigma_{12} \text{ usw.}, \tag{8.2b}$$

und dem Eins- oder Substitutionstensor

$$\delta_{ij} = \begin{pmatrix} 1 & 0 & 0 \\ 0 & 1 & 0 \\ 0 & 0 & 1 \end{pmatrix}. \tag{8.2c}$$

Ein symmetrischer Tensor zweiter Stufe (allgemein z.B. $A_{ij}=A_{ji}$) kann entsprechend (z.B.[181])

$$A_{ij} = A'_{ij} + K_{ij} \tag{8.3a}$$

in den Kugeltensor

$$K_{ij} = \frac{1}{3} A_{kk} \delta_{ij} \tag{8.3b}$$

und den Deviator

$$A'_{ij} = A_{ij} - \frac{1}{3} A_{kk} \delta_{ij} \tag{8.3c}$$

zerlegt werden. Die Anwendung der Vorschriften (8.3a) bis (8.3c) auf (8.1) liefert die linearen Elastizitätsgleichungen in der Form

$$E \, \varepsilon_{kk} = (1 - 2\nu)\sigma_{kk} \tag{8.4}$$

und mit

$$E = 2(1 + \nu)G \tag{8.5}$$

den linearen Zusammenhang zwischen dem Verzerrungs- und Spannungsdeviator

$$\varepsilon'_{ij} = \sigma'_{ij}/(2G). \tag{8.6}$$

Die auf das Werkstoffvolumen bezogene Formänderungsenergie oder die Formänderungsenergiedichte

$$W = \int \sigma_{ij} \, d\varepsilon_{ij} \tag{8.7}$$

ist bei linearelastischem Verhalten die im Werkstoffvolumen
gespeicherte (spezifische) potentielle Energie

$$W \; = \; \frac{1}{2} \, \sigma_{ij} \, \varepsilon_{ij} \quad . \tag{8.8}$$

Man spricht deshalb auch vom elastischem Potential Π:

$$\Pi = \sigma_{ij} \, \varepsilon_{ij} \tag{8.9}$$

Mit den linearen Elastizitätsgleichungen (8.1) läßt sich die
Formänderungsenergiedichte als Funktion des Verzerrungstensors (8.2a) oder des Spannungstensors (8.2b) darstellen. So
liefert (8.8) mit (8.1)

$$2EW \; = \; (1 + \nu)\sigma_{ij} \, \sigma_{ij} \, - \, \nu\sigma_{ii} \, \sigma_{jj} \tag{8.1o}$$

und durch Anwendung der Vorschrift (8.3a) bis (8.3c) mit (8.5)

$$W \; = \; W' + W_{vol} \tag{8.11}$$

mit der Gestaltänderungsenergiedichte

$$W' \; = \; \frac{\sigma'_{ij} \, \sigma'_{ij}}{4 \, G} \tag{8.12}$$

und der spezifischen Volumenänderungsenergie

$$W_{vol} \; = \; \frac{1}{3} \, \frac{1 - 2\nu}{2E} \, \sigma_{ii} \sigma_{jj} . \tag{8.13}$$

In (8.7) bis (8.13) ist nach der EINSTEINschen Summationskonvention über die doppelt vorkommenden Indizes i und j zu
summieren.

Dem Produkt $\sigma'_{ij}\sigma'_{ij}$ in (8.12) kommt in der Werkstoffmechanik
eine große Bedeutung zu. Es stellt eine gegenüber Koordinatentransformation invariante Größe dar und kann allgemein aus der

charakteristischen Gleichung des Spannungsdeviators bestimmt
werden. Diese Gleichung liefert für den allgemeinen Tensor A_{ij}
die drei Hauptinvarianten

$$J_1 = A_{ii} \; , \tag{8.14a}$$

$$J_2 = \frac{1}{2} \left(A_{ij} A_{ij} - A_{ii} A_{jj} \right) \; , \tag{8.14b}$$

$$J_3 = \det \left(A_{ij} \right) \tag{8.14c}$$

und für den Deviator A'_{ij}

$$J'_1 \equiv 0 \; , \tag{8.15a}$$

$$J'_2 = \frac{1}{2} A'_{ij} A'_{ij} \; , \tag{8.15b}$$

$$J'_3 = \det \left(A'_{ij} \right) \; . \tag{8.15c}$$

Nach (8.15b) ist mit $A_{ij} = \sigma_{ij}$ die elastische Gestaltänderungsenergiedichte (8.12) der quadratischen Invarianten J'_2 des Spannungsdeviators proportional bzw. das elastische Potential gemäß (8.8) eine Linearkombination aus Invarianten des Spannungstensors und -deviators. Da der Zusammenhang zwischen den Invarianten des Tensors und des Deviators sich aus

$$J'_2 = J_2 + \frac{1}{3} J_1^2 \tag{8.16a}$$

und

$$J'_3 = J_3 + \frac{1}{3} J_1 J_2 + \frac{2}{27} J_1^3 \tag{8.16b}$$

ergibt, erhält man für (8.8) bzw. (8.1o)

$$2EW = 2(1 + \nu) J'_2 + \frac{1}{3}(1 - 2\nu) J_1^2 \; . \tag{8.17}$$

Bei Volumenkonstanz ($\nu = 1/2$) folgt aus (8.17) die Gestaltänderungsenergiedichte (8.12) in der Form

$$W' = J'_2 / 2G \; , \tag{8.18}$$

die formalidentisch mit der quadratischen MISESschen Fließbedingung [114] ist.

In den Formänderungen schreibt sich (8.12) wegen (8.6) zu

$$W' = G \, \varepsilon'_{ij} \, \varepsilon'_{ij} \tag{8.19a}$$

bzw. mit der quadratischen Invarianten I'_2 des Verzerrungsdeviators gemäß (8.15b) zu

$$W' = 2 \, G \, I'_2 \; . \tag{8.19b}$$

Zur experimentellen Überprüfung linearelastischen Werkstoffverhaltens kann man aus den Spannungen und Verformungen bei ein- und mehrachsigem Spannungszustand die quadratischen Invarianten J'_2 uns I'_2 des Spannungs- und Verzerrungsdeviators bilden. Bei linearem Verhalten folgt wegen der Identität von (8.19b) und (8.12):

$$\sqrt{J'_2} = 2 \, G \, \sqrt{I'_2} \; . \tag{8.2o}$$

Nach (8.2o) ist es gleichgültig, ob der Beanspruchungszustand durch einachsige Zug- oder Druckspannung, Torsionsbeanspruchung oder einen beliebigen mehrachsigen Spannungszustand erzeugt wird. Der Zusammenhang (8.2o) wird häufig auch in der Vergleichsspannung σ_v und der Vergleichsdehnung ε_v angegeben.

Dazu setzt man in (8.2o) den einachsigen Vergleichsspannungszustand $(\sigma_v,0,0)$ und den entsprechenden Verzerrungszustand $(\varepsilon_v, -\nu\varepsilon_v, -\nu\varepsilon_v)$ ein und erhält unter Berücksichtigung von (8.5) das HOOKEsche Gesetz

$$\sigma_v = E \, \varepsilon_v \tag{8.21a}$$

mit

$$\sigma_v = \{\tfrac{1}{2}[(\sigma_{11}-\sigma_{22})^2 + (\sigma_{22}-\sigma_{33})^2 + (\sigma_{33}-\sigma_{11})^2] + 3(\tau_{12}^2 + \tau_{23}^2 + \tau_{31}^2)\}^{1/2}$$

$$\tag{8.21b}$$

und

$$\varepsilon_v = \frac{1}{2(1+\nu)} \left\{ 2\left[(\varepsilon_{11}-\varepsilon_{22})^2 + (\varepsilon_{22}-\varepsilon_{33})^2 + (\varepsilon_{33}-\varepsilon_{11})^2 \right] + 3(\gamma_{12}^2 + \gamma_{23}^2 + \gamma_{31}^2) \right\}^{1/2} .$$

$$(8.21c)$$

Wie in Ziff. 7 schon gezeigt, wird das mechanische Verhalten von Kunststoffen im allgemeinen wesentlich vom hydrostatischen Spannungszustand beeinflußt, so daß eine Bestätigung von (8.2o) durch experimentelle Ergebnisse allenfalls im Bereich kleiner Beanspruchungen erwartet werden kann. So zeigen die Versuchsergebnisse [182] aus Untersuchungen an Cellulosenitrat (CN) nur etwa bis $\sqrt{I_2'} = 3 \cdot 1o^{-3}$ bei einachsiger Zug- und Druckbeanspruchung, Torsionsbeanspruchung und Zugbeanspruchung mit überlagertem hydrostatischem Druck einen gemeinsamen linearen Verlauf (<u>Bilder 8-1a</u> und <u>8-1b</u>). Nach Überschreiten dieses Bereichs ergeben sich je nach Versuchsart einzelne Kurvenzüge, deren jeweiliger Verlauf nichtlinear ist. Somit lassen sich im Vergleich mit (8.2o) im wesentlichen zwei unterschiedliche Charakteristika des Werkstoffverhaltens aufgrund der Darstellungsart in den Bildern 8-1a,b leicht erkennen: Der untersuchte Werkstoff verhält sich außer in einem engen Bereich nicht line-

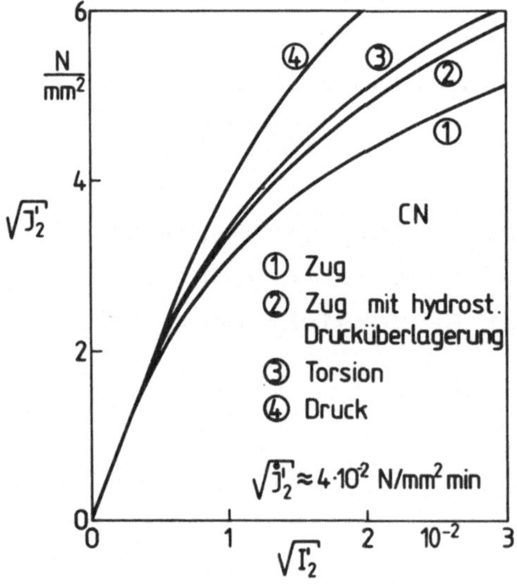

Bild 8-1 a

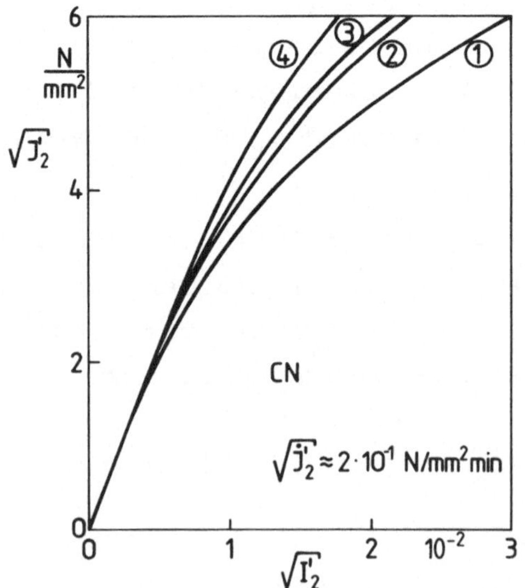

Bild 8-1 b

arelastisch, sondern allenfalls linearviskoelastisch, und mit
den quadratischen Invarianten gemäß (8.2o) kann die Werkstoffanstrengung bzw. mit (8.1) oder (8.6) die Spannung-Verformung-
Beziehung allein nicht formuliert werden.

b) Viskoelastische Stoffgleichungen

Die üblichen Stoffgleichungen der linearen Viskoelastizitätstheorie können somit reales Werkstoffverhalten für die behandelte Werkstoffgruppe, wenn überhaupt, nur im Bereich klein-
ster Dehnungen beschreiben. Der Vollständigkeit halber sollen
jedoch einige Grundgleichungen angegeben werden.

Man erhält diese z.B. aufgrund der Ähnlichkeit des in Operatorenschreibweise angegebenen einachsigen Grundgesetzes der linearen Viskoelastizität (Gl. 3.27a) mit den linearen Elastizitätsgleichungen etwa nach (8.4) und (8.6):

$$P_1^* \; \sigma_{kk}(t) \;=\; Q_1^* \; \varepsilon_{kk}(t) \;,\qquad\qquad (8.22a)$$

$$P_2^* \; \sigma_{ij}'(t) \;=\; Q_2^* \; \varepsilon_{ij}'(t) \;.\qquad\qquad (8.22b)$$

In (8.22a,b) sind $P_{1,2}^*$ und $Q_{1,2}^*$ lineare Differentialoperatoren
gemäß (3.27b). So ergeben sich z.B. für den KELVIN-Körper [183]
aus (8.22b) die mehrachsigen Beziehungen

$$\sigma_{ij}' \;=\; 2\,G\,\varepsilon_{ij}' \;+\; 2\eta\,\dot{\varepsilon}_{ij}' \qquad\qquad (8.23)$$

mit dem Schermodul G und der Scherviskosität η oder auch die
Stoffgleichungen entsprechend dem MAXWELL-Modell [184]

$$\dot{\varepsilon}_{ij}' \;=\; \dot{\sigma}_{ij}' \,/\, 2G \;+\; \sigma_{ij}' \,/\, 2\eta \;,\qquad\qquad (8.24)$$

die allerdings nur formal den PRANDTL-REUSS-Gleichungen [118,
119] für elastisches-idealplastisches Werkstoffverhalten entsprechen.

Gemäß der Integraldarstellung des viskoelastischen Verhaltens
eines isotropen und homogenen Körpers bei einachsiger Beanspru-

150

chung (Gln. 3.29 bzw. 4.13) schreibt man (z.B.[185])

$$\varepsilon'_{ij}(t) \;=\; \int\limits_{o}^{t} I_s \,(t-\Theta)\, \frac{\partial}{\partial\Theta}\, \sigma'_{ij}(\Theta)\, d\Theta \;, \qquad (8.25a)$$

$$\varepsilon_{kk}(t) \;=\; \int\limits_{o}^{t} I_k \,(t-\Theta)\, \frac{\partial}{\partial\Theta}\, \sigma_{kk}(\Theta)\, d\Theta \qquad (8.25b)$$

für mehrachsige Kriechbeanspruchung und

$$\sigma'_{ij}(t) \;=\; \int\limits_{o}^{t} G_s \,(t-\Theta)\, \frac{\partial}{\partial\Theta}\, \varepsilon'_{ij}(\Theta)\, d\Theta \;, \qquad (8.26a)$$

$$\sigma_{kk}(t) \;=\; \int\limits_{o}^{t} G_k \,(t-\Theta)\, \frac{\partial}{\partial\Theta}\, \varepsilon_{kk}(\Theta)\, d\Theta \qquad (8.26b)$$

für mehrachsige Relaxationsbeanspruchung. In (8.25a,b) bedeuten I_s bzw. I_k die Schub- bzw. Kompressionsnachgiebigkeit und in (8.26a,b) G_s bzw. G_k Schub- bzw. Kompressionsmodul bei zeitabhängiger Spannung-Verformung-Beziehung.

Die Erweiterung dieser linearviskoelastischen Stoffgleichungen für nichtlineares Werkstoffverhalten entsprechend dem einachsigen Fall (3.39) führt zu sehr umfangreichen und mathematisch aufwendigen Stoffgleichungen, die z.B. in [42] angegeben werden. Bei Beschränkung auf Glieder bis zur dritten Ordnung lauten die Kriechgleichungen für mehrachsige Beanspruchung

$$\varepsilon_{ij}(t) \;=\; \frac{1}{3}\,\varepsilon_{kk}(t)\,\delta_{ij} \;+\; \varepsilon'_{ij}(t)$$

$$=\; k_o\,\delta_{ij} \;+$$

$$+\; \int\limits_{o}^{t} k_1(t-\Theta_1)\sigma_{ij}(\Theta_1)\,d\Theta_1 \;+$$

$$+\; \int\limits_{o}^{t}\int\limits_{o}^{t} k_2(t-\Theta_1,t-\Theta_2)\,[\sigma_{ik}(\Theta_1)\sigma_{kj}(\Theta_2)+\sigma_{ik}(\Theta_2)\sigma_{kj}(\Theta_1)]\,d\Theta_1 d\Theta_2 \;+$$

$$+\; \int\limits_{o}^{t}\int\limits_{o}^{t}\int\limits_{o}^{t} k_3(t-\Theta_1,\dots,t-\Theta_3)\,[\sigma_{ik}(\Theta_1)\sigma_{kl}(\Theta_2)\sigma_{lj}(\Theta_3)+\dots +$$

$$+\; \sigma_{ik}(\Theta_3)\sigma_{kl}(\Theta_2)\sigma_{lj}(\Theta_1)]\,d\Theta_1\,d\Theta_2\,d\Theta_3 \;. \qquad (8.27)$$

In (8.27) sind k_0 bis k_3 Kernfunktionen [42], die alle möglichen Kombinationen der Invarianten des Spannungstensors $\sigma_{ij}(t)$ sowie Zeit- und Werkstoffkonstanten enthalten. Da (8.27) eine ungerade Funktion in den Spannungen ist, wird unterschiedliches Verhalten gegenüber Zug- und Druckbeanspruchung berücksichtigt, nicht dagegen der Einfluß des hydrostatischen Drucks, wie er am Beispiel von CN in Bild 8-1a oder 8-1b ersichtlich ist. Vielmehr wird (z.B.[69]) inkompressibles Werkstoffverhalten oft zur Vereinfachung von (8.27) vorausgesetzt.

c) Stoffgleichungen für geschwindigkeitsempfindliches Werkstoffverhalten

Stoffgleichungen für zeitabhängiges Werkstoffverhalten können allgemein durch Superposition von elastischen bzw. viskoelastischen und plastischen (viskoplastischen) Verformungen dargestellt werden (z.B.[186]). Entsprechend dem einachsigen Ansatz (5.19) kann man zusammenfassend schreiben

$$\varepsilon_{ij}(\sigma_{ij},t) = {}^{0}\varepsilon_{ij}(\sigma_{ij}) + {}^{n}\varepsilon_{ij}(\sigma_{ij},t) \qquad (8.28)$$

mit den Tensoren ε_{ij} der Gesamtverformung, ${}^{0}\varepsilon_{ij}$ der zeitunabhängigen Dehnungen und ${}^{n}\varepsilon_{ij}$ der viskosen, zeitabhängigen Verformungen. Der zeitunabhängige Anteil ${}^{0}\varepsilon_{ij}$ läßt sich wieder in einen (linear-)elastischen und einen plastischen Anteil und ${}^{n}\varepsilon_{ij}$ in einen viskosen und/oder plastischen Anteil zerlegen. Ansätze für die plastischen bzw. viskoplastischen Anteile der Gesamtverformung stammen im wesentlichen aus der Theorie des plastischen Potentials, die auf MISES [116] zurückgeht.

In der Theorie des plastischen Potentials wird nach allgemeiner Annahme der Fließbeginn eines Werkstoffs durch eine Kombination allein der wirkenden Spannungen hervorgerufen. Diese Kombination wird als Funktion der Spannungen

$$F(\sigma_{ij}) = c = \text{konst.} \qquad (8.29)$$

angegeben. Sie gibt in Anlehnung an das elastische Potential
einen Spannungszustand an, der unabhängig vom Weg ist, auf
dem er erreicht wurde. Das quadratische plastische Potential
nach MISES [114]

$$F = \frac{1}{2}\,\sigma'_{ij}\,\sigma'_{ij} = J'_2 \qquad (8.3o)$$

stellt im Hauptspannungsraum $(\sigma_I, \sigma_{II}, \sigma_{III})$ einen sich senkrecht zu den Oktaederebenen J_1 = const. erstreckenden geraden
Kreiszylinder dar (<u>Bild 8-2</u>). Im Vergleich von (8.3o) mit

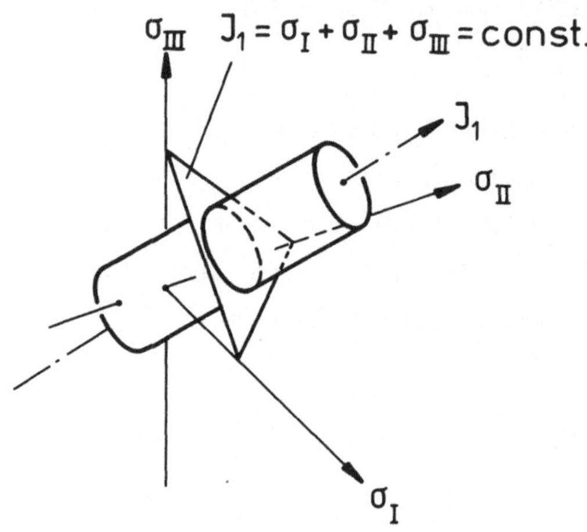

Bild 8-2

(8.12) erkennt man die Proportionalität des plastischen Potentials mit der elastischen Gestaltänderungsenergiedichte (8.12).
Bei einem idealplastischen Werkstoff können nur neutrale Spannungsänderungen auftreten, d.h., die Form und die Lage der
Fließfläche (Hyperfläche, Bild 8-2) bleiben erhalten. Für einen verfestigenden Werkstoff geht die Fließfläche in eine sogenannte Verfestigungsfläche über

$$T = const.: \quad \Phi(\sigma_{ij},\,{}^P\varepsilon_{ij},\,n^*) = 0, \qquad {}^\eta\varepsilon_{ij} = {}^P\varepsilon_{ij}\,. \qquad (8.31)$$

Danach hängt die Verfestigungsfläche außer vom jeweiligen Spannungszustand auch von den dazugehörigen plastischen Verformungen $^P\varepsilon_{ij}$ und dem Verfestigungsparameter n* ab, der wiederum eine Funktion der Verformungs- und Belastungsgeschichte sein kann. Die Verfestigungsfläche nach (8.31) kann ihre Größe ändern (isotrope Verfestigung), ihre Gestalt (anisotrope Verfestigung) und ihre Lage (BAUSCHINGER-Effekt). Theoretische und experimentelle Untersuchungen zu (8.29) und (8.31) sind so zahlreich, daß auf die Angabe von Schrifttumshinweisen hier verzichtet werden soll. Zu erwähnen ist noch, daß (8.29) bzw. (8.31) oft auch als Kriechpotential bezeichnet wird (z.B.[80]).

In der Theorie des plastischen Potentials stehen die dynamischen Variablen und die kinematischen Variablen in einem Zusammenhang, der durch die Fließregel [116]

$$^P\dot{\varepsilon}_{ij} = \frac{\partial F}{\partial \sigma_{ij}} \dot{\lambda}, \quad \dot{\lambda} \geq 0 \qquad (8.32)$$

festgelegt ist. Nach (8.32) liefert die partielle Differentiation des Potentials nach den Spannungen die Dehnungsgeschwindigkeiten. Der Proportionalitätsfaktor $\dot{\lambda}$ kann aus einem einachsigen Vergleichzustand bestimmt werden und ist somit eine vom einachsigen Stoffgesetz abhängige Veränderliche.

Für isotrope Werkstoffe muß das plastische Potential invariant gegenüber Koordinatentransformation sein, so daß man es in den Invarianten des Spannungstensors (8.14a bis c) bzw. bei plastischer Inkompressibilität in denjenigen des Spannungsdeviators (8.15a bis c) ansetzen kann. Wegen der Zusammenhänge (8.18a,b) zwischen den Invarianten des Deviators und des Tensors ist es zweckmäßig, das plastische Potential in der Form

$$F(J_1, J_2', J_3') = c \qquad (8.33)$$

zu schreiben. Ein Ansatz für (8.33) ist für plastisch kompressible Stoffe in [155] durch Polynome P in J_1 und J_2' angegeben.

$$F = P_\kappa(J_1) + P_\mu(\sqrt{J_2'}) \qquad (8.34a)$$

bzw.

$$F = P_\kappa(J_1) + P_\nu(J_2') \ . \qquad (8.34b)$$

Für $\mu = 1$ erhält man aus (8.34a,b)

$$F = J_2'^{m/2} + (1/3)^{m/2} \sum_{p=1}^{q} {}^m a_p \ \sigma_F^{m-p} \ J_1^p \ ,$$

$$p=1,2\ldots q, \ m=1,2\ldots \qquad (8.35)$$

und für $m = 1$, $q = 1$ ergibt sich das DRUCKER-PRAGERsche Potential [153] bzw. die Fließbedingung (7.14), die im Hauptspannungsraum einen sich senkrecht zu den Oktaederebenen erstrek-
kenden Kegel darstellt (Bild 8-3).

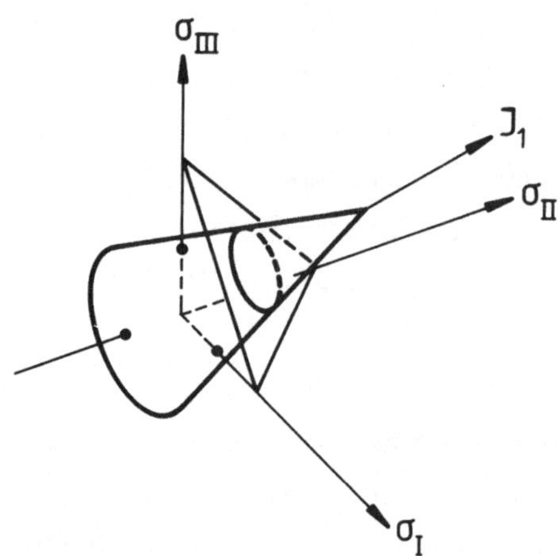

Bild 8-3

Beim Auffinden des für einen Werkstoff geeigneten plastischen
Potentials muß die Konvexität der Fließkörper berücksichtigt
werden, da hinsichtlich der Fließregel (8.32) und des Stabili-
tätskriteriums [187,188]

$$d\sigma_{ij} \ d\,^P\varepsilon_{ij} \geqq 0 \qquad (8.36)$$

von vornherein alle Fließ- und/oder Verfestigungsflächen aus-
scheiden, die auch nur bereichsweise konkav sind (z.B. [189]).
Für q=1 sind alle Fließflächen des Potentials (8.35) konvex,
für q > 2 werden jedoch je nach numerischer Größe der Ansatzfreiwerte $^{m}a_{p}$ auch konkave Kurven sich einstellen. So liefert
(8.35) z.B. für m = 1 und q = 2 die in <u>Bild 8-4</u> in der Form

$$\rho := \sqrt{2J_{2}'} \,/\, \sigma_{F}, \quad \chi := J_{1} \,/\, \sigma_{F} \qquad (8.37a,b)$$

dargestellten Fließortkurven.

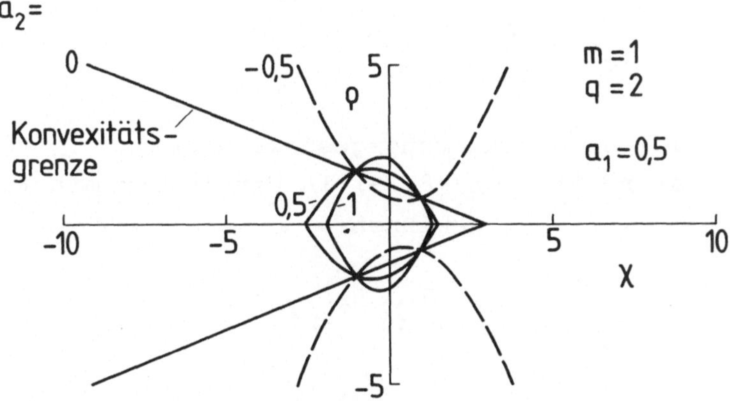

Bild 8-4

Aus dem plastischen Potential (8.35) lassen sich nun formal
Stoffgleichungen herleiten, die durch Verknüpfung mit einem
werkstoffgerechten, einachsigen Kriech- oder Relaxationsansatz
aus den Ziff. 2 bis 5 mehrachsige Kriech- oder Relaxations-
gleichungen liefern. Dazu bestimmt man zunächst für den einachsigen Vergleichsspannungszustand $(\sigma_{v},0,0)$ mit der Vergleichsspannung $\sigma_{v} = \sigma_{F}$ aus (8.35) die Vergleichsspannung

$$\sigma_{v}^{m}(1 + \sum_{p=1}^{q} {}^{m}a_{p}) = (3\,J_{2}')^{m/2} + \sum_{p=1}^{q} {}^{m}a_{p}\,\sigma_{v}^{m-p}\,J_{1}^{p} \qquad (8.38a)$$

bzw. in Hauptachsendarstellung

$$\sigma_{v}^{m}(1 + \sum_{p=1}^{q} {}^{m}a_{p}) = (\sigma_{I}^{2} + \dots - \sigma_{III}\sigma_{I})^{m/2} + \sum_{p=1}^{q} {}^{m}a_{p}\sigma_{v}^{m-p}(\sigma_{I}+\sigma_{II}+\sigma_{III})^{p}. \quad (8.38b)$$

156

Über die Fließregel (8.32) erhält man die viskosen (plastischen) Stoffgleichungen (Ziff. 11)

$$^{\eta}\dot{\varepsilon}_{ij} = [\frac{m}{2} \, {J_2'}^{(m/2)-1} \, \sigma_{ij}' + (1/3)^{m/2} \sum_{p=1}^{q} p \, {}^{m}a_p \, \sigma_v^{m-p} \, \sigma_{kk}^{p-1} \, \delta_{ij}]\dot{\lambda} \, , \qquad (8.39)$$

die für ${}^{m}a_p \equiv 0$ in die LÉVY-MISES-Gleichungen [116,117] übergehen. Der Proportionalitätsfaktor $\dot{\lambda}$ wird aus dem einachsigen Vergleichszustand mit der Vergleichsspannung σ_v und der Vergleichsdehnung $^{\eta}\varepsilon_v$ bestimmt:

$$\dot{\lambda} = \frac{3^{m/2} \, \sigma_v^{2-m}}{m + \sum_{p=1}^{q} {}^{m}a_p} \, \frac{{}^{\eta}\dot{\varepsilon}_v}{\sigma_v} \, . \qquad (8.40)$$

Die viskose Vergleichsformänderungsgeschwindigkeit $^{\eta}\dot{\varepsilon}_v$ kann man aus dem Deviator $^{\eta}\dot{\varepsilon}_{ij}'$ von (8.39) in Verbindung mit (8.40) durch Überschieben mit $^{\eta}\dot{\varepsilon}_{ij}'$ gewinnen:

$$^{\eta}\dot{\varepsilon}_v^2 \, (\frac{3J_2'}{\sigma_v^2})^{m-1} = \frac{2}{3} \, (1 + \frac{1}{m} \sum_{p=1}^{q} p \, {}^{m}a_p)^2 \, {}^{\eta}\dot{\varepsilon}_{ij}' \, {}^{\eta}\dot{\varepsilon}_{ij}' \, . \qquad (8.41)$$

Für ${}^{m}a_p \equiv 0$ geht (8.41) unter Berücksichtigung des Ergebnisses von (8.38a) in die quadratische Beziehung für plastische Imkompressibilität über

$$^{\eta}\dot{\varepsilon}_v^2 = \frac{2}{3} \, {}^{\eta}\dot{\varepsilon}_{ij}' \, {}^{\eta}\dot{\varepsilon}_{ij}' \, , \qquad (8.42)$$

die (8.21c) mit $\nu = 1/2$ formalidentisch ist.

Da der Proportionalitätsfaktor $\dot{\lambda}$, durch den das geschwindigkeitsabhängige Kriechverhalten berücksichtigt werden kann, aus einachsigen Vergleichsgrößen ermittelt wird, kann man bei Kenntnis eines dem Werkstoff gerechten plastischen Potentials und der einachsigen Spannung-Verformung-Beziehung aus dem Kriechversuch mehrachsige Kriechgleichungen aufstellen. In [190] wird so mehrachsiges Kriechen mit dem quadratischen plastischen Potential (8.30) dargestellt.

Als Beispiel für diese Vorgehensweise sollen Ergebnisse aus Kriechversuchen [191] mit einachsiger Zugbeanspruchung und überlagertem hydrostatischem Druck behandelt werden (Bild 8-5).

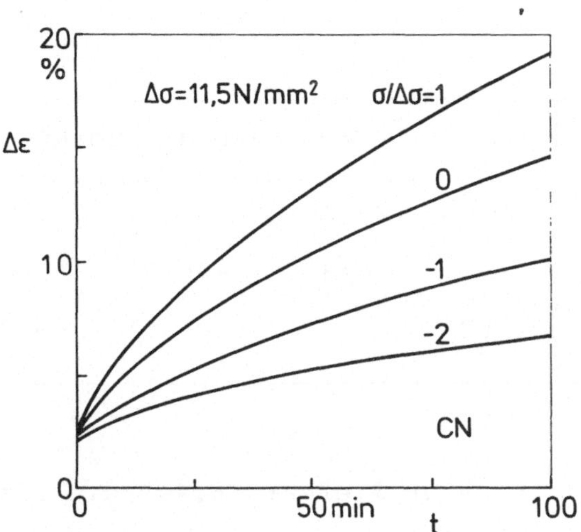

Bild 8-5

Die Gesamtverformung ergibt sich aus (8.28). Für die zeitunabhängige spontane Dehnung wird nichtlineares Verhalten angenommen und die Spannung-Verformung-Beziehung durch die RAMBERG-OSGOOD-Gleichung [192] ausgedrückt:

$$^{o}\dot{\varepsilon}'_{ij} = \frac{\dot{\sigma}'_{ij}}{2G} + \frac{1}{3}\,\varepsilon_{kk}\delta_{ij} + \frac{2\alpha+1}{4\,G}\,(\frac{3J'_2}{k^2})^{\alpha}\,\frac{\dot{J}'_2}{J'_2}\,\sigma'_{ij}\,. \tag{8.43}$$

Gl. (8.43) ist eine Kombination aus den linearen Plastizitätsgleichungen gemäß (8.3a bis c) und (8.6) sowie einem plastischen Anteil, der formal auf die LÉVY-MISES-Gleichung zurückgeht. Unter bestimmten Bedingungen [193] können plastische Stoffgleichungen integriert werden (Ziff. 12), so daß mit dem Ansatzfreiwert $\alpha = 1/2$ aus (8.43) folgt

$$^{o}\varepsilon'_{ij} = \frac{\sigma'_{ij}}{2G}\,(1 + \frac{3J'_2}{k})\,. \tag{8.44}$$

Für die Untersuchungen in [191] sind die Kombinationen aus Zugspannung und überlagertem hydrostatischem Druck so gewählt, daß für alle Kombinationen die größte Hauptnormalspannungsdifferenz $\Delta\sigma = \sigma_I - \sigma_{III}$ ein und denselben Wert σ annimmt (<u>Tabelle 8-I</u>).

Tabelle 8-I

Spannungs- zustand	Versuchsbedingungen			
σ_I	σ	$2\sigma/3$	$\sigma/3$	0
$\sigma_{II} = \sigma_{III}$	0	$-\sigma/3$	$-2\sigma/3$	$-\sigma$
$\sigma_{II} / \Delta\sigma$	1	0	-1	-2

Mit $\sqrt{3J_2'} = \Delta\sigma$ nach (8.15b) liefert (8.44) die Differenz der spontanen Hauptdehnungen

$$\Delta\varepsilon_0 = {}^0\varepsilon_I - {}^0\varepsilon_{III} = \frac{\Delta\sigma}{2G} \, (1 + \Delta\sigma/k) \tag{8.45}$$

bzw. daraus den Parameter k (Schubfließgrenze)

$$k = \frac{\Delta\sigma}{2G \, \dfrac{\Delta\varepsilon_0}{\Delta\sigma} - 1} \, , \tag{8.46}$$

der unabhängig vom Verhältnis $\sigma_{ii}/\Delta\sigma$, d.h. vom hydrostatischen Spannungszustand ist. Dies ist zu erwarten, da für (8.43) bzw. (8.44) die MISESsche Fließbedingung angesetzt ist.

Für die zeitabhängige Dehnung (Kriechdehnung) ist in [191] ein Ansatz zugrunde gelegt, der bei einachsiger Beanspruchung bzw. beim Vergleichszustand der multiplikativen Form von (3.53) entspricht und eine Kombination der Spannungsfunktion g(σ) nach Tabelle 2-III sowie der Zeitfunktion nach Tabelle 3-II darstellt (NUTTING, DORN):

$$\varepsilon_{kr} \equiv {}^\eta\varepsilon_v = C \, t^n \, \exp(b \, \sigma_v) \, . \tag{8.47}$$

Entsprechend (8.43) bzw. (8.44) ist in [191] auch für (8.47)
und für die Stoffgleichungen der zeitabhängigen Verformungen
das quadratische plastische Potential (8.3o) zugrunde gelegt.
So erhält man die LÉVY-MISES-Gleichungen

$$^{\eta}\dot{\varepsilon}_{ij} = \frac{3}{2}\,\sigma'_{ij}\,\frac{^{\eta}\dot{\varepsilon}_{v}}{\sigma_{v}}\ ,\qquad \sigma_{v} = \sqrt{3J'_{2}} \qquad (8.48)$$

und durch Verknüpfung von (8.47) und (8.48) die Differenz der
Kriechdehnungsgeschwindigkeit entsprechend der ZVH (Gl. 6.2)

$$\Delta\dot{\varepsilon}_{\eta} = \frac{3}{2}\,n\,C\,t^{n-1}\,\exp(b\,\Delta\sigma) \qquad (8.49)$$

bzw. daraus den vom hydrostatischen Spannungszustand unabhängigen Ansatzfreiwert

$$b = \frac{1}{\Delta\sigma}\,\ln\left(\frac{3\ \Delta\dot{\varepsilon}_{\eta}}{2n\,C\,t^{n-1}}\right)\ . \qquad (8.5o)$$

Die gemäß (8.5o) und (8.46) aus den Untersuchungen an Cellulosenitrat (CN) ermittelten Koeffizienten b und k sind in <u>Bild
8-6</u> dargestellt und zeigen eine lineare bzw. schwach hyperbolische Abhängigkeit vom Verhältnis $\sigma_{ii}/\Delta\sigma$. Damit ist das in [191]
zugrunde gelegte quadratische plastische Potential (8.3o) für

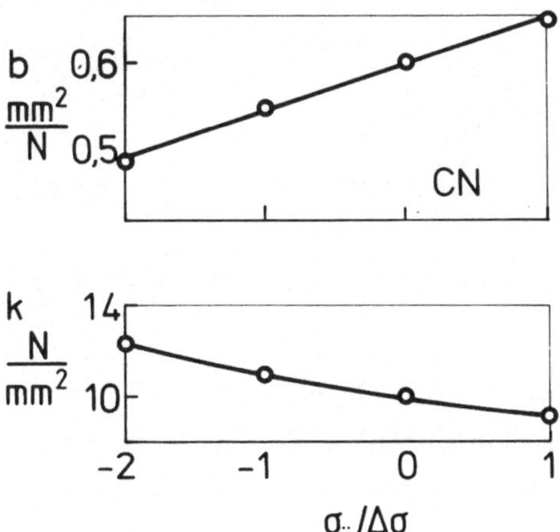

Bild 8-6

das untersuchte Werkstoffverhalten nicht zutreffend, was auch
nach Ziff. 7 schon zu erwarten war. Geht man statt dessen vom
Potential (8.35) aus und ersetzt in (8.43) bzw. (8.44) den
Ausdruck $3J_2'$, der der MISESschen Vergleichsspannung entspricht, durch die Vergleichsspannung nach (8.38a,b), berücksichtigt diese auch in (8.47) und verwendet für die Kriechdehnungen die Stoffgleichungen (8.39) und (8.4o), so liefert schon
der einfache Sonderfall $m = q = 1$ die Vergleichsspannung

$$\sigma_v = \Delta\sigma \left(1 + \frac{a_1}{1+a_1} \frac{\sigma_{ii}}{\Delta\sigma}\right) \tag{8.51}$$

und damit gemäß (8.45)

$$\Delta\varepsilon_o = \frac{\Delta\sigma}{2G} \left[1 + \frac{\Delta\sigma}{k^*} \left(1 + \frac{a_1}{1+a_1} \frac{\sigma_{ii}}{\Delta\sigma}\right)\right] \ . \tag{8.52}$$

Aus dem Koeffizientenvergleich von (8.45) mit (8.52) ergibt
sich die experimentell festgestellte hyperbolische Abhängigkeit des Parameters k in (8.45) vom hydrostatischen Spannungszustand (Bild 8-6)

$$k = \frac{k^*}{1 + \frac{a_1}{1+a_1} \frac{\sigma_{ii}}{\Delta\sigma}} \ . \tag{8.53}$$

Aus (8.39) erhält man für die Differenz der Kriechdehnungs-
geschwindigkeiten

$$\Delta\dot{\varepsilon}_\eta = \frac{{}^\eta\dot{\varepsilon}_v}{2(1+a_1)} \tag{8.54}$$

und unter Berücksichtigung der ZVH (Gl. 6.2) sowie mit (8.51)

$$\Delta\dot{\varepsilon}_\eta = \frac{2\,n\,C}{2(1+a_1)} \, t^{n-1} \, \exp\left[b^*\Delta\sigma\left(1 + \frac{a_1}{1+a_1} \frac{\sigma_{ii}}{\Delta\sigma}\right)\right] \ . \tag{8.55}$$

Der Koeffizientenvergleich von (8.49) mit (8.55) liefert
schließlich die lineare Abhängigkeit des Parameters b vom
hydrostatischen Spannungszustand (Bild 8-6)

$$b = b^*\left(1 + \frac{a_1}{1+a_1} \frac{\sigma_{ii}}{\Delta\sigma}\right) \ . \tag{8.56}$$

Mit (8.55) und den Ergebnissen aus Bild 8-6 ist die Differenz
der Kriechgeschwindigkeiten berechnet und in Bild 8-7 dargestellt. Die Rechnung deckt sich mit dem experimentellen Befund
[191].

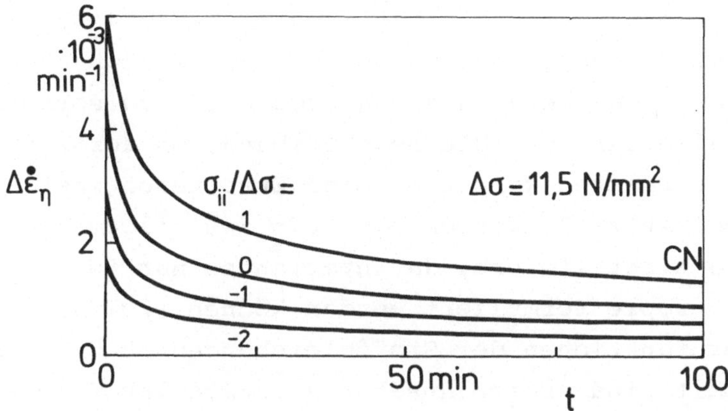

Bild 8-7

Somit ist gezeigt, daß allein aus dem Ansatz eines werkstoffgerechten plastischen Potentials und der Formulierbarkeit des
einachsigen Werkstoffverhaltens mehrachsige, zeitabhängige Be-
anspruchungszustände berechenbar sind. Ein derartiges Erstellen
von Stoffgleichungen für Werkstoffe mit zeitabhängiger Spannung-
Verformung-Beziehung hat große Vorteile, da einerseits unzähli-
ge Kombinationen aus Ansätzen für das plastische Potential und
einachsige Gesetzmäßigkeiten verwendet werden können, andererseits der experimentelle Aufwand letztlich auf einachsige Grundversuche beschränkt bleiben kann, wenn man entsprechende Poten-
tiale benutzt.

Diese Vorgehensweise ist ursprünglich von ODQUIST [194] für me-
tallische, plastisch inkompressible Werkstoffe angegeben worden.
Dabei geht er für stationäres Kriechen von dem quadratischen
plastischen Potential (8.3o) und dem Vergleichszustand nach dem
NORTON-BAILEYschen Kriechgesetz [48,49] aus. Nach dem gleichen
Prinzip sind Formulierungen zur Kriechmechanik von SODERBERG

[45], MARIN [195,196], BETTEN [197] und anderen (z.B.[198 bis 2o2])gemacht worden, allerdings ohne Berücksichtigung der linearen Invarianten des Spannungstensors.

Da durch die Verknüpfung der aus dem plastischen Potential folgenden Stoffgleichungen mit den nichtlinearen Kriechgesetzen bei einachsiger Beanspruchung nichtlineares Kriechverhalten bei mehrachsigem Spannungszustand beschrieben werden kann, ist zu erwarten, daß auch mehrachsiges Kriechen bei anisotropem Werkstoff formulierbar ist. Die Beschreibung von derartigem zeitabhängigem Verhalten kann z.B. eine Erweiterung der nichtlinearen Viskoelastizitätsgleichungen für den allgemeinen Fall der Anisotropie nicht liefern, da Invarianten nur für Sonderfälle der Anisotropie formuliert werden können [2o7], diese aber in die Kernfunktionen der Stoffgleichungen (8.27) eingehen müssen. Somit sind andere Ansätze aufzustellen, wie etwa in [2o8,2o9], die aber weniger aus theoretischen Überlegungen sondern mehr durch empirische Untersuchungen gefunden wurden.

Zur Unterstützung dieser pragmatischen Vorgehensweise ist es deshalb zweckmäßig, die Existenz des plastischen Potentials für die behandelte Gruppe der Werkstoffe zu untersuchen. Dazu überprüft man experimentell am einfachsten den Fließbeginn bei verschiedenen mehrachsigen Spannungszuständen aus statischer und kinematischer Sicht und beschreibt die Ergebnisse mit Hilfe der Theorie des plastischen Potentials.

9. Plastisches Potential und Fließbedingung bei Anisotropie

Wie in den Ziff. 8 und 9 an Beispielen dargestellt ist, zeigen Polymerwerkstoffe unterschiedliches Verhalten gegenüber Zug- und Druckbeanspruchung sowie eine Abhängigkeit des mechanischen Werkstoffverhaltens vom hydrostatischen Druck. Diese Eigenheiten müssen - abgesehen von z.B. Temperatur- und Geschwindigkeitseinflüssen - bei der Formulierung des Fließbeginns auf-

grund mehrachsiger Beanspruchung allgemein, d.h. auch im anisotropen Fall, berücksichtigt werden.

Für orthogonal anisotropes Fließverhalten von Kunststoffen wurde zunächst das HILL-Kriterium [2o3] zugrunde gelegt,
da man annahm, daß der Einfluß des hydrostatischen Drucks auf
den Fließbeginn gegenüber den z.B. durch Molekülorientierung
hervorgerufenen Effekten wie unterschiedliches Verhalten gegenüber Zug- und Druckbeanspruchung (strength-differential effect,
"verallgemeinerter" BAUSCHINGER-Effekt) vernachlässigbar sei
[132]. Dieses "unsymmetrische" Fließverhalten wurde durch Einführen eines zusätzlichen Koeffizienten in die HILL-Bedingung
berücksichtigt [2o4,2o5] und der Freiwert selbst mit Eigenspannungen identifiziert [2o4,2o5], die während eines Ur- oder Um-
formprozesses entstehen. Demgegenüber ist in Anlehnung an den
isotropen Fall in [155,156] der hydrostatische Spannungszustand
in einen Ansatz für das plastische Potential bei Orthotropie
eingeführt worden, das als Sonderfall ein zur Berücksichtigung plastischer Kompressibilität erweitertes HILL-Kriterium
[155,156,2o6] liefert. Schon dieser Sonderfall stellt eine
weiterreichende Beschreibungsform als die um nur einen"BAU-
SCHINGER-Therm" erweiterte Bedingung [2o4,2o5] dar und wird
durch den Vergleich mit Meßergebnissen bestätigt.

Da aber nach allgemeiner Auffassung die z.B. infolge von Molekülorientierung entstehenden Eigenspannungen zum BAUSCHINGER-
Effekt führen, müssen diese ebenso wie der Einfluß des hydrostatischen Spannungszustands auf das Fließverhalten, d.h. die
plastische (viskose) Kompressibilität, schon im Ansatz eines
für Plastomere geeigneten Potentials berücksichtigt werden.
Darüber hinaus muß ein so formuliertes Kriterium einen zwang-
losen Übergang vom allgemeinen Fall der Anisotropie zur Isotropie zulassen.

a) Plastisches Potential

In formaler Übereinstimmung mit dem quadratischen elastischen
Potential

$$\Pi(\varepsilon_{pq}) = \frac{1}{2} E_{ijkl}\ \varepsilon_{ij}\varepsilon_{kl} \qquad (9.1)$$

der linearen Elastizitätstheorie, das mit der allgemeinen
linearelastischen Stoffgleichung

$$\sigma_{ij} = E_{ijkl}\ \varepsilon_{kl} \qquad (9.2)$$

auch in den Spannungen angegeben werden kann, wird das quadratische plastische Potential $F(\sigma_{ij})$ bei Anisotropie mit

$$F(\sigma_{pq}) = \frac{1}{2} A_{ijkl}\ \sigma_{ij}\sigma_{kl} \qquad (9.3)$$

angesetzt. In (9.1) bzw. (9.3) sind E_{ijkl} bzw. A_{ijkl} Stoff-
tensoren 4. Stufe mit jeweils 81 Koordinaten. Eine lineare
Verknüpfung der kinematischen Variablen (Verzerrungstensor ε_{ij})
und der dynamischen Variablen (Spannungstensor σ_{ij}) in den
Stoffgleichungen erfolgt jedoch nur durch den Elastizitätsten-
sor E_{ijkl} und nicht durch den Plastizitätstensor A_{ijkl} [21o],
wie aus der Fließregel (8.32) folgt.

Die Stoffwerte E_{ijkl} bzw. A_{ijkl} verändern sich im allgemeinen
bei einer Drehung des Koordinatensystems $x_i = (x_1,x_2,x_3)$ in
das System $x_j^* = (x_1^*,x_2^*,x_3^*)$. Mit Hilfe der Transformationsma-
trix a_{ij}, deren Elemente durch die Richtungskosinusse

$$a_{ij} = \cos\ (x_j^*,x_i) \qquad (9.4)$$

gegeben sind (z.B. [181]), erhält man z.B. den transformierten
Tensor A^*_{ijkl} durch

$$A^*_{ijkl} = a_{ip}\ a_{jq}\ a_{kr}\ a_{ls}\ A_{pqrs}\ , \qquad (9.5a)$$

d.h., die Anisotropie ist definiert durch

$$A^*_{ijkl} \neq A_{ijkl} \ . \tag{9.5b}$$

Mithin ist im Gegensatz zu anderen Fließbedingungen (z.B. HILL [2o3], FRANKLIN [211] oder HOFFMANN [212]) die Anisotropie durch transformierbare Stoffwerte berücksichtigt und nicht nur durch Koeffizienten, die nach den Hauptachsen der Anisotropie (Orthotropie) festgelegt sind. Je nach Anwendung kann bei Anisotropie deshalb entweder der Stofftensor A_{ijkl} oder der Spannungstensor transformiert werden.

Wegen der Symmetrie des Spannungstensors (8.2b) reduzieren sich die 81 Koordinaten auf 36 Anisotropiekoeffizienten, so daß sich die Schreibweise [213]

$$F = \frac{1}{2} A_{\alpha\beta} \ \sigma_\alpha \ \sigma_\beta; \qquad \alpha,\beta = 1\ldots6 \tag{9.6}$$

anbietet. Dabei werden die Normalspannungen durch $\alpha,\beta = 1,2,3$ und die Schubspannungen durch $\alpha,\beta = 4,5,6$ gekennzeichnet; man trifft die Vereinbarung, daß über doppelt auftretende Indizes in einem Produkt von 1 bis 6 summiert wird.

Da das Potential (9.3) bzw. (9.6) eine gerade Funktion

$$F(\sigma_{ij}) = F(-\sigma_{ij}) \tag{9.7}$$

ist, beschreibt es symmetrisches Verhalten gegenüber Zug- und Druckbeanspruchung. Demgegenüber wird jedoch die Kompressibilität berücksichtigt, da (9.3) im Spannungstensor und nicht wie z.B. bei metallischen Werkstoffen im Spannungsdeviator (8.3c) angesetzt ist. Zur Berücksichtigung "unsymmetrischen" Werkstoffverhaltens

$$F(\sigma_{ij}) \neq F(-\sigma_{ij}) \tag{9.8}$$

kann man anstelle der Lastspannungen σ_{ij} die Gesamtspannungen $^g\sigma_{ij}$ einführen, die während der Belastungsumkehr durch Superposition der Last- und (fiktiven) Eigenspannungen $^e\sigma_{ij} = - \ B_{ij}$

(BAUSCHINGER-Tensor) ermittelt werden [214,215]:

$$^g\sigma_{ij} = \sigma_{ij} - B_{ij} \ .\qquad(9.9)$$

Mit (9.9) erhält man dann statt (9.6) von vornherein

$$F = \frac{1}{2} A_{\alpha\beta} (\sigma_\alpha - B_\alpha)(\sigma_\beta - B_\beta) \ . \qquad(9.1\text{o})$$

Geometrisch gesehen ändern der Anisotropietensor $A_{\alpha\beta}$ die Gestalt und B_α die Lage der Fließfläche durch eine translatorische Verschiebung. Wegen der Symmetrie des Spannungstensors besitzt der BAUSCHINGER-Tensor ebenfalls 6 unabhängige Koordinaten.

Allgemein kann man in der Plastomechanik auch von dem plastischen Potential

$$F = C_o + C_\alpha \ \sigma_\alpha + \frac{1}{2} C_{\alpha\beta} \ \sigma_\alpha \ \sigma_\beta + \frac{1}{3} C_{\alpha\beta\gamma} \ \sigma_\alpha \ \sigma_\beta \ \sigma_\gamma \ + \ldots(9.11)$$

ausgehen [216], das bei Beschränkung auf die ersten drei Glieder entsprechend dem Koeffizientenvergleich [217]

$$C_o = \frac{1}{2} A_{\alpha\beta} \ B_\alpha \ B_\beta \ , \qquad C_\alpha = - A_{\alpha\beta} \ B_\beta , \qquad C_{\alpha\beta} = A_{\alpha\beta} \qquad(9.12)$$

ebenfalls (9.1o) liefert.

Eine weitere Reduzierung der 36 Anisotropiekoeffizienten kann aufgrund der Annahme von der Existenz eines plastischen Potentials erfolgen. Wegen (Gl. 9.6)

$$F = \frac{1}{2} A_{\alpha\beta} \ \sigma_\alpha \ \sigma_\beta \equiv \frac{1}{2} A_{\xi\eta} \ \sigma_\xi \ \sigma_\eta \qquad(9.13)$$

liest man unmittelbar die Symmetrie des Koeffizientenschemas

$$A_{\alpha\beta} = A_{\beta\alpha} \qquad(9.14)$$

ab und erhält damit 21 unabhängige Stoffwerte. Aus der Fließregel (8.32) folgen mit (9.13) die anisotropen Stoffgleichungen

$$^P\dot{\varepsilon}_\alpha = A_{\alpha\beta}\,\sigma_\beta\,\dot\lambda\ ;\qquad \dot\lambda \geqq 0\ , \tag{9.15}$$

in denen z.B. für $\alpha \geq 4$ und $\beta \leq 3$ Schergeschwindigkeiten auftreten können, wenn keine Schubspannungen wirken. Fordert man dagegen Koaxialität zwischen $^P\dot{\varepsilon}_{ij}$ und σ_{ij}, d.h.

$$A_{\alpha\beta} \equiv 0 \text{ für } \alpha \geq 4 \text{ und } \beta \leq 3 \text{ (und umgekehrt)}, \tag{9.16}$$

so verringert sich die Anzahl der Koeffizienten auf 12. Damit fallen alle Produkte aus Schub- und Normalspannungen im Potential (9.13) bzw. (9.1o) weg. Schließlich reduzieren sich diese 12 Stoffwerte auf insgesamt 9, wenn man den bei der experimentellen und analytischen Behandlung anisotropen Werkstoffverhaltens häufig untersuchten Sonderfall der orthogonalen Anisotropie (Orthotropie) behandelt. In diesem Sonderfall ändern sich die Stoffeigenschaften bei Spiegelung an drei orthogonalen Ebenen nicht, so daß die Koeffizienten A_{45}, A_{64} und A_{56} verschwinden. Somit verbleiben für das plastische Potential (9.1o) insgesamt 15 unabhängige Anisotropie- und BAUSCHINGER-Koeffizienten.

b) Fließbedingung bei Orthotropie

Zur weiteren Behandlung wird (9.1o) derart umgeformt und normiert, daß die Fließbedingung wie bei HILL [2o3] durch $2f(\sigma_{ij}) = 1$ gegeben ist:

$$2f = A_\alpha\,\sigma_\alpha + A_{\alpha\beta}\,\sigma_\alpha\,\sigma_\beta = 1 \tag{9.17}$$

mit

$$A_\alpha := -\,2A_{\alpha\beta}\,B_\beta\ , \tag{9.18a}$$

$$A_{\alpha\beta} := A_{\alpha\beta} \tag{9.18b}$$

und

$$A_{\alpha\beta}\,B_\alpha\,B_\beta - F \equiv 0. \tag{9.18c}$$

Für Orthotropie mit Berücksichtigung plastischer Kompressibilität und des BAUSCHINGER-Effekts in Normal- und Schubspannungen schreibt sich die Fließbedingung bei Verwendung der üblicheren Bezeichnungen für Normal- und Schubspannungen ($\sigma_1 \equiv \sigma_{11}$ usw., $\sigma_4 \equiv \sigma_{12}$ usw.) in der Form:

$$A_1\sigma_{11} + A_2\sigma_{22} + A_3\sigma_{33} + A_4\sigma_{12} + A_5\sigma_{23} + A_6\sigma_{31} +$$

$$+ A_{11}\sigma_{11}^2 + A_{22}\sigma_{22}^2 + A_{33}\sigma_{33}^2 + 2A_{12}\sigma_{11}\sigma_{22} + 2A_{23}\sigma_{22}\sigma_{33} + 2A_{31}\sigma_{33}\sigma_{11} + \qquad (9.19)$$

$$+ A_{44}\sigma_{12}^2 + A_{55}\sigma_{23}^2 + A_{66}\sigma_{31}^2 = 1 \ .$$

Die Anisotropie- und BAUSCHINGER-Koeffizienten in (9.19) ermittelt man am einfachsten und exakt aus den Ergebnissen einachsiger Grundversuche, wie Zug-, Druck- und Torsionsversuch, sowie z.B. aus zweiachsigen Zugversuchen. Diese Versuche liefern für die Hauptachsen $x_i = (x_I, x_{II}, x_{III})$ der Orthotropie die Zugfließgrenzen Z_i und die Beträge D_i der Druckfließgrenzen in den entsprechenden Richtungen. Die Schubfließgrenzen für Hin- (Index h) und Rücktorsion (Index r) werden mit T_{hi} bzw. T_{ri} für die $x_{II} - x_{III}$-Ebene usw. bezeichnet. Mit diesen zwölf Bestimmungsstücken folgen aus (9.19) die Koeffizienten

$$A_1 = (D_I - Z_I)(D_I Z_I)^{-1} \text{ usw.,} \qquad (9.2oa)$$

$$A_{11} = (D_I Z_I)^{-1} \qquad\qquad \text{usw.,} \qquad (9.2ob)$$

$$A_4 = (T_{rIII} - T_{hIII})(T_{rIII} T_{hIII})^{-1} \text{ usw.,} \qquad (9.2oc)$$

$$A_{44} = (T_{rIII} T_{hIII})^{-1} \qquad\qquad \text{usw.} \qquad (9.2od)$$

Die restlichen Parameter A_{12}, A_{23} und A_{31} werden mit $\sigma_{11} = \sigma_I$, $\sigma_{22} = \sigma_{II}$, $\sigma_{33} \equiv 0$ und den Fließspannungen $\sigma_I = X$, $\sigma_{II} = aX$ bei zweiachsigem Hauptspannungszustand aus (9.19) bestimmt:

$$2A_{12} = \frac{1}{aX^2} - \frac{A_1 + a A_2}{aX} - \frac{A_{11} + a^2 A_{22}}{a} \ ; \qquad (9.2oe)$$

die beiden fehlenden Koeffizienten ergeben sich entsprechend.

Die Anwendung der Fließregel (8.32) auf (9.17) bzw. (9.19)
zeigt (Ziff. 11), daß plastische Kompressibilität sowohl durch
den in den Spannungen linearen Teil als auch durch den in den
Spannungen quadratischen Teil berücksichtigt wird. Man kann
deshalb auch annehmen, daß die plastischen Volumenänderungen
allein durch den linearen Anteil reguliert werden. Diese Annahme muß aber durch das Experiment gestützt werden und kann
nur als Sonderfall von (9.19) angesehen werden, da plastisch
kompressibles Werkstoffverhalten bei Orthotropie ausgehend von
(9.1o) konsequent nur durch (9.19) beschrieben wird. Setzt man
also für den in den Spannungen quadratischen Teil von (9.19)
plastische Volumenkonstanz voraus, so folgt über die Fließregel (8.32) und die Inkompressibilitätsbedingung,

$$P_{\dot\varepsilon_{ii}} = 0 \qquad \text{bzw.} \qquad \sum_{\alpha=1}^{3} P_{\dot\varepsilon_\alpha} = 0 \ , \tag{9.21}$$

$$\sum_{\alpha=1}^{3} A_{\alpha\beta} = 0 \ , \qquad \beta=1,2,3 \ . \tag{9.22}$$

Die Lösung des Gleichungssystems (9.22) liefert den Zusammenhang zwischen den 9 Anisotropiekoeffizienten von (9.19):

$$2A_{12} = -(A_{11} + A_{22} - A_{33}) \ ,$$
$$2A_{23} = -(A_{22} + A_{33} - A_{11}) \ , \tag{9.23}$$
$$2A_{31} = -(A_{33} + A_{11} - A_{22}) \ .$$

Damit reduziert sich die Anzahl der Koeffizienten in (9.19)
von 15 auf 12.

Setzt man plastische Volumenkonstanz allgemein für (9.19) voraus, ergibt sich noch aus der Anwendung von (8.32) auf (9.19)
mit Berücksichtigung von (9.21)

$$A_1 + A_2 + A_3 = 0 \ . \tag{9.24}$$

Die experimentelle Überprüfung plastischer Inkompressibilität kann unter der Voraussetzung (9.23) aufgrund des aus der Verknüpfung von (9.24) mit (9.2oa) folgenden Ergebnisses

$$\frac{D_I - Z_I}{D_I \, Z_I} + \frac{D_{II} - Z_{II}}{D_{II} \, Z_{II}} + \frac{D_{III} - Z_{III}}{D_{III} \, Z_{III}} = 0 \qquad (9.25)$$

nun allein durch einachsige Zug- und Druckversuche vorgenommen werden. Falls Versuche in einer Richtung (z.B. Richtung III = Dickenrichtung) nur schwer oder gar nicht durchführbar sind, können die fehlenden Werkstoffkennwerte, z.B. Z_{III} und D_{III} bzw. die entsprechenden Koeffizienten A_3 und A_{33} aus dem zweiachsigen Zugversuch ($\sigma_I = \sigma_{II}$) ermittelt werden. So erhält man bei plastischer Volumenkonstanz aus (9.2oe) mit $a = 1$ und aus (9.23)

$$A_{33} = x^{-2} - (A_1 + A_2) x^{-1} . \qquad (9.26)$$

Der BAUSCHINGER-Koeffizient A_3 folgt unmittelbar aus (9.24), und die Verknüpfung von (9.24) mit (9.26) liefert die Fließgrenzen in Richtung III bei Inkompressibilität:

$$\left.\begin{array}{c} Z_{III} \\ - D_{III} \end{array}\right\} = \frac{1}{2} \frac{A_3}{A_{33}} \pm \left[\sqrt{1 + 4 \frac{A_{33}}{A_3^2}} - 1 \right] . \qquad (9.27)$$

Für symmetrisches Werkstoffverhalten, d.h. bei verschwindenden BAUSCHINGER-Koeffizienten A_1 bis A_6, ergibt sich mit der Bedingung (9.23) wiederum für plastische Volumenkonstanz aus (9.19) das Fließkriterium nach HILL [2o3] als Sonderfall:

$$F(\sigma_{22} - \sigma_{33})^2 + G(\sigma_{33} - \sigma_{11})^2 + H(\sigma_{11} - \sigma_{22})^2 +$$
$$2L\tau_{23}^2 + 2M\tau_{31}^2 + 2N\tau_{12}^2 = 1 \qquad (9.28a)$$

mit

$$F \equiv -A_{23}, \quad G \equiv -A_{31}, \quad H \equiv -A_{12},$$
$$2L \equiv A_{55}, \quad 2M \equiv A_{66}, \quad 2N \equiv A_{44} . \qquad (9.28b)$$

Plastische Inkompressibilität kann aber auch von vornherein im Ansatz für das plastische Potential festgelegt werden, indem man z.B. EDELMANN-DRUCKER [218] folgend (9.1o) im Spannungsdeviator σ'_{ij} schreibt:

$$F = \frac{1}{2} A'_{\alpha\beta} (\sigma'_\alpha - B'_\alpha)(\sigma'_\beta - B'_\beta) \ . \qquad (9.29)$$

Da die BAUSCHINGER-Tensoren im allgemeinen von der kinematischen Verfestigung abhängen, wird diese meist durch empirische Ansätze (z.B.[219 bis 221]) berücksichtigt. Zur Formulierung einer allgemeinen Verfestigungsregel kann man z.B. (9.11) in der Form ähnlich zu [215]

$$F_o \left[1 + \Phi(^P\varepsilon_\alpha, ^P\dot\varepsilon_\alpha, \dots) \right] = C'_\alpha \sigma_\alpha + \frac{1}{2} C'_{\alpha\beta} \sigma_\alpha \sigma_\beta + \dots \qquad (9.3o)$$

ansetzen. In (9.3o) bedeuten dann F_o das Potential bei Fließbeginn und Φ eine Verfestigungsfunktion, die z.B. durch eine mechanische Zustandsgleichung (Ziff. 5) im Fall einachsiger Beanspruchung dargestellt werden kann.

c) Auswertung von Fließortkurven

Zur Bestimmung der Anisotropie- und BAUSCHINGER-Koeffizienten von "dünnen Scheiben", etwa gewalzte Tafeln, extrudierte Platten oder gereckte Folien (z.B.[222]), werden im wesentlichen Zugversuche, seltener Schubversuche, an Proben durchgeführt, die unter dem Winkel Θ zwischen Probenachse und der x_1-Achse, z.B. Walz- oder Reckrichtung, dem Halbzeug entnommen werden (Bild 9-1).

Zur Berechnung der Zugfließgrenze $\sigma^* = \sigma(\Theta)$ in Abhängigkeit vom Orientierungswinkel Θ kann man wie HILL [2o3] vom ebenen Spannungszustand ($\sigma_{3j} \equiv 0$) ausgehen und die auf das rechtwinklig kartesische Achsenkreuz bezogenen Spannungen σ_{11}, σ_{22} und σ_{12} mit den Transformationsgleichungen (bzw. aus dem MOHRschen Kreis) durch die Zugspannung $\sigma(\Theta)$ ausdrücken [157,223]. Ande-

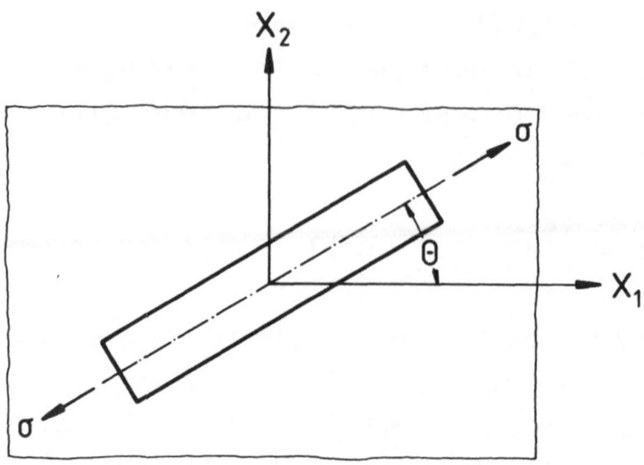

Bild 9-1

rerseits kann man aber auch den einachsigen Spannungszustand
$\sigma_{11} = \sigma$ und $\sigma_{ij} \equiv 0$ für i,j=2,3 der Zugprobe in die Fließbedingung einsetzen:

$$A_1\sigma + A_{22}\sigma^2 = 1 \ . \tag{9.31}$$

Wegen der Tensoreigenschaften der BAUSCHINGER- und Anisotropiekoeffizienten schreibt man (9.31) in den transformierten Koordinaten

$$A_1^*(\Theta)\sigma + A_{11}^*(\Theta)\sigma^2 = 1 \tag{9.32}$$

und erhält unmittelbar die Lösung für die Zugfließgrenze in
Abhängigkeit von der Orientierung.

Die Transformationsgleichungen für Tensoren zweiter bzw. vierter Stufe bei Drehung des Polarkoordinatensystems um die x_3-
Achse (z.B.[207]) liefern die transformierten Größen

$$A_1^*(\Theta) = A_1 \cos^2\Theta + A_2 \sin^2\Theta + A_4 \cos\Theta\sin\Theta \ , \tag{9.33a}$$

$$A_{11}^*(\Theta) = A_{11}\cos^4\Theta + A_{22}\sin^4\Theta + (A_{44} + 2A_{12})\sin^2\Theta\cos^2\Theta \ . \tag{9.33b}$$

Wie (9.32) zeigt, reichen zur experimentellen Bestimmung der Koeffizienten A_1 usw. in (9.33a) sowie A_{11} usw. in (9.33b) Zugversuche allein nicht aus, sondern sind Druckversuche (z.B. [224 bis 226]) zusätzlich erforderlich, sofern sie an Halbzeugproben durchgeführt werden können, oder auch Schubversuche. So folgt aus Zugversuchen mit $\sigma = Z$ und Druckversuchen mit $\sigma = -D$ aus (9.32) der Zusammenhang zwischen den transformierten Koeffizienten $A_1^*(\Theta)$ und $A_{11}^*(\Theta)$ gemäß (9.2oa,b):

$$A_1^* = [D(\Theta) - Z(\Theta)]A_{11}^* \ , \qquad A_{11}^* = [D(\Theta)Z(\Theta)]^{-1} \ . \qquad (9.34a,b)$$

Wegen (9.34a,b) genügen nun drei Zug- und Druckversuche unter den Orientierungswinkeln $\Theta = 0°$, $45°$ und $9o°$. Man erhält damit:

$$\Theta = 0° : \qquad A_1 = A_1^*(0) \ , \qquad A_{11} = A_{11}^*(0) \ , \qquad (9.35a)$$

$$\Theta = 9o°: \qquad A_2 = A_2^*(9o), \qquad A_{22} = A_{22}^*(9o), \qquad (9.35b)$$

$$\Theta = 45°: \qquad A_4 = 2A_1^*(45) - A_1 - A_2,$$
$$A_{44} + 2A_{12} = 4A_{11}^*(45) - A_{11} - A_{22} \ . \qquad (9.35c)$$

Mit (9.34) bis (9.35) sind die Anisotropie- und BAUSCHINGER-Koeffizienten aus den in Abhängigkeit von der Orientierung gemessenen Zug- und Druckfließgrenzen [224] von PP berechnet und die Fließortkurven gemäß (9.32) und (9.33a,b) im Vergleich mit den Meßergebnissen [224] in <u>Bild 9-2</u> dargestellt. Die nu-

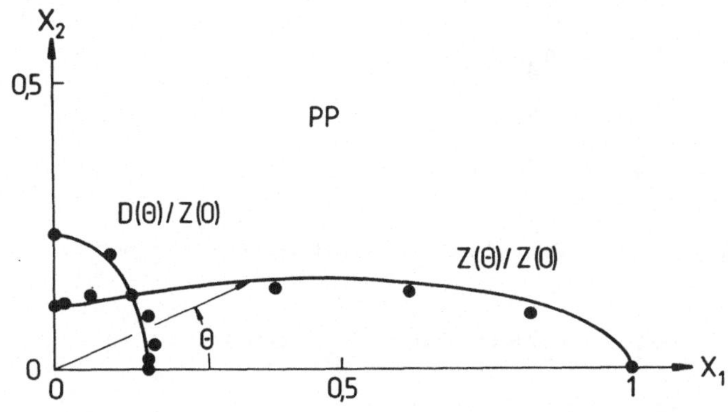

Bild 9-2

174

merischen Werte der Koeffizienten sind für das Beispiel [224]
in <u>Tabelle 9-I</u> angegeben. Das Verhältnis aus dem Betrag der

Tabelle 9-I

A_1	$-2{,}09 \cdot 10^{-2}$ mm^2/N	A_{11}	$1{,}02 \cdot 10^{-3}$ mm^4/N^2
A_2	$1{,}91 \cdot 10^{-2}$ mm^2/N	A_{22}	$6{,}27 \cdot 10^{-3}$ mm^4/N^2
A_4	$1{,}80 \cdot 10^{-3}$ mm^2/N	$A_{44} + 2A_{12}$	$1{,}25 \cdot 10^{-2}$ mm^4/N^2

Druckfließgrenze und Zugfließgrenze in Abhängigkeit von der
Orientierung Θ ergibt sich aus (9.32) zu

$$\frac{D(\Theta)}{Z(\Theta)} = - \frac{1 + \sqrt{1 + 4A^*_{11}/A^{*2}_1}}{1 - \sqrt{1 + 4A^*_{11}/A^{*2}_2}} \tag{9.36}$$

und ist mit Berücksichtigung von (9.33a,b) sowie den numerischen Werten aus Tabelle 9-I in <u>Bild 9-3</u> gegenüber dem aus
[126] stammenden isotropen Verhältnis $D/Z \approx 1{,}16$ dargestellt.
Der Mittelwert der Verhältnisse bei $\Theta = 0^O$ und 90° ergibt mit
$(D/Z)_{i.M.} \approx 1{,}13$ etwa den isotropen Wert im angegebenen Beispiel.

Zur Berechnung der Orientierungsabhängigkeit der Schubfließgrenze $\sigma_{12} = \tau$ liefert (9.19)

$$A_4\tau + A_{44}\tau^2 = 1 \tag{9.37}$$

bzw.

$$A^*_4(\Theta)\tau + A^*_{44}(\Theta)\tau^2 = 1 \tag{9.38}$$

mit den transformierten Koeffizienten (z.B.[2o7])

$$A^*_4(\Theta) = (A_1 - A_2)\sin 2\Theta + A_4 \cos 2\Theta\,, \tag{9.39a}$$

$$A^*_{44}(\Theta) = (A_{11} + A_{22} - 2A_{12})\sin^2 2\Theta + A_{44}\cos^2 2\Theta. \tag{9.39b}$$

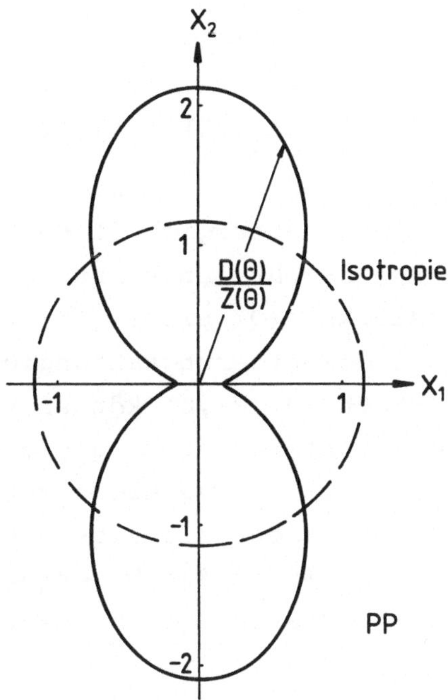

Bild 9-3

Mit den Schubfließgrenzen $T_h(\Theta)$ und $T_r(\Theta)$ für die Hin- und Rückrichtung ergeben sich aus (9.38) die Bestimmungsgleichungen

$$A_4^* = [T_r(\Theta) - T_h(\Theta)]A_{44}^*, \quad A_{44}^* = [T_r(\Theta)T_h(\Theta)]^{-1} , \qquad (9.4\text{oa,b})$$

mit denen sich die BAUSCHINGER- und Anisotropiekoeffizienten A_1 usw. bzw. A_{11} usw. nach (9.39a,b) berechnen lassen. Dazu liefern bei "dünnen" Scheiben am einfachsten die Ergebnisse aus Schubversuchen unter den Orientierungswinkeln $\Theta = 0^{\circ}$ und 45° die Fließgrenzen für "Hintorsion" und unter $\Theta = 9o^{\circ}$ und 135° diejenigen für "Rücktorsion":

$$
\begin{aligned}
T_h(O) &\equiv \tau(O) \quad , \quad T_r(O) \equiv \tau(9o) \quad , \\
T_h(45) &\equiv \tau(45) \quad , \quad T_r(45) \equiv \tau(135) \quad .
\end{aligned}
\qquad (9.41)
$$

Damit folgen aus (9.39a) bis (9.4ob) die Koeffizienten

$$\Theta = O: \quad A_4 = A_4^*(O) = [\tau(9o) - \tau(O)][\tau(9o)\tau(O)]^{-1} , \qquad (9.42\text{a})$$

$$A_{44} = A_{44}^*(O) = [\tau(9o)\tau(O)]^{-1} , \qquad (9.42\text{b})$$

$$\Theta = 45: \quad A_1 - A_2 = A_4^*(45) = [\tau(135)-\tau(45)][\tau(135)\tau(45)]^{-1}, \tag{9.43a}$$

$$A_{11} + A_{22} - 2A_{12} = A_{44}^*(45) = [\tau(135)\tau(45)]^{-1} , \tag{9.43b}$$

mit denen die Orientierungsabhängigkeit der Schubfließgrenze nach (9.38) bis (9.39b) beschreibbar ist. Allerdings reichen die vier Bestimmungsstücke $\tau(0)$ bis $\tau(135)$ nach (9.41) nicht aus, um damit z.B. die Orientierungsabhängigkeit der Zugfließgrenze zu berechnen. Nach (9.42a,b) können A_4 und A_{44} bestimmt werden, so daß für die weitere Berechnung der einzelnen Koeffizienten gemäß (9.43a,b) z.B. Zugversuche unter $\Theta = 0^\circ$, 45° und 90° durchgeführt werden müssen. Mit diesen Fließgrenzen und (9.32) bis (9.33b) sowie mit (9.43a,b) ergeben sich die restlichen Parameter aus dem linearen Gleichungssystem:

$$
\begin{bmatrix} A_1 \\ A_2 \\ A_{11} \\ A_{22} \\ 2A_{12} \end{bmatrix} =
\begin{bmatrix}
\sigma(0) & 0 & \sigma^2(0) & 0 & 0 \\
0 & \sigma(0) & 0 & \sigma^2(90) & 0 \\
\sigma(45)/2 & \sigma(45)/2 & \sigma^2(45)/4 & \sigma^2(45)/4 & \sigma^2(45)/4 \\
\tau(45) & -\tau(45) & \tau^2(45) & \tau^2(45) & -\tau^2(45) \\
-\tau(135) & \tau(135) & \tau^2(135) & \tau^2(135) & -\tau^2(135)
\end{bmatrix}^{-1}
\cdot
\begin{bmatrix}
1 \\ 1 \\ 1 - \dfrac{2\sigma(45)[\tau(90)-\tau(0)]+\sigma^2(45)}{4\tau(0)\tau(90)} \\ 1 \\ 1
\end{bmatrix}
\tag{9.44}
$$

Somit reichen Zug- und Schubversuche aus, um das orthotrope Fließverhalten bei ebenem Spannungszustand zu beschreiben. Dagegen liefern Zug- und Druckversuche unter den Winkeln $\Theta = 0^\circ$, 45° und 90° nur die Summe $A_{44}+2A_{12}$, wie aus (9.34a) bis (9.35c) ersichtlich ist. Deshalb sind ein zusätzlicher Zug- und Druckversuch z.B. unter $\Theta = 30^\circ$ erforderlich:

$$\Theta = 30^\circ: \quad A_{44}+2A_{12} = \frac{16}{3} A_{11}^*(30) - 3A_{11} - \frac{1}{3} A_{22} , \tag{9.45}$$

oder man bestimmt A_{44} über die Schubbeanspruchung aus (9.42b).

Zur rechnerischen Auswertung eines Werkstoffbeispiels werden die experimentellen Ergebnisse [205] aus Zug- und Schubversuchen an PETP-Folien betrachtet. Aufgrund des experimentellen

Befunds kann man annehmen, daß kein BAUSCHINGER-Effekt in den
Schubspannungen vorhanden ist, so daß A_4 wegen (9.42a) verschwindet. Die anderen Koeffizienten sind mit (9.42b) und (9.44)
für $\tau(O) = \tau(9o)$ berechnet und in Tabelle 9-II zusammengestellt.

Tabelle 9-II

A_1 A_2	A_{11} A_{22} $2A_{12}$ A_{44}
$1o^{-2}$ mm^2/N	$1o^{-2}$ mm^4/N^2
$-1,12o$ $-4,741$	$o,111$ $3,724$ $-1,481$ $8,163$

Die Orientierungsabhängigkeit der Zugfließgrenze und der Schubfließgrenze ist mit diesen Koeffizienten nach (9.32) und
(9.33a,b) sowie (9.38) und (9.39a,b) berechnet und im Vergleich
mit den Meßergebnissen [2o5] in den Bildern 9-4 und 9-5 dargestellt.

Für Bild 9-6 sind Ergebnisse [2o4] aus Zug- und Schubversuchen
ebenfalls an PETP ausgewertet. Dabei ist der Einfluß des BAU-
SCHINGER-Effekts in den Schubspannungen berücksichtigt. Im Vergleich mit dem experimentellen Befund wird durch das angenommene Schubfließgrenzenverhältnis $\tau(9o)/\tau(O) = o,8$ die Orientierungsabhängigkeit der Schubfließgrenze besser wiedergegeben,
dagegen beeinflußt dieses Verhältnis die Abhängigkeit der Zug-

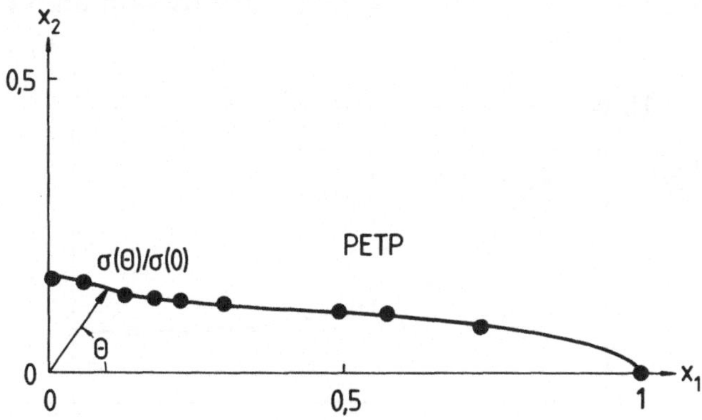

Bild 9-4

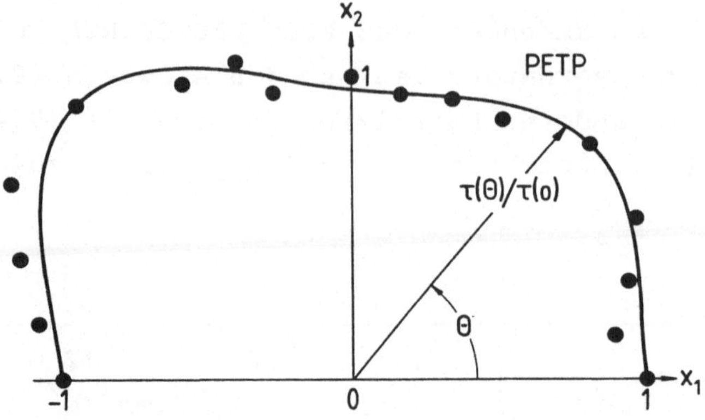

Bild 9-5

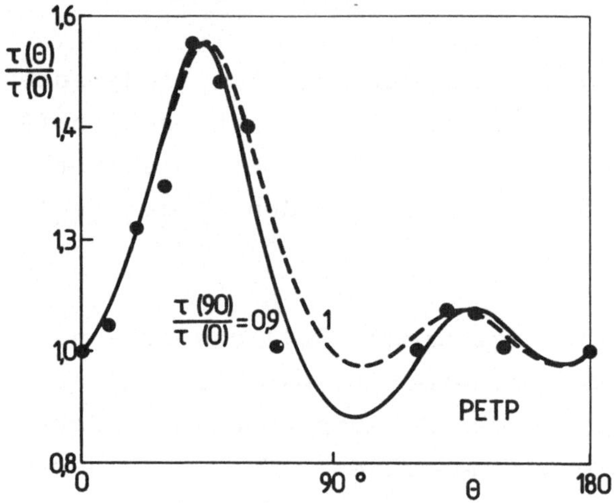

Bild 9-6

fließgrenze von Θ kaum. Für die in Bild 9-6 angegebenen Verhältniszahlen ergeben sich die fast identischen Verläufe von <u>Bild 9-7</u>.

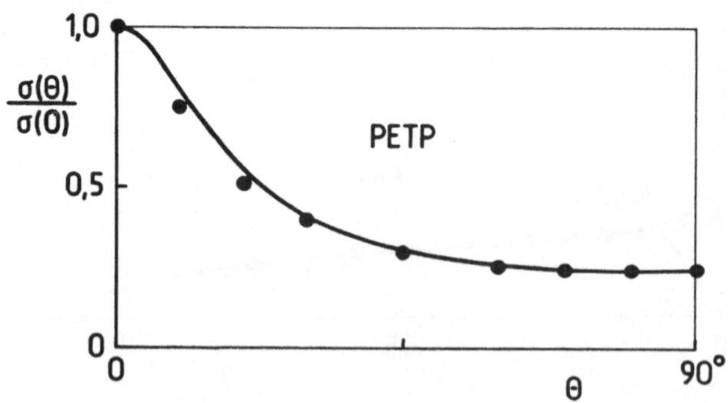

Bild 9-7

Der Einfluß des BAUSCHINGER-Verhältnisses $\tau(9o)/\tau(O)$ auf die
Parameter A_4 und A_{44} ist deshalb in <u>Bild 9-8</u> dargestellt. Danach wirkt sich das Fließgrenzenverhältnis im wesentlichen für
$\tau(9o)/\tau(O) < 1$ auf die Orientierungsabhängigkeit und somit auf
das Fließverhalten orthotroper Werkstoffe aus.

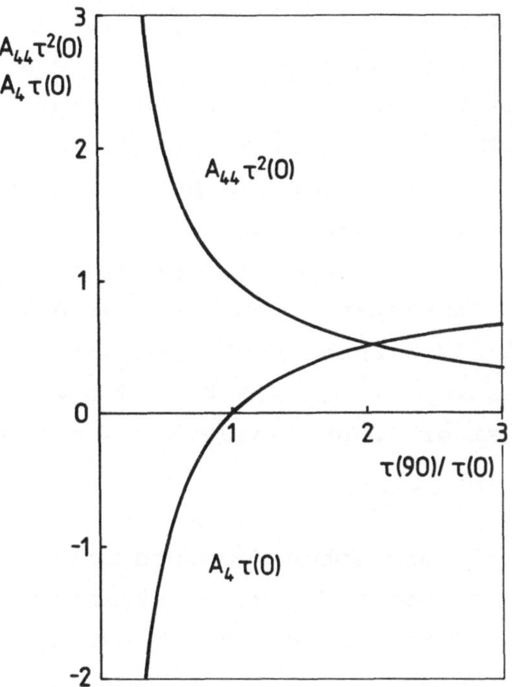

Bild 9-8

Die Bestimmungsgleichungen für die Orientierungsabhängigkeit
der Zug- bzw. Druckfließgrenze (9.32) sowie der Schubfließgrenze (9.38) mit den entsprechenden Transformationsgleichungen (9.33a,b) und (9.39a,b) berücksichtigen plastische Kompressibilität konsequent sowohl in den quadratischen als auch in
den linearen Gliedern. Legt man für die quadratischen Koeffi-
zienten $A^*_{11}(\Theta)$ und $A^*_{44}(\Theta)$ die Bedingung (9.23) zugrunde, dann
folgt für die Kombination der Anisotropiekoeffizienten mit dem
Orientierungswinkel

$$A^*_{11}(\Theta) = -(A_{12}+A_{31})\cos^4\Theta - (A_{12}+A_{23})\sin^2\Theta + (A_{44}+2A_{12})\sin^2\Theta\cos^2\Theta$$

$$(9.46)$$

bzw.

$$A_{44}^{*}(\Theta) = -(4A_{12} + A_{23} + A_{31})\sin^2 2\Theta + A_{44}\cos^2 2\Theta \ . \qquad (9.47)$$

Der Vergleich von (9.46) mit (9.33b) und von (9.47) mit (9.49b) zeigt eine formale Identität zwischen den entsprechenden Transformationsgleichungen, so daß die Auswertung von Fließortkurven aus einachsigen Grundversuchen keine Entscheidung für die Bedingung (9.23) liefert. Deshalb muß bei der Bestimmung der Anisotropie- und BAUSCHINGER-Koeffizienten von der allgemeineren Fließbedingung (9.19) im Fall der Orthotropie ausgegangen werden. Das z.B. in [226] und [227] angesetzte "modifizierte" HILL-Kriterium kann - abgesehen von dem unberücksichtigten BAUSCHIN-GER-Effekt - in den Schubspannungen zwar zur Beschreibung des experimentellen Befunds dienen, nicht jedoch zur allgemeinen Bestimmung der Anisotropiekoeffizienten, die zur Berechnung anderer, z.B. zweiachsiger Spannungszustände, weiter verwendet werden sollen.

Zur Untersuchung der plastischen Kompressibilität allein aus der Kenntnis der numerischen Werte der dynamischen Variablen bei Fließbeginn bzw. zur Überprüfung der Bedingungen (9.23) und (9.24) wird man Versuche bei zwei- oder mehrachsigem Spannungszustand durchführen müssen, z.B. wie in [227] an geraden, kreiszylindrischen, dünnwandigen Hohlproben mit Innendruck und überlagerter Längskraft. Zur Auswertung dieser experimentellen Ergebnisse werden die Zug- und die Beträge der Druckfließgrenzen in Längs- und Umfangsrichtung der Hohlprobe sowie die Fließgrenze X bei gleich großem zweiachsigem Hauptspannungszustand ($\sigma_I = \sigma_{II} = X$) als Bestimmungsstücke für die Anisotropie- und BAU-SCHINGER-Koeffizienten zugrunde gelegt.

Für den zweiachsigen Hauptspannungszustand (Achsialspannung σ_I, Umfangsspannung σ_{II}, $\sigma_{III} \equiv 0$) liefert die Fließbedingung (9.19) nach Normierung mit Z_I/D_I wegen (9.20a,b)

$$s_I^2 + a_{22}s_{II}^2 + 2a_{12}s_I s_{II} + a_1 s_I + a_2 s_2 = 1 + a_1 \qquad (9.48a)$$

mit

$$s_{I,II} = \sigma_{I,II}/Z_I ; \quad a_{1,2} = A_{1,2}/Z_I A_{11} ; \quad a_{12,22} = A_{12,22}/A_{11} . \qquad (9.48b)$$

Für die Werkstoffbeispiele PC, HDPE und PP [227] sind die Koeffizienten des normierten Kriteriums (9.48a,b) aus den Meßergebnissen über (9.2oa,b) bestimmt und in Tabelle 9-III angegeben.

Tabelle 9-III

Werkstoff	a_1	a_2	$2a_{12}$	a_{22}
PC	-o,345	o,268	-1,oo5	1,75o
HDPE	-o,198	o,459	-1,o81	1,659
PP	-o,238	-1,o17	-1,529	6,647

Auffallend an den numerischen Werten der Koeffizienten ist, daß vor allem für PC, weniger für HDPE, $2a_{12} \approx -1$ ist. Eine Deutung kann folgendermaßen gegeben werden. Läßt sich nachweisen (z.B. anhand von Texturuntersuchungen, z.B. [228]), daß sich der Werkstoff transversal isotrop verhält, d.h., eine Ebene angegeben werden kann, in der die mechanischen Eigenschaften richtungsunabhängig sind, können mit den Ergebnissen aus Untersuchungen bei zweiachsigem Spannungszustand die Bedingungen (9.23) und (9.24) überprüft werden. Liegen im Querschnitt der untersuchten Hohlproben [227] isotrope Eigenschaften vor, dann gilt auch

$$Z_{II} \equiv Z_{III} , \quad D_{II} \equiv D_{III} , \qquad (9.49)$$

und mit (9.23) bzw. (9.24) folgen nach Normierung entsprechend (9.48b)

$$2a_{12} = - 1 , \qquad (9.5oa)$$

$$2a_{23} = 1 - 2a_{22} , \qquad (9.5ob)$$

$$2a_{31} = - 1 , \qquad (9.5oc)$$

bzw.

$$a_1 + 2a_2 = 0 . \qquad\qquad (9.51)$$

Der Vergleich des Ergebnisses von (9.5oa) mit dem entsprechenden numerischen Wert für PC und eventuell noch für HDPE in Tabelle 9-III zeigt, daß unter der Voraussetzung transversaler Isotropie die Bedingung (9.23) erfüllt wird. Dies trifft aber nicht für (9.51) bzw. (9.24) zu, so daß sich die untersuchten Werkstoffe mehr oder weniger plastisch kompressibel verhalten.

Formal stellt (9.48a) auch die Fließbedingung des zweiachsigen Spannungszustands bei plastisch inkompressiblem Werkstoffverhalten dar, jedoch allgemein ohne Berücksichtigung transversaler Isotropie, denn bei zweiachsigem Spannungszustand gehen die aus den Bestimmungsgleichungen (9.23) und (9.24) für Volumenkonstanz berechenbaren Koeffizienten A_3, A_{33} usw. nicht in das Fließkriterium (9.48a) ein. Für die Werkstoffbeispiele [227] PC, HDPE und PP lassen sich dann aus den Meßergebnissen die Fließgrenzen in Richtung III bei vorausgesetzter plastischer Volumenkonstanz nach (9.24) bis (9.27) berechnen. Im Vergleich mit den experimentell [227] bestimmten Zug- und Druckfließgrenzen der beiden anderen Richtungen sind diese in Tabelle 9-IV zusammengestellt.

Vergleicht man in Tabelle 9-IV die entsprechenden Fließspannungen der Richtungen II und III, so ist die Bedingung (9.49) für transversale Isotropie bei plastischer Volumenkonstanz am

Tabelle 9-IV

Werkstoff	Z_I	D_I	Z_{II}	D_{II}	Z_{III}	D_{III}
		in N/mm^2			berechnet	
PC	65,2	42,7	35,2	45,2	38,5	41,4
HDPE	17,7	14,2	1o,1	15,o	14,2	11,2
PP	34,o	25,9	14,4	9,2	9,o	16,o

ehesten für PC erfüllt. Die Fließbedingung (9.48a) kann dann
wegen (9.5oa) und (9.51) in der Form

$$s_I^2 + a_{22} s_{II}^2 - s_I s_{II} + a_1 (s_I - \tfrac{1}{2} s_{II}) = 1 + a_1 \qquad (9.52a)$$

bzw.

$$s_I^2 + a_{22} s_{II}^2 - s_I s_{II} - 2a_2 (s_I - \tfrac{1}{2} s_{II}) = 1 - a_2 \qquad (9.52b)$$

geschrieben werden.

Die experimentell bestimmten Fließortkurven der untersuchten
Kunststoffe sind in den __Bildern 9-9__ bis __9-11__ im Vergleich mit
Rechenergebnissen dargestellt. Für die drei Werkstoffe sind
die Fließortkurven nach (9.48a,b) und den Koeffizienten aus
Tabelle 9-III berechnet und als ausgezogene Kurven wiedergegeben. Die Berechnung für den Fall transversaler Isotropie
($2a_{12} = -1$) wirkt sich nur beim Beispiel PP aus und ist in
Bild 9-11 als gestrichelte Kurve eingezeichnet. Schließlich
ist noch die rechnerische Fließortkurve bei plastischer Volumenkonstanz und transversaler Isotropie nach (9.52a) strichpunk-
tiert dargestellt.

Das anhand der Ergebnisse (Tabellen 9-III und 9-IV) diskutier-
te Werkstoffverhalten wird durch den Vergleich der Meßergebnisse aus anderen Beanspruchungsarten als den Grundversuchen mit
den unterschiedlichen Berechnungen bestätigt. Dementsprechend
muß man zur Beschreibung orthotropen Werkstoffverhaltens bzw.
zur Bestimmung der dazu notwendigen Koeffizienten zunächst
von der allgemeinen, die plastische Kompressibilität und den
BAUSCHINGER-Effekt berücksichtigende Fließbedingung ausgehen.

Erst eine Überprüfung z.B. der Bedingungen (9.5oa) und (9.51)
bei zweiachsigem Spannungszustand liefert Sonderfälle der
Fließbedingung, die von vornherein so nicht angesetzt werden
können.

184

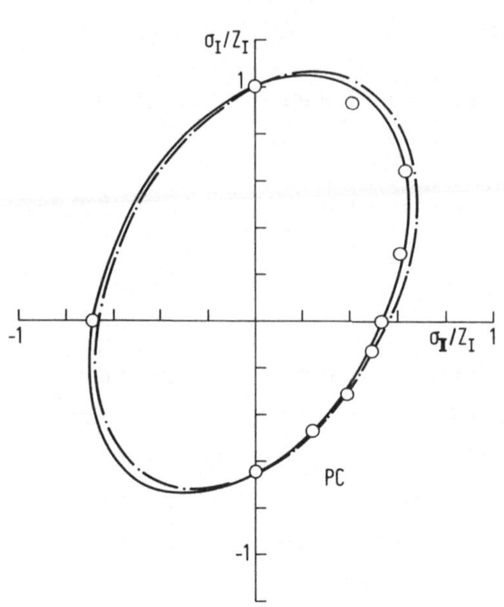

Bild 9-9

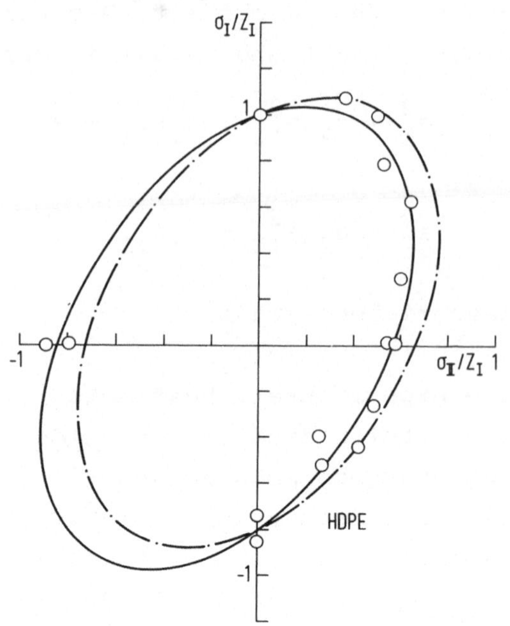

Bild 9-10

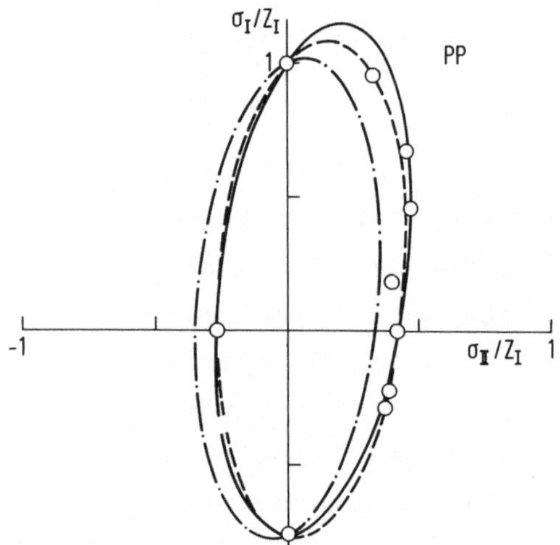

Bild 9-11

10. Plastisches Potential und Fließbedingung bei Isotropie

a) Fließbedingung

An eine mechanisch sinnvoll formulierte anisotrope bzw. orthotrope Fließbedingung muß die Forderung gestellt werden können,
daß sie zwanglos in den isotropen Fall übergeleitet werden
kann. Dazu setzt man in Anlehnung an die lineare Elastizitätstheorie für das plastische Potential (9.1o) in der Schreibweise

$$F(\sigma_{pq}) = \frac{1}{2} A_{ijkl}(\sigma_{ij} - B_{ij})(\sigma_{kl} - B_{kl}) \qquad (1o.1)$$

den Anisotropietensor A_{ijkl} und den BAUSCHINGER-Tensor B_{ij}
als isotrope Tensoren an, und zwar als Linearkombination des
Einstensors (8.2c):

$$A_{ijkl} = b\, \delta_{ij}\, \delta_{kl} + c(\delta_{ik}\delta_{jl} + \delta_{il}\delta_{jk}) \ , \qquad (1o.2a)$$

$$B_{ij} = a\, \delta_{ij} \ . \qquad (1o.2b)$$

Wendet man die Vorschrift (1o.2a) allein auf (1o.1) an, so ergibt sich für das plastische Potential

$$F = \frac{1}{2}[b(\sigma_{ii} - B_{ii})(\sigma_{jj} - B_{jj}) + 2c(\sigma_{ij} - B_{ij})(\sigma_{ij} - B_{ij})] \ . \qquad (1o.3)$$

Für die vorgegebenen Werte $b = -1$ und $c = 1/2$ liefert (1o.3)

$$F = \frac{1}{2}[(\sigma_{ij} - B_{ij})(\sigma_{ij} - B_{ij}) - (\sigma_{ii} - B_{ii})(\sigma_{jj} - B_{jj})] \qquad (1o.4a)$$

und im Vergleich mit (8.14) sowie der Gesamtspannung (9.9)

$$F = {}^g J_2 \ . \qquad (1o.4b)$$

In (1o.4b) bedeutet ${}^g J_2$ die quadratische Invariante des Tensors ${}^g \sigma_{ij}$ der Gesamtspannungen. Setzt man aber $b = -1/3$ und
$c = 1/2$, erhält man entgegen (1o.4a) den Ansatz

$$F = \frac{1}{2} (\sigma'_{ij} - B_{ij})(\sigma'_{ij} - B_{ij}) \qquad\qquad (1o.5a)$$

bzw. gemäß (8.16b) und (9.9)

$$F = {}^g J'_2 \qquad\qquad (1o.5b)$$

mit der quadratischen Invarianten des Deviators ${}^g\sigma'_{ij}$ der Gesamtspannungen. Der besonders einfache Ansatz (1o.5a) bzw.
(1o.5b) wird für Verformungsanisotropie (kinematische Verfestigung) MELAN [229], IŠLINSKIJ und PRAGER [23o] zugeschrieben und ist anhand unterschiedlicher Verfestigungsregeln (z.B.
[217,231]) erweitert und diskutiert worden.

Die Verknüpfung von (1o.2a) und (1o.2b) mit (1o.1) liefert dagegen das plastische bei Isotropie:

$$F = \frac{1}{2} b (J_1 - 3a)^2 + c(2J_2 + J_1^2 - 2aJ_1 + 3a^2), \qquad\qquad (1o.6)$$

in dem die "Spannung" a einen "isotropen BAUSCHINGER-Effekt",
d.h. unterschiedliche Fließgrenzen gegenüber Zug- und Druckbeanspruchung bei Isotropie reguliert. Mit (8.16a) kann (1o.6)
statt in J_2 in der quadratischen Invarianten des Spannungsdeviators J'_2 geschrieben werden:

$$J'_2 = k_o^2 (1 - k_1 J_1 + k_2 J_1^2) \ . \qquad\qquad (1o.7)$$

In (1o.7) stellt k_o die Schubfließgrenze dar, und die dem Werkstoffverhalten anzupassenden Koeffizienten lauten wegen $F = 1$:

$$k_o = \left[2c(1 + \frac{3}{2} a^2 d) \right]^{-1/2} , k_1 = -ad, \ k_2 = -d/6,$$

$$d = (1 + \frac{3}{2} \frac{b}{c}) \ / \ k_o^2 \ . \qquad\qquad (1o.8)$$

Die Fließbedingung (1o.7) stellt eine nichtlineare Abhängigkeit
der quadratischen Invarianten J'_2 des Spannungsdeviators von der
linearen Invarianten J_1 des Spannungstensors, d.h. vom hydro-

statischen Spannungszustand dar, auf die MISES [116] allgemein
hingewiesen und die SCHLEICHER [154] in einem ähnlichen Ansatz
berücksichtigt hat. Diese nichtlineare Abhängigkeit ergibt sich
nun, wie die Herleitung von (1o.7) aus dem Potential (1o.1)
zeigt, allein durch die bei plastischer Kompressibilität und
Anisotropie zur Beschreibung unterschiedlicher Verformungsme-
chanismen bei Fließbeginn gegenüber Zug- und Druckbeanspruchung
eingeführten (fiktiven) Spannungen B_{ij}.

Aus der Fließbedingung (1o.7) geht unmittelbar hervor, daß für
plastisch inkompressibles Werkstoffverhalten

$$k_1 = k_2 \equiv 0 \qquad\qquad (1o.9)$$

bzw. nach (1o.8) $b/c = -2/3$ gelten muß. Danach kann bei Gültigkeit der Annahme von der Existenz des plastischen Potentials
(1o.1) ein Werkstoff, dessen plastisches Volumen sich während
der Verformung nicht ändert, kein unterschiedliches Verhalten
gegenüber Zug- und Druckbeanspruchung zeigen.

Mit (1o.9) erhält man aus (1o.7) die quadratische Fließbedingung nach MISES [114], deren pseudophysikalische Deutung [115,
12o] durch die Gestaltänderungsarbeitsdichte (-energiedichte)
gemäß (8.18) als maßgebliche und vom hydrostatischen Spannungszustand unabhängige Kenngröße für die Werkstoffanstrengung gegeben ist. Für die Fließbedingung (1o.7) kann somit gefolgert
werden, daß als Maß für die Höhe der Werkstoffanstrengung ebenfalls die Gestaltänderungsenergiedichte anzusehen ist, die jedoch keinen für alle Spannungszustände bei Fließbeginn konstanten Wert annimmt, sondern eine Funktion der linearen Invarianten bzw. des hydrostatischen Spannungszustands ist.

Zur Durchführung einer Beanspruchungsanalyse mit Hilfe der
Fließbedingung (10.7) müssen neben der Schubfließgrenze k_o
die Freiwerte k_1 und k_2 experimentell bestimmt werden. Dazu
eignen sich vor allem die Grundversuche mit der Zugfließgrenze

Z und dem Betrag D der Druckfließgrenze. In Hauptnormalspannungen lautet die quadratische Invariante gemäß (8.15b)

$$J_2' = \frac{1}{3} \left(\sigma_I^2 + \sigma_{II}^2 + \sigma_{III}^2 - \sigma_I \sigma_{II} - \sigma_{II} \sigma_{III} - \sigma_{III} \sigma_I \right) \; , \qquad (10.10)$$

so daß für den einachsigen Spannungszustand $(\sigma_I, 0, 0)$ der Grundversuche unter Berücksichtigung der Zug- und Druckfließgrenze
aus (10.7) folgt:

$$k_1 = (D - Z)(DZ)^{-1}, \qquad k_2 = \frac{1}{3} k_o^{-2} - (DZ)^{-1} \; . \qquad (10.11a,b)$$

Der Ansatzfreiwert k_1 in (10.11a) korrespondiert – wie der Vergleich von (10.11a) mit (9.20a) zeigt – unmittelbar mit den
BAUSCHINGER-Koeffizienten A_1 bis A_3, wenn man die isotropen
Fließgrenzen Z und D statt Z_I, D_I usw. in (9.20a) einsetzt.
Wendet man (10.7) auf den zweiachsigen Spannungszustand mit
$\sigma_I = \sigma_{II} = X$, $\sigma_{III} = 0$ an und eliminiert dadurch k_o, dann liefert der Vergleich von (10.11b) mit (9.20b) unter Berücksichtigung von $\alpha = 1$ und isotropen Koeffizienten $A_1 = A_2$, $A_{11} = A_{22}$

$$3k_2 = - 2A_{12} - A_{11} \; . \qquad (10.12)$$

Für den Fall plastischer Inkompressibilität ergibt sich somit
auch aus den Bedingungen (9.23) und (9.24) bei Verwendung isotroper Koeffizienten, daß k_1 und k_2 nach (10.11a,b) verschwinden, wie es nach (10.7) auch sein muß. Damit ist auf diesem Weg
die Verbindung der isotropen mit der anisotropen Fließbedingung
(9.19) nochmals gezeigt.

Setzt man in (10.8) das Verhältnis $b/c = - 2$, so folgt aus (10.7)
das Kriterium

$$J_2 = k_o^2 (1 - k_1 J_1) \; , \qquad (10.13)$$

in dem die zweite Invariante J_2 des Spannungstensors gemäß
(8.14b) die maßgebliche, vom hydrostatischen Spannungszustand

abhängige Kenngröße für den Fließbeginn ist. Für $k_1 \equiv 0$ geht (1o.13) formal in die von BELTRAMI [232] angegebene Anstrengungshypothese über.

Ergibt z.B. der experimentelle Befund

$$DZ = 3 \, k_o^2 , \tag{1o.14}$$

so verschwindet k_2 nach (1o.11b), und aus (1o.7) folgt die sogenannte nichtlineare Fließbedingung (7.15). Kann dagegen das Verhältnis

$$k_1 / \sqrt{k_2} = 2 \tag{1o.15}$$

festgestellt werden, geht die Fließbedingung (1o.7) nach dem binomischen Satz in

$$\sqrt{J_2'} = k_o (1 - k_2 \, J_1) \tag{1o.16}$$

über. Das Kriterium (1o.16) ist formalidentisch mit dem DRUCKER-PRAGERschen Ansatz [153] und entspricht der sogenannten linearen Fließbedingung (7.14). Mit den Vereinfachungen (1o.14) und (1o.15) ist gezeigt, daß die als getrennte isotrope Fließbedingungen angesehenen Kriterien (7.14) und (7.15) nur Sonderfälle der übergeordneten Bedingung (1o.7) sind, die ihrerseits wiederum aus einem allgemeinen Ansatz für das plastische Potential bei Anisotropie folgt.

b) Auswertung experimenteller Ergebnisse

Im Gegensatz zu den experimentellen Ergebnissen aus Untersuchungen anisotroper bzw. orthotroper Werkstoffe der behandelten Gruppe findet man im Schrifttum mittlerweile ausreichend Versuchsergebnisse bei isotropem Werkstoffverhalten, auf die in Ziff. 7 hingewiesen ist und die das charakteristische Verhalten der Kunststoffe im allgemeinen bestätigen. Deshalb werden im folgenden nur die Grundversuche mit überlagertem hydro-

statischem Druck sowie der zweiachsige Spannungszustand für
einige Werkstoffe exemplarisch behandelt.

Mit den in [147] angegebenen experimentellen Ergebnissen aus
Zug-, Druck- und Torsionsversuchen mit hydrostatischer Drucküberlagerung, die nach den einzelnen Beanspruchungsarten getrennt auch in den Bildern 7-4a und 7-4b angegeben sind, können z.B. nach der Methode der kleinsten Fehlerquadratsumme die
Ansatzfreiwerte k_o, k_1 und k_2 der Fließbedingung (1o.7) berechnet werden. Die Ergebnisse aus dieser Rechnung sowie die experimentell ermittelte Schubfließgrenze und das Verhältnis $k_1/\sqrt{k_2}$
gemäß (1o.15) sind in <u>Tabelle 1o-I</u> zusammengestellt [257,258].

Tabelle 1o-I

Werk-stoff	(k_o) exp. N/mm^2	k_o N/mm^2	k_1 mm^2/N	k_2 mm^4/N^2	$k_1/\sqrt{k_2}$
POM	5o,3	48,o	$1,21 \cdot 1o^{-3}$	$1,81 \cdot 1o^{-7}$	2,83
PP	24,1	21,1	$1,1o \cdot 1o^{-2}$	$8,o1 \cdot 1o^{-7}$	12,27

Wie die Angabe der numerischen Werts von $k_1/\sqrt{k_2}$ zeigt, kommt
POM dem in (1o.15) geforderten Wert im Gegensatz zu PP recht
nahe, so daß für POM ein linearer Zusammenhang nach (1o.16)
zumindest im Bereich der Meßergebnisse zu erwarten ist.

Zum Vergleich der Fließbedingungen (1o.7) und (10.16) untereinander sowie mit den experimentellen Ergebnissen aus [147]
ist für die graphische Darstellung in <u>Bild 1o-1</u> $\sqrt{J_2'}$ als Ordi-
nate, normiert auf die Schubfließgrenze, aufgetragen. Mit den
Koeffizienten aus Tabelle 1o-I sind die Fließortkurven berechnet. Das Kriterium (1o.7) gibt für beide Werkstoffe den experimentellen Befund gut wieder. Wie zu erwarten, beschreibt der
Sonderfall (1o.16) die Ergebnisse aus den Versuchen an POM
ebenfalls treffend, allerdings ergeben sich im Bereich hohen
hydrostatischen Drucks und insbesondere bei hydrostatischer

Zugbeanspruchung wesentliche Unterschiede bei der Rechnung nach (1o.16) gegenüber (1o.7). Mit den so ermittelten Koeffizienten k_o bis k_1 kann aus (1o.7) noch das für Plastomere charakteristische Verhältnis aus Druck- und Zugfließgrenze bestimmt werden:

$$\frac{D}{Z} = \frac{W + k_1 k_o}{W - k_1 k_o} \quad ; \quad W = \sqrt{\frac{4}{3} - 4k_o^2 k_2 + (k_o k_1)^2} \qquad (1o.17)$$

bzw. mit (1o.15)

$$\frac{D}{Z} = \frac{1 + k_o \sqrt{3k_2}}{1 - k_o \sqrt{3k_2}} \; . \qquad (1o.18)$$

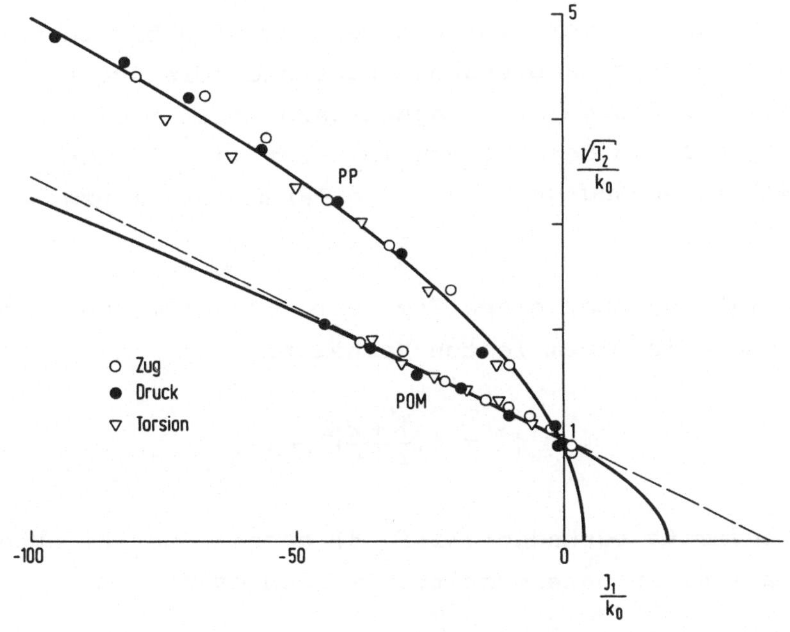

Bild 1o-1

Das Fließkriterium (1o.7) ist experimentell am besten bestätigt und seine Herleitung aus dem plastischen Potential bei Anisotropie mechanisch konsequent. Andererseits sind (1o.7) und somit auch (1o.16) Sonderfälle der formal aufgestellten Bedingung (7.8). Aus (7.8) folgt für $m = 1$ und $q = 1$ mit Berücksichtigung von (7.9a) und (7.9b) die nach der Zugfließgrenze $\sigma_F := Z$

aufgelöste Bedingung

$$\sigma_F = \frac{2 + \kappa}{2(1 + \kappa)} \sqrt{3J_2'} + \frac{\kappa}{2(1 + \kappa)} J_1 \ , \tag{1o.19}$$

die identisch mit (1o.16) ist. Ebenso ergibt sich aus (7.8) mit m = 2 und q = 2 sowie mit (7.9a) und (7.9b) das mit (1o.7) identische Kriterium

$$\sigma_F^2 = \frac{3}{1 + \phi} J_2' + \frac{\kappa}{1 + \kappa} \sigma_F J_1 + \frac{\phi - \kappa}{(1 + \kappa)(1 + \phi)} J_1^2 \ . \tag{1o.2o}$$

In (1o.19) und (1o.2o) bedeuten κ und ϕ die in (7.1o) angegebenen Verhältnisse aus Zug-, Druck- und Schubfließgrenze.

Zur Beurteilung der Werkstoffanstrengung wird bei Bauteilen oft der zweiachsige Hauptspannungszustand vorausgesetzt und untersucht. Für diesen Spannungszustand ($\sigma_{III} \equiv 0$) sind die Fließbedingungen in den <u>Bildern 1o-2</u> für (1o.19) und <u>1o-3</u> für (1o.2o) in Abhängigkeit von den Parametern κ bzw. κ und ϕ dargestellt.

Da in (1o.19) nur über einen Freiwert verfügt werden kann, stehen κ und ϕ in einem festen Verhältnis

$$\phi = \phi^* = 4 \left(\frac{1 + \kappa}{2 + \kappa}\right)^2 - 1 \ , \tag{1o.21}$$

das aus Konvexitätsgründen (Ziff. 8) auch in der Fließbedingung (1o.2o) nicht unterschritten werden darf

$$\phi_{krit} \geq \phi^* \ . \tag{1o.22}$$

Für $\phi_{krit} = \phi^*$ geht dann auch (1o.2o) in (1o.19) über. Wie ein Vergleich der Fließortkurven der Bilder 1o-2 und 1o-3 zeigt, bestehen die geringsten Unterschiede im ersten Quadranten, also bei zweiachsiger Zugbeanspruchung, so daß Versuche unter diesem Spannungszustand am wenigsten zur experimentellen

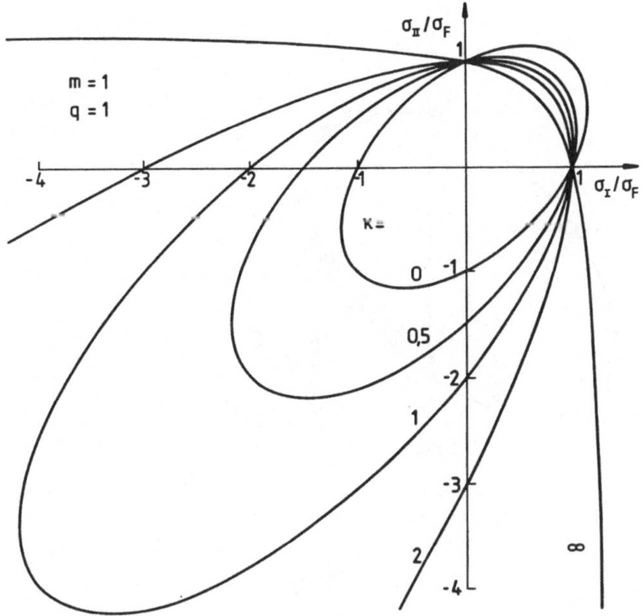

Bild 1o-2

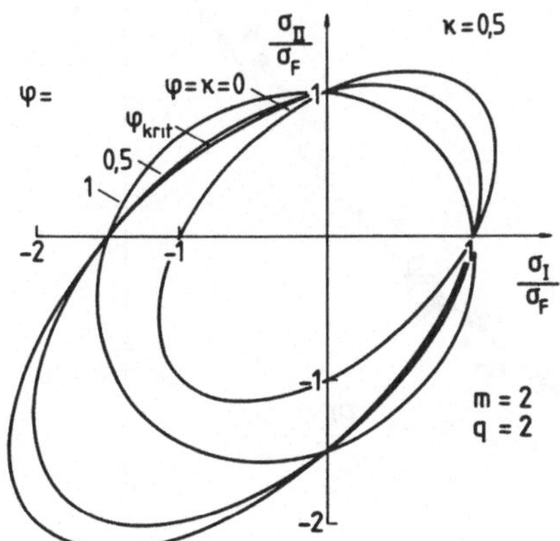

Bild 1o-3

Nachprüfung von Fließbedingungen geeignet sind. Dagegen zeigen
sich die größten Unterschiede in dem experimentell schwer zu-
gänglichen dritten Quadranten, so daß als Kompromiß Versuche
unter Spannungszuständen des zweiten bzw. vierten Quadranten
die beste Überprüfungsmöglichkeit liefern. So sind auch in den
Bildern 1o-4 und 1o-5 insbesondere Meßwerte im vierten Quadran-

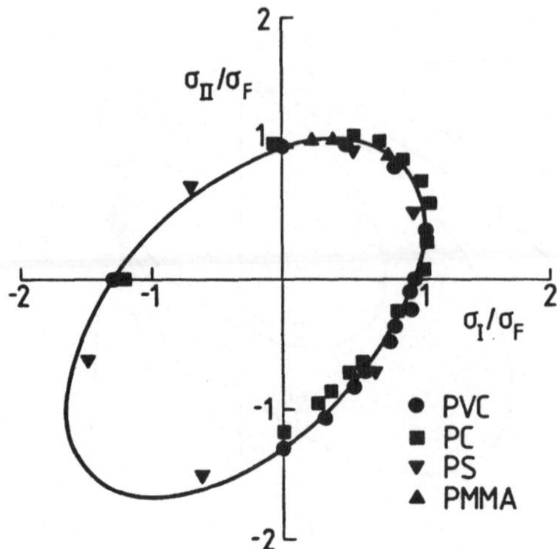

Bild 1o-4

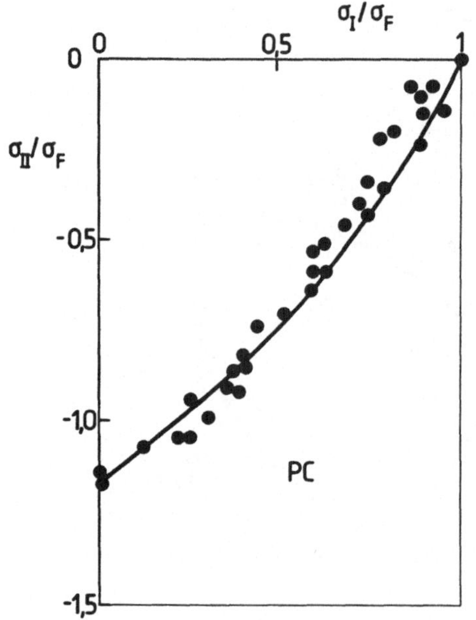

Bild 1o-5

ten zu finden. Die experimentellen Ergebnisse [113,16o,162,166] an einigen ausgewählten Kunststoffen können schon mit der Fließbedingung (9.16) beschrieben werden. Dabei kann für Bild 1o-4 das Druck-Zugverhältnis D/Z = 1,3 und für Bild 1o-5 D/Z = 1,15 angesetzt werden.

c) Anwendungsbeispiele

Ein Beispiel zum Festigkeitsverhalten von Bauteilen ist die Ermittlung des Innendrucks $p = p_F$, bei dem ein gerades, kreiszylindrisches dickwandiges Rohr zu fließen beginnt. Für das offene Rohr (Längsspannung $\sigma_1 \equiv 0$) lauten die Radialspannung σ_r und die Umfangsspannung σ_u

$$\sigma_r = \frac{p}{u^2 - 1}\left(1 - \frac{r_a^2}{r^2}\right) \quad , \quad \sigma_u = \frac{p}{u^2 - 1}\left(1 + \frac{r_a^2}{r^2}\right) \quad (10.23a,b)$$

mit der Abkürzung für das Verhältnis aus Außen- und Innenradius (r_a, r_i)

$$u = \frac{r_a}{r_i} = \frac{d_m/s + 1}{d_m/s - 1} \qquad (10.24)$$

(d_m = mittlerer Durchmesser, s = Wandstärke). Ausgehend von der Fließbedingung (10.20), die mit (10.7) identisch ist, erhält man für den zweiachsigen Hauptspannungszustand ($\sigma_{III} \equiv 0$) an der Innenwandung $r = r_i$ den auf die Zugfließgrenze σ_F bezogenen Innendruck p_F bei Fließbeginn

$$\frac{p_F}{\sigma_F} = \frac{u^2 - 1}{1 + 3u^4 + 4a_2}\left[-a_1 + \sqrt{a_1^2 + (1 + a_1 + a_2)(1 + 3u^4 + 4a_2)}\right].$$

$$(10.25)$$

In (10.25) werden entsprechend (7.8) die Fließgrenzen bei Zug-, Druck- und Torsionsbeanspruchung durch

$$a_1 = \kappa\,\frac{1 + \phi}{1 + \kappa} \quad , \quad a_2 = \frac{\phi - \kappa}{1 + \kappa} \qquad (10.26a,b)$$

sowie κ und ϕ nach (7.10) berücksichtigt. In **Bild 10-6a** ist für den experimentell festgestellten Sonderfall $\kappa = \phi$ die Abhängigkeit des bezogenen Innendrucks nach (10.25) von dem Verhältnis d_m/s für unterschiedliche Fließgrenzenverhältnisse κ dargestellt. Somit kann im Vergleich mit der Rechnung nach der quadratischen MISESschen Fließbedingung ($\kappa = 0$) das Rohr je

196

nach numerischem Wert von κ höher beansprucht werden. Mit abnehmender Wandstärke fällt jedoch das Fließgrenzenverhältnis kaum ins Gewicht.

Bei der analytischen Betrachtung von Stauch- oder Tiefziehvorgängen wird oft der ebene Verformungszustand $({}^{p}\dot{\varepsilon}_{3j} \equiv 0)$ vorausgesetzt. Zur rechnerischen Ermittlung des Fließbeginns bei diesem Beanspruchungszustand kann für die Fließbedingung (1o.2o) z.B. die Spannung σ_{III} über die Stoffgleichungen (8.39) mit $m = 2$ und $q = 2$ ausgedrückt werden. Wegen ${}^{p}\dot{\varepsilon}_{III} \equiv 0$ [7] liefert (8.39) die Hauptnormalspannung

$$\sigma_{III} = \frac{1 - 2a_2}{2(1 + a_2)} (\sigma_I + \sigma_{II}) + \frac{a_1}{2(1 + a_2)} \sigma_v \ . \qquad (10.27)$$

Mit (1o.27) folgt aus der Fließbedingung (1o.2o) mit $\sigma_F \equiv \sigma_v$ für den Hauptspannungszustand dann

$$\sigma_I^2 + \sigma_{II}^2 - 2 \frac{1 - 2a_2}{1 + 4a_2} \sigma_I \sigma_{II} + \frac{2a_1}{1 + 4a_2} \sigma_v (\sigma_I + \sigma_{II}) = \frac{4}{3} A \sigma_v^2 \qquad (10.28a)$$

und

$$A = (1 + a_1 + 2a_2 + a_1 a_2 - a_1^2 + a_2^2)(1 + 4a_2)^{-1} \ . \qquad (10.28b)$$

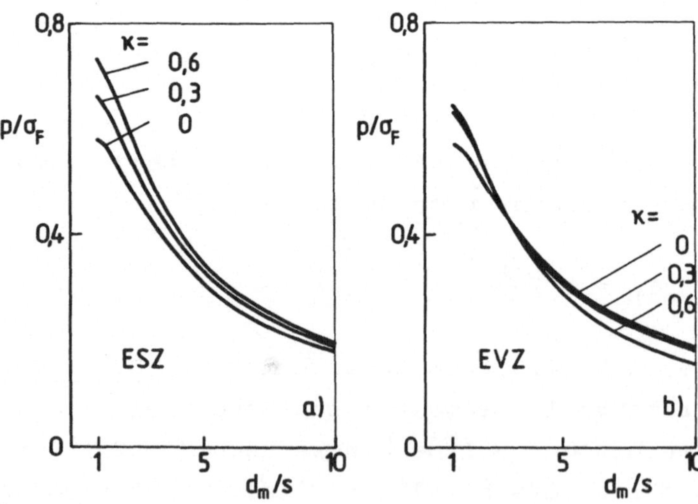

Bild 1o-6

---

7) In (8.39) wird für dieses Beispiel ${}^{p}\dot{\varepsilon}_{ij}$ statt ${}^{n}\dot{\varepsilon}_{ij}$ geschrieben

Die Freiwerte a_1 und a_2 in (1o.28a,b) werden durch die Fließgrenzen entsprechend (1o.26a,b) bestimmt. Für das quadratische
MISESsche Kriterium ($a_1 = a_2 \equiv 0$) ergibt sich aus (1o.28a,b) die
bekannte lineare Beziehung

$$\sigma_I - \sigma_{II} = \frac{2}{\sqrt{3}}\,\sigma_v \, , \qquad\qquad (1o.29)$$

die in <u>Bild 1o-7</u> im Vergleich mit der Lösung nach (1o.28a,b)
für $a_1 = \kappa = \phi$, d.h. $a_2 = 0$, sowie der Lösung für den zweiachsigen Spannungszustand nach (1o.2o) dargestellt ist. Im Gegensatz zum Fließverhalten bei ebenem Spannungszustand (ESZ), bei
dem das Fließgrenzenverhältnis $\kappa > 0$ zu einer Erhöhung des
Fließbeginns führt, tritt beim ebenen Verformungszustand (EVZ)
Fließen je nach Höhe der Spannungskombination σ_I/σ_{II} eine Un-
terschreitung bzw. Überhöhung des "MISESschen Verhaltens"
(Gl. 1o.29) ein.

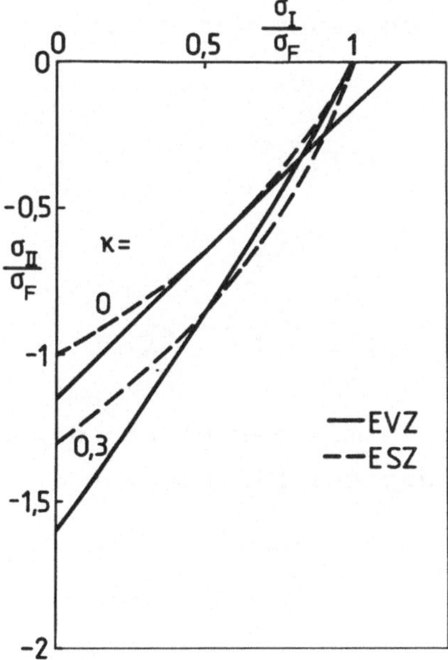

Bild 1o-7

Mithin ergeben sich für das gerade, kreiszylindrische dickwan-
dige Rohr mit innerem Überdruck unter Voraussetzung des ebenen

Verformungszustands wegen (1o.23a,b) und (1o.24) aus (1o.28a,b)

$$\frac{p_F}{\sigma_F} = \frac{1}{2}\,\frac{u^2 - 1}{3a_2 + (1+a_2)u^4}\,\left\{-a_1 + \sqrt{a_1^2 + \frac{4}{3}\,A^*\,[\,3a_2 + (1+a_2)u^4\,]}\right\},$$

$$\tag{1o.3oa}$$

$$A^* = 1 + a_1 + 2a_2 + a_1 a_2 - a_1^2 + a_2^2 \tag{1o.3ob}$$

und die in Bild 1o-6b dargestellte Abhängigkeit ($a_2 = 0$) des bezogenen Fließdrucks p_F/σ_F von d_m/s. Danach wird die Beanspruchbarkeit des Rohres mit zunehmender Dünnwandigkeit durch die Rechnung nach MISES ($\kappa = 0$) unterschätzt.

Der Einfluß des Fließgrenzenverhältnisses κ auf den Fließbeginn wird besonders deutlich z.B. beim einachsigen Stauchversuch im Gesenk. Unter der Voraussetzung linearelastischen Werkstoffverhaltens und vernachlässigter Wandverformung liefern die linearen Elastizitätsgleichungen wegen der vollständigen Behinderung der Querdehnungen

$$\varepsilon_{II} = \varepsilon_{III} = 0 \tag{1o.31}$$

die Hauptnormalspannungen

$$\sigma_{II} = \sigma_{III} = \frac{\nu}{1 - \nu}\,\sigma_I\,. \tag{1o.32}$$

Die Verknüpfung von (1o.32) mit der Fließbedingung ergibt die erforderliche Druckspannung bei Fließbeginn

$$\frac{\sigma_I}{\sigma_F} = -\frac{1}{2}\,\frac{1 - \nu}{(1-2\nu)^2 + a_2(1+\nu)^2}\,\left\{a_1(1+\nu) + \sqrt{a_1^2(1+\nu)^2 + 4(1+a_1+a_2)\,[\,(1-2\nu)^2 + a_2(1+\nu)^2\,]}\right\}$$

$$\tag{1o.33}$$

mit den Koeffizienten a_1 und a_2 nach (1o.26a,b). Den Einfluß unterschiedlicher Zug-, Druck- und Schubfließgrenzen auf die Stauchspannung gemäß (1o.33) mit (1o.26a,b) sowie (7.1o) zeigt <u>Bild 1o-8</u>. Für das Verhältnis $\phi = \phi_{krit}$ nach (1o.21)

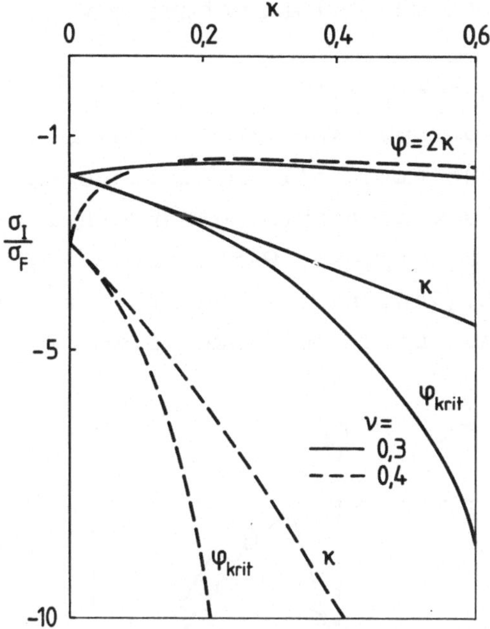

Bild 1o-8

und (1o.22), durch das (1o.2o) in (1o.19) übergeht, ergibt
sich die größte Überhöhung gegenüber der im einachsigen Zugversuch bestimmten Fließgrenze, z.B. ungefähr 35o% für $\nu = $ o,3
und einem Zug-Druckverhältnis von D/Z = 1,3. Eine geringere
Erhöhung liefert schon $\kappa = \phi$, d.h. $a_2 \equiv 0$ in (1o.33), und bei
$\phi = 2\kappa$ wird für den in Bild 1o-8 dargestellten Bereich $\kappa \leq$ o,6
die Stauchspannung nach MISES ($\kappa = \phi = 0$) sogar unterschritten.

11. Plastische Verformungsgeschwindigkeiten

In der Theorie des plastischen Potentials sind Fließbedingung
und plastische Verformungsgeschwindigkeiten (Statik und Kinetik) miteinander verknüpft. Der Nachweis über die Existenz
eines plastischen Potentials für einen bestimmten Werkstoff
gelingt, wenn man zeigen kann, daß allein die Kenntnis von
Spannungskennwerten (z.B. die Anisotropiekoeffizienten nach den
Gln. 9.2oa bis d) zur Berechnung des kinematischen Verhaltens
im Einklang mit dem experimentellen Befund ausreicht.

a) Verformungsbänder an Zugproben aus orthotropem Werkstoff

Für den orthotropen Sonderfall des meßtechnisch nur sehr schwer
zu erfassenden anisotropen Werkstoffverhaltens kann der erforderliche Nachweis experimentell am einfachsten durch die Messung des Lagewinkels von Verformungsbändern erbracht werden,
die an Zugproben aus polymeren Werkstoffen im allgemeinen beobachtet werden (z.B. [2o4,2o5]). Diese Verformungsbänder bilden
sich bei Fließbeginn unter dem Winkel β zur Probenachse aus
(Bild 11-1).

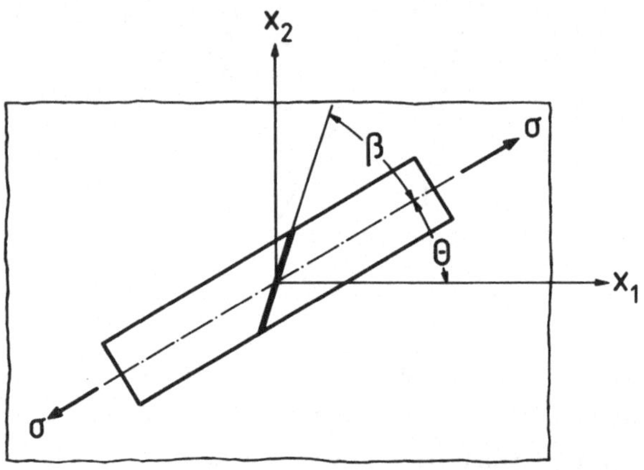

Bild 11-1

Für plastisch inkompressible, orthotrope Werkstoffe mit sym-
metrischem Zug-Druckverhalten hat HILL [2o3] dieses Problem
(necking in tension) behandelt. Im folgenden soll die Ausbil-
dung dieser Verformungsbänder an orthotropen, plastisch kom-
pressiblen Werkstoffen mit Berücksichtigung des BAUSCHINGER-
Effekts gemäß der Fließbedingung (9.19) untersucht werden.

Zur Behandlung des vorliegenden Problems geht man von der Ermittlung der Charakteristiken bzw. Gleitlinien beim ebenen
Spannungszustand ($\sigma_{3j} \equiv 0$) aus (z.B. [233,234]). Führt man dazu
nach [233,234] ein Spannungspotential $\Phi(x_1,x_2)$ ein und drückt
die Fließbedingung (9.19) in ähnlicher Schreibweise wie in
[233] durch

$$\sigma_{22} = f(\sigma_{11},\tau_{12}; A_1 \ldots A_{44}) \qquad (11.1)$$

aus, erhält man für $\Phi(x_1, x_2)$ die quasilineare Differentialgleichung

$$\frac{\partial^2 \Phi}{\partial x_1^2} + \frac{\partial f}{\partial \tau_{12}} \frac{\partial^2 \Phi}{\partial x_1 \partial x_2} - \frac{\partial f}{\partial \sigma_{11}} \frac{\partial^2 \Phi}{\partial x_2^2} \quad . \tag{11.2}$$

Die Richtungsgleichung für (11.2) lautet

$$\frac{\partial f}{\partial \sigma_{11}} dx_1^2 + \frac{\partial f}{\partial \tau_{12}} dx_1 \, dx_2 - dx_2^2 = 0 \tag{11.3}$$

und liefert die Charakteristiken der x_1-x_2-Ebene (Bild 11-1).

Mit der Fließbedingung (9.19) in der Schreibweise (11.1) erhält man aus (11.3) die Ausgangsgleichung

$$(A_1 + 2A_{11}\sigma_{11} + 2A_{12}\sigma_{22})dx_1^2 + (A_4 + 2A_{44}\tau_{12})dx_1 dx_2 + (A_2 + 2A_{22}\sigma_{22} + 2A_{12}\sigma_{11})dx_2^2 = 0. \tag{11.4}$$

Für den Lagewinkel β zwischen Verformungsband und Probenachse
und den Orientierungswinkel Θ der Probenachse zur x_1-Achse
(Reckrichtung gemäß Bild 9-1) gilt nach Bild 11-1

$$dx_2/dx_1 = \tan(\beta + \Theta) \quad . \tag{11.5}$$

Zur Berechnung des Lagewinkels β in Abhängigkeit von der Orientierung Θ setzt man in (11.4)

$$\sigma_{11} = \sigma\cos^2\Theta, \quad \sigma_{22} = \sigma\sin^2\Theta, \quad \tau_{12} = \sigma\sin\Theta\cos\Theta \tag{11.6}$$

(MOHRscher Kreis) und erhält mit (11.5) sowie

$$\tan(\beta + \Theta) = \frac{\tan\beta + \tan\Theta}{1 - \tan\beta\tan\Theta}$$

$$P(\Theta)\tan^2\beta + 2Q(\Theta)\tan\beta - R(\Theta) = 0 \quad . \tag{11.7}$$

202

In (11.7) bedeuten

$$P(\Theta) = R(\Theta) - (A_1 + A_2) - 2\sigma(\Theta)(A_{11}\cos^2\Theta + A_{22}\sin^2\Theta + A_{12}) \qquad (11.8a)$$

$$Q(\Theta) = (A_1 - A_2)\sin\Theta\cos\Theta - \frac{A_4}{2}(\cos^2\Theta - \sin^2\Theta) +$$
$$+ 2\sigma(\Theta)[(A_{12} - A_{22} + \frac{A_{44}}{2})\sin^2\Theta - (A_{12} - A_{11} + \frac{A_{44}}{2})\cos^2\Theta]\sin\Theta\cos\Theta \qquad (11.8b)$$

$$R(\Theta) = 2/\sigma(\Theta) - (A_1\cos^2\Theta + A_2\sin^2\Theta + A_4\sin\Theta\cos\Theta) \qquad (11.8c)$$

und $\sigma(\Theta)$ die nach (9.32) und (9.33a,b) zu berechnende axiale
Zugspannung bei Fließbeginn:

$$\sigma(\Theta) = \frac{1}{2A^*_{11}}(-A^*_1 + \sqrt{A^*_1{}^2 + 4A^*_{11}}) . \qquad (11.8d)$$

Bei Zugrundelegung der Bedingung (9.23) für die quadratischen
Anisotropiekoeffizienten und ohne Berücksichtigung eines BAU-
SCHINGER-Effekts in den Schubspannungen ($A_4 \equiv 0$) folgen aus
(11.4) bis (11.d) die Lösungen [235]

$$P(\Theta) = R(\Theta) - (A_1 + A_2) + 2\sigma(\Theta)(A_{23}\sin^2\Theta + A_{31}\cos^2\Theta) , \qquad (11.9a)$$

$$Q(\Theta) = (A_1 - A_2)\sin\Theta\cos\Theta +$$
$$+ \sigma(\Theta)[(4A_{12} + 2A_{23} + A_{44})\sin^2\Theta - (4A_{12} + 2A_{31} + A_{44})\cos^2\Theta]\sin\Theta\cos\Theta, \qquad (11.9b)$$

$$R(\Theta) = 2/\sigma(\Theta) - (A_1\cos^2\Theta + A_2\sin^2\Theta) \qquad (11.9c)$$

sowie

$$\sigma(\Theta) = \frac{1}{2A^*_{11}}(-A^*_1 + \sqrt{A^*_1{}^2 + 4A^*_{11}}) \qquad (11.9d)$$

mit A^*_1 und A^*_{11} nach (9.46) und (9.47). Für $A_1, A_2 \equiv 0$ folgt
schließlich die Lösung von HILL [2o3].

Zum Vergleich des rechnerisch bestimmbaren Lagewinkels β nach
(11.7) bis (11.8d) mit dem experimentellen Befund werden die

Ergebnisse aus den in Ziff. 9 behandelten Untersuchungen an
PETP-Folien [2o5] verwendet. Mit den allein aus statischen
Kenngrößen (Zug- und Schubfließgrenzen) ermittelten Koeffi-
zienten $A_1,A_2,A_{11},A_{22},A_{12}$ und A_{44} in Tabelle 9-II und $A_4 \equiv 0$
sowie den Gln. (11.7) bis (11.8d) berechnete Lagewinkel β
sind in <u>Bild 11-2</u> in Abhängigkeit vom Orientierungswinkel β
dargestellt und mit der Lösung nach HILL [2o3] und den Meßwerten [2o5] verglichen (HILL ---).

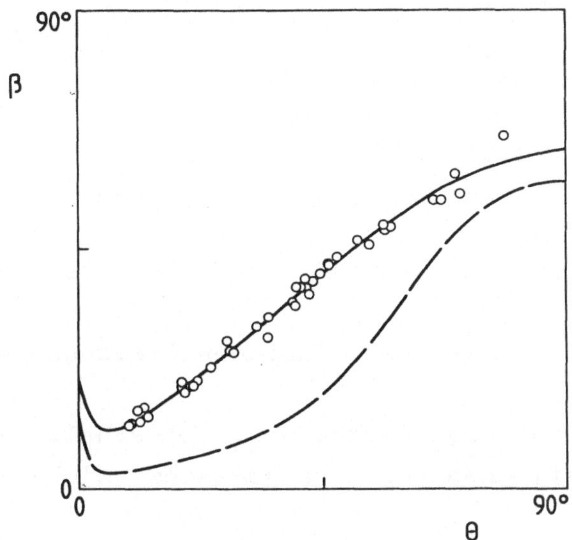

Bild 11-2

Mit den plastischen Stoffgleichungen kann nun gezeigt werden,
daß die Verformungsbänder durch die kinematischen Variablen
(Dehnungsgeschwindigkeiten) bestimmt werden.

b) Plastische Stoffgleichungen und Querzahlen bei Orthotropie

Die Fließregel (8.32) legt die plastischen Stoffgleichungen
fest. Man erhält damit für den orthotropen Sonderfall (9.19)
des plastischen Potentials in der Schreibweise (9.17) die
orthotropen Stoffgleichungen bei plastischer Kompressibili-

tät mit Berücksichtigung des BAUSCHINGER-Effekts

$$
\begin{aligned}
{}^{p}\dot{\varepsilon}_{11} &= (A_1/2 + A_{11}\sigma_{11} + A_{12}\sigma_{22} + A_{13}\sigma_{33})\dot{\lambda} \ , \\[4pt]
{}^{p}\dot{\varepsilon}_{22} &= (A_2/2 + A_{21}\sigma_{11} + A_{22}\sigma_{22} + A_{23}\sigma_{33})\dot{\lambda} \ , \\[4pt]
{}^{p}\dot{\varepsilon}_{33} &= (A_3/2 + A_{31}\sigma_{11} + A_{32}\sigma_{22} + A_{33}\sigma_{33})\dot{\lambda} \ , \\[4pt]
{}^{p}\dot{\varepsilon}_{12} &= (A_4/2 + A_{44}\tau_{12})\dot{\lambda} \ , \\[4pt]
{}^{p}\dot{\varepsilon}_{23} &= (A_5/2 + A_{55}\tau_{23})\dot{\lambda} \ , \\[4pt]
{}^{p}\dot{\varepsilon}_{31} &= (A_6/2 + A_{66}\tau_{31})\dot{\lambda} \ .
\end{aligned}
\qquad (11.1\text{o})
$$

Mit der Bedingung (9.23) liefert (11.1o) das um drei Anisotropiekoeffizienten reduzierte Gleichungssystem

$$
{}^{p}\dot{\varepsilon}_{11} = [A_1/2 - A_{12}(\sigma_{11} - \sigma_{22}) - A_{31}(\sigma_{11} - \sigma_{33})]\dot{\lambda} \qquad \text{usw.,} \qquad (11.11)
$$

und für $A_1 \ldots A_6 \equiv 0$ folgen die HILLschen Gleichungen [2o3].

Für den ebenen Spannungszustand ($\sigma_{3j} \equiv 0$) erhält man aus (11.1o) die plastischen Verformungsgeschwindigkeiten

$$
\begin{aligned}
{}^{p}\dot{\varepsilon}_{11} &= \tfrac{1}{2}(A_1 + 2A_{11}\sigma_{11} + 2A_{12}\sigma_{22})\dot{\lambda} \ , \\[4pt]
{}^{p}\dot{\varepsilon}_{22} &= \tfrac{1}{2}(A_2 + 2A_{12}\sigma_{11} + 2A_{22}\sigma_{22})\dot{\lambda} \ , \\[4pt]
{}^{p}\dot{\varepsilon}_{12} &= \tfrac{1}{2}(A_4 + 2A_{44}\tau_{12})\dot{\lambda} \ ,
\end{aligned}
\qquad (11.12)
$$

von denen die in Klammern stehenden Ausdrücke identisch mit denjenigen von (11.4) sind. Mithin liefert (11.12) und (11.4) die Ausgangsgleichung zur Berechnung des Lagewinkels der Verformungsbänder allein in kinematischen Größen:

$$
{}^{p}\dot{\varepsilon}_{11}\,dx_1^2 + {}^{p}\dot{\varepsilon}_{12}\,dx_1\,dx_2 + {}^{p}\dot{\varepsilon}_{22}\,dx_2^2 = 0 \ . \qquad (11.13)
$$

Im Vergleich mit den experimentellen Ergebnissen an PETP [2o5] gemäß Bild 11-2 ist mit (11.13) und der Lösung nach (11.7) bis

(11.8d) sowie den Koeffizienten aus Tabelle 9-2 der Nachweis
über die Existenz eines plastischen Potentials für den untersuchten Werkstoff erbracht.

Bei nachgewiesener Existenz bzw. aufgrund der Annahme von der
Existenz eines plastischen Potentials können die Anisotropie-
und BAUSCHINGER-Koeffizienten auch aus gemessenen Verformungsgeschwindigkeiten oder aus der Kombination von statischen und
kinematischen Kenngrößen bestimmt werden. Dazu eignen sich
wiederum einachsige Grundversuche mit Messung der jeweiligen
Kräfte oder Momente und Verformungen bzw. Verschiebungen.

Zur Bestimmung der Koeffizienten A_1 bis A_3 und A_{11} bis A_{33}
des Hauptnormalspannungszustands werden einachsige Zug- und
Druckversuche in den drei Hauptrichtungen (I,II,III) durchgeführt und die jeweiligen Spannungen bei Fließbeginn sowie die
dazugehörigen Dehnungen in Längs- und Querrichtung des Probestabs bestimmt. Zur Kennzeichnung der Verfestigung können auch
z.B. Dehngrenzen mit den entsprechenden Querverformungen ermittelt werden. Aus diesen experimentell gefundenen Bestim-
mungsgrößen für die Anisotropie- und BAUSCHINGER-Koeffizienten
bei Hauptnormalbeanspruchung bildet man zweckmäßig die plastischen Querzahlen $^p\nu$ (im folgenden nur mit ν bezeichnet) für die
einzelnen Hauptrichtungen.

Aus der Definition der Querzahl

$$\nu = - \; (\dot{\varepsilon}_y / \dot{\varepsilon}_x)_{(\sigma_x, 0, 0)} \qquad (11.14)$$

ergeben sich für die einachsigen Beanspruchungen in den jeweiligen Hauptrichtungen die orthotropen plastischen Querzahlen,
wenn die Hauptachsen der Orthotropie mit denjenigen des Hauptnormalspannungszustands zusammenfallen:

$$(\sigma_I, 0, 0): \quad \nu_I^{II} = - \; {}^p\dot{\varepsilon}_{II} / {}^p\dot{\varepsilon}_I \; , \; \nu_I^{III} = - \; {}^p\dot{\varepsilon}_{III} / {}^p\dot{\varepsilon}_I \; , \qquad (11.15a)$$

$$(0,\sigma_{II},0): \quad \nu_{II}^{III} = - {}^{P}\!\dot{\varepsilon}_{III}/{}^{P}\!\dot{\varepsilon}_{II} \;, \quad \nu_{II}^{I} = - {}^{P}\!\dot{\varepsilon}_{I}\;/{}^{P}\!\dot{\varepsilon}_{II} \;, \qquad\qquad (11.15b)$$

$$(0,0,\sigma_{III}): \quad \nu_{III}^{I} = - {}^{P}\!\dot{\varepsilon}_{I}\;/{}^{P}\!\dot{\varepsilon}_{III}, \quad \nu_{III}^{II} = - {}^{P}\!\dot{\varepsilon}_{II}\;/{}^{P}\!\dot{\varepsilon}_{III}. \qquad\qquad (11.15c)$$

Der ursprünglich für transversale Isotropie angegebene [236] "R-Wert" mit der exakten Definition

$$R = (\dot{\varepsilon}_y/\dot{\varepsilon}_z)_{(\sigma_x,0,0)} \qquad\qquad (11.16)$$

kann für den orthotropen Fall für jede der drei Hauptrichtungen aufgestellt werden:

$$(\sigma_I,0,0): \qquad R_I \;\; = {}^{P}\!\dot{\varepsilon}_{II}\;/{}^{P}\!\dot{\varepsilon}_{III} \;, \qquad\qquad (11.17a)$$

$$(0,\sigma_{II},0): \qquad R_{II} \;\; = {}^{P}\!\dot{\varepsilon}_{III}/{}^{P}\!\dot{\varepsilon}_{I} \quad\;\; , \qquad\qquad (11.17b)$$

$$(0,0,\sigma_{III}): \qquad R_{III} = {}^{P}\!\dot{\varepsilon}_{I}\;\;/{}^{P}\!\dot{\varepsilon}_{II} \quad . \qquad\qquad (11.17c)$$

Da die durch (11.17a) bis (11.17c) angegebenen Kenngrößen durch die plastischen Querzahlen (11.15a) bis (11.15c) ausgedrückt werden können, z.B.

$$R_I \;\; = \;\; \nu_I^{II}/\nu_I^{III} \;, \qquad\qquad (11.18)$$

genügt für die Bestimmung der Anisotropie- und BAUSCHINGER-Koeffizienten die experimentelle Bestimmung der Querzahlen.

Für die einachsige Beanspruchung $(\sigma_I,0,0)$ liefert die Verknüpfung von (11.1o) mit (11.15a) die Querzahl bei Zugbeanspruchung $\sigma_I \equiv Z_I$

$${}^{Z}\!\nu_I^{II} = - \frac{A_2 + 2A_{12}Z_I}{A_1 + 2A_{11}Z_I} \qquad\qquad (11.19a)$$

und diejenige bei Druckbeanspruchung $\sigma_I \equiv -D_I$

$${}^{D}\!\nu_I^{II} = - \frac{A_2 - 2A_{12}D_I}{A_1 - 2A_{11}D_I} \;. \qquad\qquad (11.19b)$$

Mit (9.2ob) für A_{11} und der Definition

$$M_I^{II} = {}^Z\nu_I^{II} + {}^D\nu_I^{II} \tag{11.2o}$$

ergibt sich aus (11.19a,b) der Zusammenhang

$$2A_{12} = - M_I^{II} A_{11} \; .$$

Entsprechend gewinnt man für die weiteren Kombinationen der Zug- und Druckquerzahlen einer Richtung die restlichen Zusammenhänge zwischen den Koeffizienten $A_{\alpha\beta}$, so daß gilt $(A_{\alpha\beta} \equiv A_{\beta\alpha})$:

$$2A_{12} = - M_I^{II} A_{11} \equiv 2A_{21} = - M_{II}^{I} A_{22} \; , \tag{11.21a}$$

$$2A_{23} = - M_{II}^{III} A_{22} \equiv 2A_{32} = - M_{III}^{II} A_{33} \; , \tag{11.21b}$$

$$2A_{31} = - M_{III}^{I} A_{33} \equiv 2A_{13} = - M_{I}^{III} A_{11} \; . \tag{11.21c}$$

Definiert man außer (11.2o) noch

$$N_I^{II} = {}^D\nu_I^{II} \, / \, {}^Z\nu_I^{II} \tag{11.22}$$

usw., erhält man

$$A_1 = 2A_{31} \frac{D_{III} - N_{III}^{I} \, Z_{III}}{1 \quad N_{III}^{I}} = 2A_{21} \frac{D_{II} - N_{II}^{I} \, Z_{II}}{1 + N_{II}^{I}} \; , \tag{11.23a}$$

$$A_2 = 2A_{32} \frac{D_{III} - N_{III}^{II} \, Z_{III}}{1 + N_{III}^{II}} = 2A_{12} \frac{D_{I} - N_{I}^{II} \, Z_{I}}{1 + N_{I}^{II}} \; , \tag{11.23b}$$

$$A_3 = 2A_{13} \frac{D_{I} - N_{I}^{III} \, Z_{I}}{1 + N_{I}^{III}} = 2A_{23} \frac{D_{II} - N_{II}^{III} \, Z_{II}}{1 + N_{II}^{III}} \; . \tag{11.23c}$$

Durch (11.21a) bis (11.21c) können nun die Koeffizienten $A_{\alpha\beta}$ für $\alpha \neq \beta$ aus einachsigen Grundversuchen ermittelt werden, so

daß die bei alleiniger Verwendung von statischen Kennwerten
erforderlichen Versuche mit zweiachsigem Spannungszustand
(Gl. 9.2oe) entfallen können. Auch kann zur Betsimmung des
BAUSCHINGER-Koeffizienten A_3 auf Versuche in Richtung III verzichtet werden, wie (11.23c) zeigt. Dieses gerade für die Ermittlung der Anisotropieparameter von dünnwandigen Halbzeugen
(z.B. dünne Scheibe, bei der Dickenrichtung und Richtung III
zusammenfallen sollen) günstige Ergebnis ist jedoch nur auf
A_α beschränkt. Berücksichtigt man allerdings die Bedingung
(9.23), die zu den Stoffgleichungen (11.11) führt, erhält man
wegen

$$A_{33} = - (A_{31} + A_{23})$$

aus (11.21b) sowie (11.21c)

$$M^{II}_{III} = \frac{2A_{23}}{A_{23} + A_{31}} \ , \quad M^{I}_{III} = \frac{2A_{31}}{A_{31} + A_{23}} \ . \qquad (11.24a,b)$$

Aus der Summe von (11.24a,b)

$$M^{II}_{III} + M^{I}_{III} = 2 \qquad\qquad (11.25)$$

kann (9.23) überprüft werden und falls erfüllt, auf Versuche
in Richtung III vollends verzichtet werden. Für den Betrag
nach gleich große Zug- und Druckfließgrenzen bei Berücksichtigung der Bedingung (9.23) ergibt sich für die Querzahlen in
(11.15a) bis (11.15c) noch der Zusammenhang

$$\nu^{I}_{III} + \nu^{II}_{III} = 1 \qquad\qquad (11.26)$$

usw., der aus (11.11), (11.2o) und z.B. (11.24a,b) sowie
(11.25) folgt.

c) Plastische Stoffgleichungen, Volumendilatation und Querzahlen bei Isotropie

In Ziff. 1o ist die aus dem allgemeinen plastischen Potential bei Anisotropie (9.1o) folgende isotrope Fließbedingung (1o.7) hergeleitet und ihre formale Identität mit (1o.2o) bzw. (1o.19) gezeigt. Somit kann das plastische Potential bei Isotropie auch allgemeiner durch

$$F = J_2'^{m/2} + (1/3)^{m/2} \sum_{p=1}^{q} {}^m a_p \; \sigma_F^{m-p} \; J_1^p \quad ;m,q \text{ gzz.} \quad (11.27)$$

angegeben werden [157]. Für $m = q = 1$ folgt aus (11.27) die Fließbedingung (1o.19) und für $m = q = 2$ ergibt sich (1o.2o), so daß nur diese Sonderfälle von (11.27) konsequent dem isotropen Potential (1o.6) zuzuordnen sind. Da jedoch das Potential in der Schreibweise (11.27) allgemeiner und übersichtlicher ist als (1o.6) bzw. (1o.7) mit (1o.8) und darüber hinaus auf die Zugfließgrenze σ_F bzw. für $\sigma_F \equiv \sigma_v$ auf die Vergleichsspannung σ_v ausgerichtet ist, soll zur Behandlung der Kinetik von (11.27) ausgegangen werden.

Die Fließregel (8.32) liefert dann in Verbindung mit (11.27) die isotropen plastischen Stoffgleichungen [157]

$$^P\dot\varepsilon_{ij} = [\frac{m}{2} J'^{m/2-1} \sigma'_{ij} + (1/3)^{m/2} \sum_{p=1}^{q} p \; {}^m a_p \; \sigma_v^{m-p} \; \sigma_{kk}^{p-1} \; \delta_{ij}]\dot\lambda ,$$

(8.39)
$$(11.28)$$

die für $^m a_p \equiv 0$ in die LEVY-MISES-Gleichungen [116,117] übergehen. Der Proportionalitätsfaktor $\dot\lambda$ wird aus dem einachsigen Vergleichszustand des Zugversuchs $(\sigma_v,0,0)$ mit der Vergleichsspannung σ_v und der Vergleichsdehnung $^P\varepsilon_v$ bestimmt:

(8.4o)
$$\dot\lambda = \frac{3^{m/2} \; \sigma_v^{2-m}}{m + \sum_{p=1}^{q} p \; {}^m a_p} \cdot \frac{^P\dot\varepsilon_v}{\sigma_v} .$$
$$(11.29)$$

Er kann aber auch aus dem Arbeitsprinzip bestimmt werden, nach dem die plastischen Arbeitsdichten der Formänderungsgeschwin-

digkeiten des allgemeinen Zustands und des Vergleichszustands
identisch sind [157].

Die Vergleichsspannung σ_v in (11.29) ergibt sich aus der Fließbedingung (7.8) mit $\sigma_F \equiv \sigma_v$. Für die plastische Vergleichsformänderungsgeschwindigkeit $^p\dot{\varepsilon}_v$ liefert das Überschieben des
Deviators $^p\dot{\varepsilon}'_{ij}$ von (11.28) mit sich selbst unter Berücksichtigung von (11.29)

$$(8.41) \qquad ^p\dot{\varepsilon}_v^2 \left(\frac{3J_2'}{\sigma_v^2}\right)^{m-1} = \frac{2}{3}\left(1 + \frac{1}{m}\sum_{p=1}^{q} {}^p{}^m a_p\right)^2 {}^p\dot{\varepsilon}'_{ij}\, {}^p\dot{\varepsilon}'_{ij} \,. \qquad (11.30)$$

Der Klammerausdruck der linken Seite von (11.30) läßt sich
noch über die Fließbedingung (7.8) mit $\sigma_F \equiv \sigma_v$ durch

$$\frac{3J_2'}{\sigma_v^2} = \left[1 + \sum_{p=1}^{q} {}^m a_p - \sum_{p=1}^{q} {}^m a_p (J_1/\sigma_v)^p\right]^{2/m} \qquad (11.31)$$

ausdrücken. Das Produkt $^p\dot{\varepsilon}'_{ij}\, ^p\dot{\varepsilon}'_{ij}$ in (11.30) ist der quadratischen Hauptinvarianten des Deviators der Formänderungsgeschwin-
digkeiten proportional (Gl. 8.15b). Für $^m a_p \equiv 0$ geht (11.30) in
die bekannte Beziehung

$$^p\dot{\varepsilon}_v^2 = \frac{2}{3} {}^p\dot{\varepsilon}'_{ij}\, {}^p\dot{\varepsilon}'_{ij} \qquad (11.32a)$$

über, die für die Hauptachsen lautet

$$^p\dot{\varepsilon}_v^2 = \frac{2}{9}\left[(^p\dot{\varepsilon}_I - {}^p\dot{\varepsilon}_{II})^2 + (^p\dot{\varepsilon}_{II} - {}^p\dot{\varepsilon}_{III})^2 + (^p\dot{\varepsilon}_{III} - {}^p\dot{\varepsilon}_I)^2\right]. \qquad (11.33a)$$

Zur Darstellung der Vergleichsformänderungsgeschwindigkeit bei
zweiachsigem Spannungszustand wird $^p\dot{\varepsilon}_{III}$ über die Stoffgleichungen (11.28) mit (11.29) wegen $\sigma_{III} \equiv 0$ ausgedrückt. So erhält man z.B. für $m = q = 1$

$$^p\dot{\varepsilon}_{III} = \frac{3a_1}{1 + a_1}\, ^p\dot{\varepsilon}_v - {}^p\dot{\varepsilon}_I - {}^p\dot{\varepsilon}_{II} \qquad (11.34)$$

und aus (11.3o) und (11.31) folgt

$$(1-4a_1^2)\,{}^{P}\dot{\varepsilon}_v^2 + 4a_1(1+a_1)\,({}^{P}\dot{\varepsilon}_I + {}^{P}\dot{\varepsilon}_{II})\,\dot{\varepsilon}_v =$$

$$= \frac{4}{3}(1+a_1)^2\,({}^{P}\dot{\varepsilon}_I^2 + {}^{P}\dot{\varepsilon}_{II}^2 + {}^{P}\dot{\varepsilon}_I\,{}^{P}\dot{\varepsilon}_{II}) \ . \tag{11.35}$$

Entsprechend der Darstellung über die gegenseitige Abhängigkeit der dynamischen Variablen bei Fließbeginn unter zweiachsigem Spannungszustand in Bild 1o-2 sind die Zusammenhänge
nach (11.35) in Abhängigkeit des Parameters κ nach (7.12) dem
__Bild 11-3__ zu entnehmen. Danach schrumpfen mit wachsendem κ

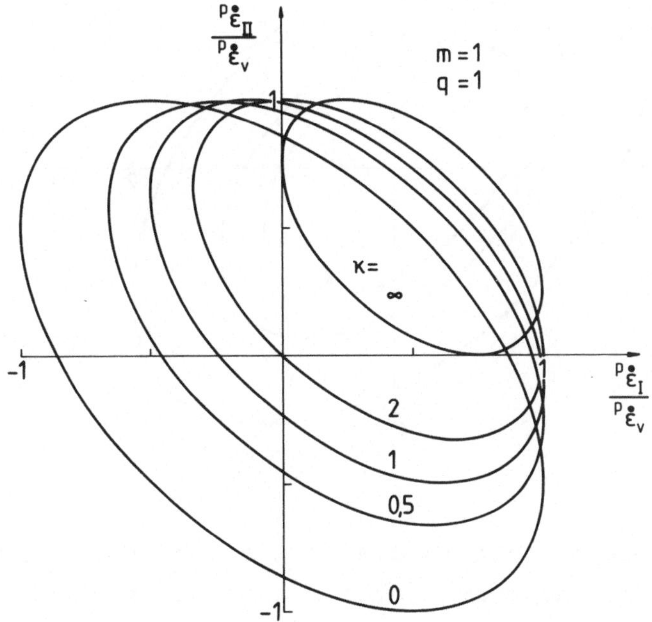

Bild 11-3

die Fließortkurven, und ihr Mittelpunkt wandert auf einer Ge-
raden unter 45° zur ${}^{P}\dot{\varepsilon}_I$-Achse. Schon für κ ≥ 2 spart der Fließ-
ort den dritten Quadranten aus, d.h., daß keine plastischen
Stauchgeschwindigkeiten existieren. Dieses "unwahrscheinliche"
Werkstoffverhalten wird bei Verwendung von (11.3o) und (11.31)

mit m = 2 nicht beschrieben. So ergibt sich im Sonderfall m = 2 und q = 1 für den zweiachsigen Spannungszustand [157]

$$p_{\dot{\varepsilon}_v}^2 = \frac{1}{3}\,\frac{(2 + a_1)^2}{1 + a_1 + a_1^2}\,(p_{\dot{\varepsilon}_I}^2 + p_{\dot{\varepsilon}_{II}}^2 + p_{\dot{\varepsilon}_I}\,p_{\dot{\varepsilon}_{II}}) \ . \tag{11.36}$$

Mit a_1 nach (7.13) liefert (11.36) den in <u>Bild 11-4</u> dargestellten Zusammenhang.

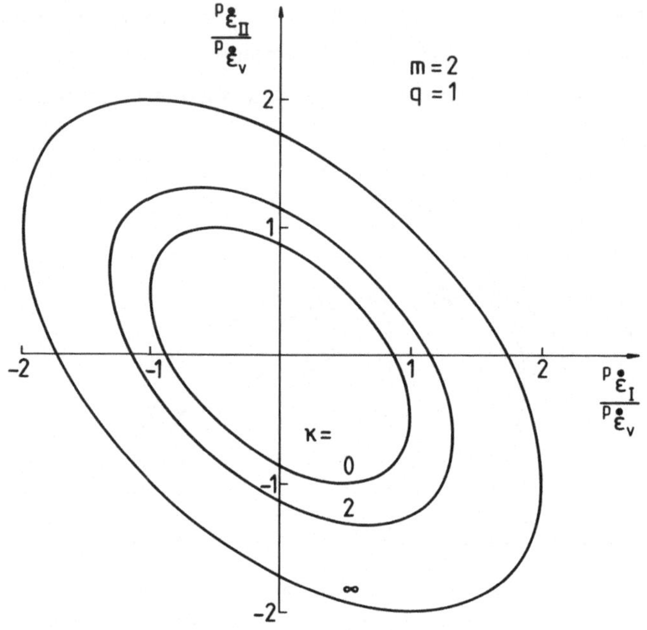

Bild 11-4

Wie (11.31) zeigt, geht in die Vergleichsdehnungsgeschwindigkeit (11.3o) der hydrostatische Spannungszustand bzw. die lineare Invariante J_1 des Spannungstensors ein. Da die Vergleichsdehnung zweckmäßig jedoch nur in den kinematischen Variablen angegeben wird, drückt man J_1 durch die plastische Volumendehnungsgeschwindigkeit $p_{\dot{\varepsilon}_{vol}}$ aus. Dafür liefern (11.28) und (11.29)

$$p_{\dot{\varepsilon}_{vol}} \equiv p_{\dot{\varepsilon}_{ii}} = \frac{3 \sum\limits_{p=1}^{q} p^m a_p (\sigma_{ii}/\sigma_v)^{p-1}}{m + \sum\limits_{p=1}^{q} p^m a_p}\,p_{\dot{\varepsilon}_v} \ . \tag{11.37}$$

Bei Schubbeanspruchung ($\sigma_{ii} \equiv 0$) verschwindet die plastische
Volumendilatation nicht, sondern sie ist bei bekanntem m und
$^m a_p$ von der Vergleichsformänderungsgeschwindigkeit abhängig.

Diese Erscheinung, daß Schubspannungen neben Gestaltänderungen
auch Volumenänderungen zur Folge haben, wurde von REYNOLDS
[237] entdeckt und mit Dilatanz bezeichnet.

Wie (11.37) zeigt, besteht zwischen der plastischen Vergleichsdehnungsgeschwindigkeit und der Volumendehnungsgeschwindigkeit
ein linearer Zusammenhang und somit auch zwischen plastischer
Vergleichsdehnung und Volumendehnung. Ein in erster Näherung
linearer Zusammenhang zwischen diesen Größen ist von SPITZIG
und RICHMOND [165] in Zug- und Druckversuchen an PE und PC
gemessen worden (Bild 11-5). Die Meßergebnisse zeigen, daß

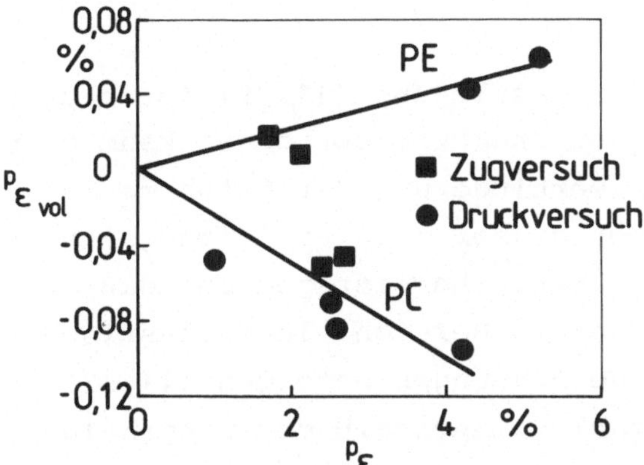

Bild 11-5

sich für PE nach Entlastung der Probe eine bleibende Volumen-
expansion, für PC dagegen eine bleibende Volumenkontraktion
eingestellt hat. Auf dieses ungewöhnliche Verhalten von polymeren Werkstoffen wird auch in [238] und [113] hingewiesen.
Abgesehen von der plastischen Volumenkonstanz geht man in Anlehnung an das linearelastische Werkstoffverhalten, dessen
Volumendehnung durch

$$^e\varepsilon_{vol} = (1 - 2\,^e\nu)\,^e\varepsilon, \qquad \varepsilon := \varepsilon_x \qquad (11.38)$$

gegeben ist, von der plausiblen Festlegung

$$\nu \leq 1/2: \qquad \text{sgn } \varepsilon_{vol} = \text{sgn } \varepsilon \qquad\qquad (11.39)$$

aus. Somit ergibt sich aus (11.38) und (11.39) die Eingabelung
für die isotrope Querzahl:

$$0 < \nu \leq 1/2 \ . \qquad\qquad (11.4o)$$

Da aber unter der Voraussetzung isotropen Werkstoffverhaltens
für PE im Druckversuch eine positive plastische Volumendehnung
und für PC im Zugversuch eine negative Volumendehnung festgestellt [165] wurde (Bild 11-5), besteht ein Widerspruch zu
(11.39) und je nach Beanspruchungsart auch zu (11.4o), wenn
man in (11.4o) statt der Querzahl ν die plastische Querzahl
$^{P}\nu$ setzt.

Ein Abweichen von der Festlegung (11.39) ist z.B. im Fall einer
reinen hydrostatischen Druckbeanspruchung kaum vorstellbar,
denn dann müßte bei Verhinderung der Aufnahme des Druckmediums
durch den Probekörper dieser nach Entlastung ein vergrößertes
Volumen aufweisen. Vorstellbar ist jedoch, daß z.B. bei einachsiger Beanspruchung im Bereich elastoplastischen Werkstoffverhaltens plastische Dehnungen entgegen (11.39) auftreten und
dennoch die Gesamtzahl ν innerhalb der Eingabelung (11.4o)
bleibt.

Dazu schreibt man für die plastische Volumendehnung entsprechend (11.38)

$$^{P}\varepsilon_{vol} = (1 - 2 \ ^{P}\nu) \, ^{P}\varepsilon \qquad\qquad (11.41)$$

und erhält für die elastoplastische Volumendehnung

$$\varepsilon_{vol} = \ ^{e}\varepsilon_{vol} + \ ^{P}\varepsilon_{vol} \qquad\qquad (11.42)$$

aus (11.38) und (11.41)

$$\varepsilon_{vol} = 2(^p\nu - {}^e\nu)\,^e\varepsilon + (1 - 2{}^p\nu)\varepsilon \qquad (11.43)$$

mit der elastoplastischen Dehnung $\varepsilon = {}^e\varepsilon + {}^p\varepsilon$ in Beanspruchungs-
richtung. Die Gesamtquerzahl ν bei elastoplastischer Verfor-
mung liefert die Verknüpfung von

$$\varepsilon_{vol} = (1 - 2\nu)\varepsilon \qquad (11.44)$$

mit (11.43)

$$\nu = {}^p\nu \left[1 - (1 - \frac{{}^e\nu}{{}^p\nu})\frac{{}^e\varepsilon}{\varepsilon} \right] . \qquad (11.45)$$

Zur Veranschaulichung kann man in (11.45) z.B. die einachsige
elastoplastische Werkstoffcharakteristik [239]

$$\frac{\sigma}{\sigma^*} = \frac{\varepsilon}{\varepsilon^*} - k(\frac{\varepsilon}{\varepsilon^*} - 1)^m , \qquad m = \frac{2}{1+k} ; \quad \varepsilon \geq \varepsilon^* \quad (11.46a)$$

einführen. In (11.46a) stellen σ^*, ε^* die Elastizitätsgrenze
dar, so daß auch gilt:

$$\sigma/\sigma^* = {}^e\varepsilon/\varepsilon^* . \qquad (11.46b)$$

Die Verknüpfung von (11.45) mit (11.46a,b) liefert dann die
Gesamtquerzahl

$$\nu = {}^e\nu + (^p\nu - {}^e\nu)k\,\frac{\varepsilon^*}{\varepsilon}(\frac{\varepsilon}{\varepsilon^*} - 1)^m ; \quad \varepsilon \geq \varepsilon^* , \qquad (11.47)$$

die in <u>Bild 11-6</u> für $\varepsilon/\varepsilon^* \leq 2$ in Abhängigkeit von der plastischen Querzahl $^p\nu$ und dem Plastizitätsfaktor k dargestellt ist.
Obwohl die isotrope plastische Querzahl $^p\nu \geq 1/2$ ist und sich
damit gemäß (11.41) z.B. bei positiver Probendehnung durch Zugbeanspruchung eine negative plastische Volumendehnung einstellt,

bleibt die Gesamtquerzahl im Bereich elastoplastischer Verformung innerhalb der Eingabelung (11.4o).

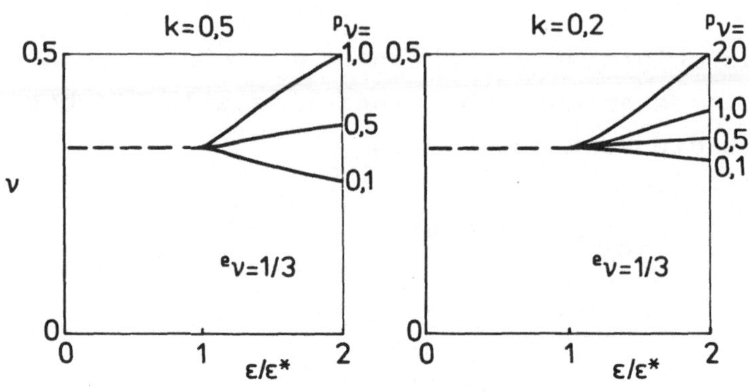

Bild 11-6 a   Bild 11-6 b

Die elastoplastische Volumendehnung ε_{vol} während der einachsigen Beanspruchung und eines Werkstoffverhaltens nach (11.46a) ergibt sich mit (11.46b) aus (11.43):

$$\frac{\varepsilon_{vol}}{\varepsilon^*} = (1 - 2\,^e\nu)\frac{\varepsilon}{\varepsilon^*} - 2(^p\nu - \,^e\nu)k(\frac{\varepsilon}{\varepsilon^*} - 1)^m \; ; \quad \varepsilon \geq \varepsilon^* . (11.48)$$

Bei plastischer Volumenkonstanz ($^p\nu = 1/2$) folgt aus (11.47) die triviale Beziehung (Gl. 11.38)

$$\frac{\varepsilon_{vol}}{\varepsilon^*} = (1 - 2\,^e\nu)\frac{\sigma}{\sigma^*} \quad . \tag{11.49}$$

Die Abhängigkeit der Volumendehnung (11.48) von $^p\nu \geq 1/2$ sowie von k ist in **Bild 11-7** dargestellt. Je nach der Größe von k wächst für eine vorgegebene plastische Querzahl die Volumendehnung mit der elastoplastischen Verformung oder unterschreitet sogar den Wert an der Elastizitätsgrenze (Bild 11-7a), so daß solche Kombinationen aus k und $^p\nu$ ausgeschlossen sein müssen. Der Verlauf der Volumendehnung bei plastischer Inkompressibilität entspricht bis auf den "Proportionalitätsfaktor" $(1 - 2\,^e\nu)$ dem Verlauf der Fließkurve, wie der Vergleich von (11.49) mit (11.46a) zeigt.

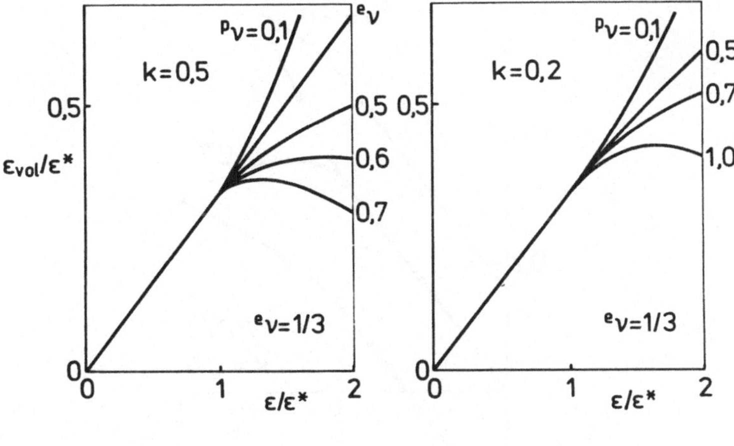

Bild 11-7a   Bild 11-7b

Bei Belastungsumkehr nach vorangegangener elastoplastischer
Verformung $\varepsilon/\varepsilon^* = (\varepsilon/\varepsilon^*)_h$ beträgt die Volumendehnung

$$\frac{\varepsilon_{vol}}{\varepsilon^*} = \frac{{}^e\varepsilon_{vol}}{\varepsilon^*} + \left(\frac{{}^p\varepsilon_{vol}}{\varepsilon^*}\right)_h \quad , \tag{11.5o}$$

und die bleibende Volumendehnung $({}^p\varepsilon_{vol}/\varepsilon^*)_h$ aufgrund der Verformung in Hinrichtung (Index h) lautet

$$\left(\frac{{}^p\varepsilon_{vol}}{\varepsilon^*}\right)_h = (1 - 2{}^p\nu)\left(\frac{\varepsilon - {}^e\varepsilon}{\varepsilon^*}\right)_h \quad . \tag{11.51}$$

Die Verknüpfung von (11.38), (11.5o) und (11.51) mit (11.46a,b)
liefert dann für Belastungsumkehr

$$\left(\frac{\varepsilon_{vol}}{\varepsilon^*}\right) = (1 - 2{}^e\nu)\left[\frac{\varepsilon}{\varepsilon^*} - k\left(\frac{\varepsilon}{\varepsilon^*} - 1\right)^m\right] + (1 - 2{}^p\nu)k\left[\left(\frac{\varepsilon}{\varepsilon^*}\right)_h - 1\right]^m; \quad \varepsilon \stackrel{\geq}{} \varepsilon^*. \tag{11.52}$$

In <u>Bild 11-8</u> ist die Volumendehnung für einen Belastungszyklus
entsprechend (11.48) und (11.52) dargestellt. Je nach numerischem Wert der plastischen Querzahl stellt sich bei Belastungsumkehr für ${}^p\nu < 1/2$ eine bleibende Volumendehnung ein, die der
Regel (11.39) entspricht. Für ${}^p\nu > 1/2$ gehorcht die bleibende
Volumendehnung dagegen der Beziehung

$$^p\nu \geq 1/2: \qquad \text{sgn } \varepsilon_{vol} = - \text{ sgn } \varepsilon \quad . \tag{11.53}$$

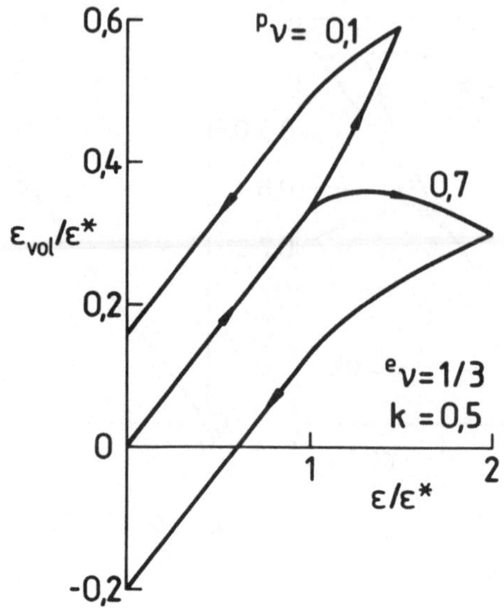

Bild 11-8

Dieses so skizzierte Werkstoffverhalten entspricht qualitativ dem experimentellen Befund in [165]. Stellt sich bei einachsiger Zugbeanspruchung ($\varepsilon > 0$) eine positive plastische Volumendehnung ein, dann ist (11.39) erfüllt, und die plastische Querzahl muß nach obiger Vorstellung $^p\nu_Z < 1/2$ sein. Ergibt sich für den gleichen Werkstoff im Druckversuch ($\varepsilon < 0$) eine positive bleibende Dehnung, dann gilt (11.53), und die plastische Querzahl hat einen numerischen Wert $^p\nu_D > 1/2$. Ebenso läßt sich das umgekehrte Verhalten, das z.B. PC in Bild 11-5 zeigt, deuten.

Plastische Stoffgleichungen für die hier behandelte Werkstoffgruppe können nur dann mechanisch sinnvoll sein, wenn sie das reale Werkstoffverhalten beschreiben können. Deshalb werden die plastischen Querzahlen, die ja entsprechend der angegebenen Vorstellung größer oder kleiner als 1/2 sein können, aus den isotropen Stoffgleichungen (11.28) gebildet. Mit der für Isotropie gültigen Definition

$$^p\nu = -\,^p\dot{\varepsilon}_{II}/^p\dot{\varepsilon}_I = -\,^p\dot{\varepsilon}_{III}/^p\dot{\varepsilon}_I \tag{11.54}$$

erhält man aus (11.28) für $(\sigma_I \equiv Z,0,0)$ die Querzahl bei einachsiger Zugbeanspruchung

$$^P\nu_z = \frac{1}{2} \; \frac{m - 2 \sum\limits_{p=1}^{q} p^{\,m}a_p}{m + \sum\limits_{p=1}^{q} p^{\,m}a_p} \tag{11.55}$$

und für $(\sigma_I \equiv -D,0,0)$ in gleicher Weise die Querzahl bei einachsiger Druckbeanspruchung

$$^P\nu_d = \frac{1}{2} \; \frac{mD^{m-1} + 2 \sum\limits_{p=1}^{q} p^{\,m}a_p \, Z^{m-p} \, (-D)^{p-1}}{mD^{m-1} - \sum\limits_{p=1}^{q} p^{\,m}a_p \, Z^{m-p} \, (-D)^{p-1}} \; . \tag{11.56}$$

Für $^{m}a_p \equiv 0$ liefern (11.55) und (11.56) die Querzahl $^P\nu = 1/2$ für plastische Inkompressibilität.

Für den einfachen Sonderfall $m = q = 1$ ergeben sich mit (7.1o) und (7.12) aus (11.55) bzw. (11.56)

$$^P\nu_z = \frac{1}{2} \, \frac{2 - \kappa}{2(1 + \kappa)} \; , \qquad ^P\nu_d = \frac{1}{2} \, \frac{2 + 3\kappa}{2} \tag{11.57a,b}$$

und der Zusammenhang der Querzahlen untereinander [240]

$$m = q = 1: \qquad (1 + 4 \, ^P\nu_z)(1 + 4 \, ^P\nu_d) = 9 \; . \tag{11.58}$$

Aus (11.58) folgt unmittelbar das Ergebnis der geschilderten Modellvorstellung, wonach unterschiedliche plastische Querzahlen bei Zug- und Druckbeanspruchung Voraussetzung zur Beschreibung des Werkstoffverhaltens sind. So wird nach (11.58) eine plastische Querzahl bei einachsiger Zugbeanspruchung in den Schranken

$$^P\nu_z = [\,0; \, 1/2\,] \tag{11.59a}$$

220

eine Querzahl bei einachsiger Druckbeanspruchung in den Schranken

$$p_{\nu_d} = [\,1/2;\; 2\,] \qquad (11.59b)$$

hervorrufen oder umgekehrt. Damit sind die plastischen Stoffgleichungen (11.28), die allgemein zu unterschiedlichen Querzahlen gegenüber Zug- und Druckbeanspruchung führen, im Einklang mit oben angegebener Modellvorstellung (Bild 11-8) und
dem Experiment (Bild 11-5). Der Zusammenhang nach (11.58) ist
in <u>Bild 11-9</u> dargestellt.

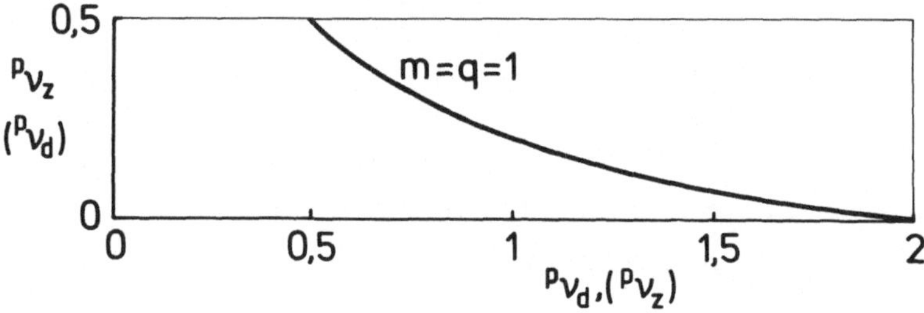

Bild 11-9

Der Ansatzfreiwert $^1a_1$ des Sonderfalls $m = q = 1$ der Fließbedingung (7.8) und der Stoffgleichungen (11.28) läßt sich aus
(11.55) bzw. (11.56) bei Kenntnis der plastischen Querzahl des
einachsigen Zug- oder Druckversuchs durch kinematische Größen
ausdrücken:

$$^1a_1 = \frac{1}{2}\,\frac{1-2\,p_{\nu_z}}{1+p_{\nu_z}}\,, \qquad ^1a_1 = -\frac{1}{2}\,\frac{1-2\,p_{\nu_d}}{1+p_{\nu_d}}\,. \qquad (11.60a,b)$$

Für diesen Sonderfall stehen die Querzahlen in dem festen Verhältnis (11.58) miteinander. Die aus dem allgemeinen Potential
bei Anisotropie folgende isotrope Fließbedingung (1o.2o), die
dem Sonderfall $m = q = 2$ entspricht und unter der Bedingung
(1o.15) in (1o.19) übergeht, d.h. in den Fall $m = q = 1$, verfügt über zwei voneinander unabhängige Ansatzfreiwerte. Diese
Freiwerte $(^2a_1,\ ^2a_2)$ werden ebenfalls durch die plastischen

Querzahlen ausgedrückt:

$$^2a_1 = (1 + V_z) \frac{V_z - V_d}{4 + V_z + V_d} \, , \qquad (11.61a)$$

$$^2a_2 = \frac{(2 + V_z)(2 + V_d)}{4 + V_z + V_d} - 1 \, ; \qquad (11.61b)$$

$$V_{z,d} = \frac{1 - 2\,^P\nu_{z,d}}{1 + \,^P\nu_{z,d}} \, . \qquad (11.61c)$$

Mit (11.61a) bis (11.61c) können die Fließbedingung sowie die
plastischen Stoffgleichungen besser dem realen Werkstoffverhalten angepaßt werden als durch (11.6oa,b). Erst, wenn die Bedingung (11.58) erfüllt ist, gehen Fließbedingung und Stoffgleichungen mit $m = q = 2$ in den Sonderfall $m = q = 1$ über. Dafür
gilt dann neben (1o.15), (1o.21) und (11.58) auch

$$(^2a_1 + 2\,^2a_2)^2 + 4\,^2a_2 = 0 \, . \qquad (11.62)$$

Mit (7.9a,b), (7.1o) und (11.61a,b,c) lassen sich für $m = q = 2$
schließlich noch die aus den statischen Kenngrößen Zug-, Druck-
und Schubfließgrenze gebildeten Parameter κ und ϕ durch die
plastischen Querzahlen ausdrücken:

$$1 + \kappa = \frac{2 + V_z}{2 + V_d} \, , \qquad 1 + \phi = \frac{(2 + V_z)^2}{4 + V_z + V_d} \, . \qquad (11.63a,b)$$

Da (11.58) sowie (11.62) der Konvexitätsbedingung (1o.21) bzw.
(1o.15) entsprechen, gelten die in (11.59a) und (11.59b) angegebenen Schranken für die Querzahlen bei Zug- und Druckbeanspruchung auch für (11.61a) bis (11.61c).

Die Kenntnis der plastischen Vergleichsdehnungsgeschwindigkeit
(11.3o) und (11.31) sowie der Zusammenhang zwischen den plastischen Querzahlen und dem Ansatzfreiwert ermöglichen die
Formulierung der plastischen Volumendilatation (11.37) z.B. in

Abhängigkeit von der Längsdehnung eines einachsig beanspruchten Probestabs. So erhält man für den Sonderfall $m = q = 1$ aus (11.37)

$$^p\dot{\varepsilon}_{vol} = \frac{3a_1}{1 + a_1}\ ^p\dot{\varepsilon}_v \tag{11.64}$$

und aus (11.3o) für einachsige Zugbeanspruchung wegen

$$^p\dot{\varepsilon}_I = ^p\dot{\varepsilon}_z\ ,\qquad ^p\dot{\varepsilon}_{II} = ^p\dot{\varepsilon}_{III} = -\ ^p\nu_z\ ^p\dot{\varepsilon}_z$$

$$^p\dot{\varepsilon}_v = ^p\dot{\varepsilon}_z \tag{11.65}$$

sowie für einachsige Druckbeanspruchung mit

$$^p\dot{\varepsilon}_I = -\ ^p\dot{\varepsilon}_d\ ,\qquad ^p\dot{\varepsilon}_{II} = ^p\dot{\varepsilon}_{III} = ^p\nu_d\ ^p\dot{\varepsilon}_d$$

$$^p\dot{\varepsilon}_v = \frac{1 + 4\ ^p\nu_d}{3}\ ^p\dot{\varepsilon}_d\ . \tag{11.66}$$

In (11.65) bzw. (11.66) bedeuten $^p\dot{\varepsilon}_z$ bzw. $^p\dot{\varepsilon}_d$ die Beträge der plastischen Längsdehnungsgeschwindigkeiten bei Zug- bzw. Druckbeanspruchung. Drückt man in (11.64) den Faktor a_1 durch (11.6oa) oder (11.6ob) aus, dann liefert die Verbindung von (11.64) mit (11.65) bzw. (11.66)

$$^p\dot{\varepsilon}_{vol} = (1 - 2\ ^p\nu_z)\ ^p\dot{\varepsilon}_z \tag{11.67}$$

bzw.

$$^p\dot{\varepsilon}_{vol} = -(1 - 2\ ^p\nu_d)\ ^p\dot{\varepsilon}_d \tag{11.68a}$$

oder wegen (11.58)

$$^p\dot{\varepsilon}_{vol} = 3\ \frac{1 + 2\ ^p\nu_z}{1 + 4\ \nu_z}\ ^p\dot{\varepsilon}_d\ . \tag{11.68b}$$

Für ein Dilatationsverhalten, wie es PE in Bild 11-5 zeigt, muß wegen (11.4o) mit $\nu = ^p\nu_z$ die plastische Querzahl bei Zugbeanspruchung $^p\nu_z < 1/2$ und gemäß (11.53) und (11.68a) $^p\nu_d > 1/2$

sein. Für das Beispiel PC aus Bild 11-5 sind die Verhältnisse
umgekehrt. Aus den in Bild 11-5 dargestellten, allerdings kaum
repräsentativen Ergebnissen lassen sich die in Tabelle 11-I angegebenen plastischen Querzahlen ermitteln. Da die Querzahlen

Tabelle 11-I

	$^P\nu_z$	$^P\nu_d$
PE	o,495o	o,5125
PC	o,5o5o	o,4877

nahe beieinander liegen, können die Meßwerte in Bild 11-5 jeweils ein und derselben Geraden zugeordnet werden. Damit ist
gezeigt, daß die aus dem allgemeinen plastischen Potential bei
Anisotropie (9.1o) folgenden Stoffgleichungen wie etwa (11.28)
und (11.3o) das Verformungsverhalten der behandelten Werkstoffgruppe wiedergeben können.

Der Nachweis der Existenz eines plastischen Potentials durch
Überprüfung des Zusammenhangs zwischen statischen Kenngrößen
(Fließgrenzen) und kinematischen Kenngrößen für die Werkstoffe
der Tabelle 11-I gelingt aufgrund dieses experimentellen Befunds kaum. Da man für die Fließbedingung mit $m = q = 1$ den Zusammenhang

$$\frac{D}{Z} - 1 = \kappa = \frac{2}{3} \frac{1 - 2\,^P\nu_z}{1 + 2\,^P\nu_z} \tag{11.69}$$

aus (11.55), (11.56) und (7.9a,b) erhält und im allgemeinen
$\kappa \geq 0$ experimentell festgestellt wird (Tabelle 7-II), muß
$^P\nu_z \leq 0$ und $^P\nu_d \geq 0$ sein. Diese Forderung wird nach Tabelle
11-I nur durch PE erfüllt, jedoch liefert (11.69) einen numerischen Wert für κ, der den experimentell festgestellten weit
unterschreitet. Die Ursache dafür kann in dem Vergleich der
bei Fließbeginn gemessenen statischen Kenngrößen mit den kine-

matischen Werten, die während der Werkstoffverfestigung ermittelt werden, liegen. Darüber hinaus erfordert die Fließregel
und ihre daraus abgeleiteten Gleichungen den Gebrauch von plastischen Verformungsgeschwindigkeiten und im allgemeinen keine
Verformungen. Schließlich sind Zeiteinflüsse, Relaxations- und
Nachwirkungseffekte nicht berücksichtigt. Da aber der Zusammenhang zwischen Statik und Kinetik am Beispiel der Verformungsbänder, die gerade bei Fließbeginn ohne Berücksichtigung der
Verformungsgeschwindigkeit gemessen werden können, im übergeordneten Fall der Orthotropie festgestellt wird, ist gezeigt,
daß für polymere Werkstoffe ein plastisches Potential existiert.

12. Zeitabhängige Spannung – Verformung – Beziehung

a) Integration plastischer Stoffgleichungen

Die Anwendung der Theorie des plastischen Potentials in den
Ziff. 9 bis 11 auf das Kurzzeitverhalten von Plastomeren und
der Vergleich mit Versuchsergebnissen zeigen, daß damit das
Fließverhalten dieser Gruppe der Konstruktionswerkstoffe methodisch beschreibbar ist.

Wie der Vergleich der LÉVY-MISES-Gleichungen (8.48) mit dem
viskosen Anteil der Stoffgleichungen (8.24) des MAXWELL-Modells
zeigt, besteht eine - allerdings nur formale - Übereinstimmung
mit dem NEWTONschen Gesetz für inkompressible Flüssigkeiten.
Ausgehend von dieser Analogie wird angenommen, daß das für die
untersuchte Werkstoffgruppe charakteristische Verhalten, wie
im allgemeinen die Nichtlinearität der Spannung-Verformung-Beziehung, unterschiedliches Verhalten gegenüber Zug- und Druckbeanspruchung und die Abhängigkeit des Werkstoffverhaltens vom
hydrostatischen Spannungszustand, auch bei zeitabhängigem Spannung-Verformung-Verhalten durch die aus der Theorie des plastischen Potentials folgenden Stoffgleichungen und die damit verknüpften Ansätze , wie Vergleichsspannung und -dehnungsgeschwindigkeit, berücksichtigt werden kann. Dies führt zu einem erwei-

terten nichtlinearen MAXWELL-Modell, wenn man in (8.28) den spontanen Anteil ${}^o\varepsilon_{ij}(\sigma_{ij})$ der Gesamtverformung durch zeitunabhängige, elastische Stoffgleichungen und den viskosen Anteil ${}^n\varepsilon_{ij}(\sigma_{ij},t)$ formal durch plastische Stoffgleichungen, etwa (8.39), ausdrückt:

$$\dot{\varepsilon}_{ij} = {}^e\dot{\varepsilon}_{ij} + {}^n\dot{\varepsilon}_{ij} \ . \tag{12.1}$$

Nach dieser Vorgehensweise werden in Ziff. 8 mit dem einfachsten Sonderfall $m = q = 1$ der Stoffgleichungen (8.39) die Verformungsgeschwindigkeiten bei Kriechbeanspruchung nach (8.55) berechnet. Entsprechend läßt sich der viskose Anteil von (12.1) bei Isotropie auch durch die aus dem allgemeinen, anisotropen plastischen Potential (9.1o) folgenden Stoffgleichungen (8.39) bzw. (11.28) mit $m = q = 2$ ausdrücken[8]:

$$^n\dot{\varepsilon}_{ij} = (2 + a_1 + 2a_2)^{-1} [3\sigma'_{ij} + (a_1\sigma_v + 2a_2\sigma_{kk})\delta_{ij}] \ \frac{{}^n\dot{\varepsilon}_v}{\sigma_v} \ . \tag{12.2}$$

Für die Vergleichsdehnungsgeschwindigkeit ${}^n\dot{\varepsilon}_v$ in (12.2), die derjenigen bei einachsiger Zugbeanspruchung entspricht, soll auf die mechanische Zustandsgleichung (5.1o) zurückgegriffen werden, da mit dieser einachsige Kriech- und Relaxationsbeanspruchung beschrieben werden können. Aus (5.1o) ergibt sich

$$^n\dot{\varepsilon}_v = (\frac{\sigma_v - A}{K})^{1/ab} \ ({}^n\varepsilon_v + B)^{-1/b} - C \ . \tag{12.3}$$

Nach (12.3) sind die Dehnungsgeschwindigkeiten ${}^n\dot{\varepsilon}_{ij}$ in (12.2) nun auch von der Vergleichdehnung ε_v abhängig. Entsprechend dem zu (12.2) gehörigen Potential sind die Vergleichsspannung σ_v nach (8.38a) durch

$$m = q = 2: \qquad \sigma_v^2(1 + a_1 + a_2) = 3J'_2 + a_1\sigma_v J_1 + a_2 J_1^2 \tag{12.4}$$

---

8) Die Gln. (12.2) und alle weiteren sind nicht im Sinne der von PERZYNA [259] oder VALANIS [26o] entwickelten Theorien der Viskoplastizität

und die Vergleichsdehnungsgeschwindigkeit $^{n}\dot{\varepsilon}_{v}$ nach (8.41) durch

$$m = q = 2: \qquad ^{n}\dot{\varepsilon}_{v}^{2}\left(\frac{3J_{2}'}{\sigma_{v}^{2}}\right) = \frac{1}{6}\,(2 + a_{1} + 2a_{2})^{2}\,{}^{n}\dot{\varepsilon}_{ij}'\,{}^{n}\dot{\varepsilon}_{ij}' \qquad (12.5)$$

gegeben. Die Vergleichsdehnung $^{n}\varepsilon_{v}$ folgt aus (12.5), d.h. aus

$$^{n}\dot{\varepsilon}_{v} = h(^{n}\dot{\varepsilon}_{ij}) \qquad\qquad (12.6a)$$

zu

$$^{n}\varepsilon_{v} = h(^{n}\varepsilon_{ij}) , \qquad\qquad (12.6b)$$

falls (12.5) bzw. (12.2) integrierbar ist:

$$\frac{d\,^{n}\varepsilon_{v}}{dt} = {}^{n}\dot{\varepsilon}_{v} . \qquad\qquad (12.6c)$$

Da allgemein aber gilt

$$\frac{d\,^{n}\varepsilon_{v}}{dt} = \frac{\partial}{\partial\,^{n}\varepsilon_{ij}}\,[h(^{n}\varepsilon_{ij})]\,^{n}\dot{\varepsilon}_{ij} \neq h(^{n}\dot{\varepsilon}_{ij}) , \qquad (12.7)$$

müssen Integrationsbedingungen für (12.5) bzw. (12.2) gefunden werden.

Nach der "Deformationszuwachstheorie" (strain incremental theory [2o3]) bestimmt der zur Zeit t herrschende Spannungszustand die Änderungsgeschwindigkeit des Tensors $^{n}\varepsilon_{ij}$ in (12.2). Läßt sich (12.2) integrieren, so kann man von einer "zugeordneten Deformationstheorie" [241] sprechen, die sich gerade zur Lösung technischer Probleme meist einfacher handhaben läßt. Beide Theorien sind z.B. in [242,243] im Vergleich mit dem Experiment untersucht worden. Der klassische Versuch hierzu geht auf HOHEN-EMSER [244] zurück.

Die Stoffgleichungen (12.2) können zu

$$^{\eta}\varepsilon_{ij} \;=\; g(\sigma_{ij},\dots) \qquad\qquad (12.8)$$

integriert werden, wenn bei Belastungsänderung die Verhältnisse
der Hauptwerte von $^{\eta}\dot{\varepsilon}_{ij}$ konstant bleiben:

$$^{\eta}\dot{\varepsilon}_{II} = c\;^{\eta}\dot{\varepsilon}_{I}, \qquad ^{\eta}\dot{\varepsilon}_{III} = c\;^{\eta}\dot{\varepsilon}_{I}, \qquad c = \text{const.} \qquad (12.9)$$

Aus (12.2) und (12.9) ergibt sich dann für die Hauptwerte des
Spannungstensors die Integrationsbedingung

$$c \;=\; \frac{2\,\dfrac{\sigma_{II}}{\sigma_I}\,(1+a_2)-(1-2a_2)\,(1+\dfrac{\sigma_{III}}{\sigma_I})+a_1\,\dfrac{\sigma_v}{\sigma_I}}{2(1+a_2)-(1-2a_2)\,(\dfrac{\sigma_{II}}{\sigma_I}+\dfrac{\sigma_{III}}{\sigma_I})+a_1\,\dfrac{\sigma_v}{\sigma_I}}. \qquad (12.1oa)$$

Für $a_{1,2} \equiv 0$ folgt der Sonderfall der LÉVY-MISES-Gleichungen,
deren Integration auf NÁDAI [245] zurückgeht. Als Integrationsvoraussetzung hat NÁDAI konstante Verhältnisse der Hauptnormalspannungen gefordert, d.h. proportionale Belastung. Diese Forderung ist auch für (12.1oa) gültig. Darüber hinaus wird in
[241] gezeigt, daß diese Forderung zu eng ist. Aus (12.1oa)
erhält man nämlich die Beziehung

$$\sigma_I(\frac{1+2c}{1-c}-2a_2)-\sigma_{II}(\frac{2+c}{1-c}+2a_2)+\sigma_{III}(1-2a_2)-a_1\sigma_v = 0, \qquad (12.11)$$

die für $\sigma_v = \text{const.}$ die Gleichung einer Ebene im Hauptspannungsraum darstellt. Danach muß wie in [241] für die LÉVY-MISES-
Stoffgleichungen der Belastungsweg nur in der durch (12.11) gegebenen Ebene verlaufen. Ist die Integrationsbedingung (12.11)
erfüllt, dann kann aus (12.5) die Vergleichsdehnung unmittelbar
angegeben werden:

$$^{\eta}\varepsilon_v \;=\; \frac{1}{3}\,(2+a_1+2a_2)\,\sigma_v\,\sqrt{\frac{^{\eta}I_2'}{J_2'}}\;. \qquad (12.12)$$

In (12.12) ist statt $^n\varepsilon'_{ij}\ \ ^n\varepsilon'_{ij}$ die quadratische Hauptvariante $^nI'_2$ des Verformungsdeviators gemäß (8.15b) eingeführt.

b) Isotrope Spannung – Verformung – Beziehung

Da in (12.12) sowohl kinematische als auch statische Größen erscheinen, kann mit dieser Beziehung z.B. aus den Ergebnissen in Bild 8-1 die formale Anwendung der Stoffgleichungen (12.2) auf den viskosen Anteil der Gesamtverformung überprüft werden. Wie aus Bild 8-1 ersichtlich, haben die $\sqrt{J'_2} - \sqrt{I'_2}$ - Kurven der unterschiedlichen Beanspruchungsarten einen gemeinsamen linearen Verlauf bis $\sqrt{I'_2} = 3\cdot10^{-3}$. Bis zu dieser Grenze kann (8.2o) als gültig angesehen werden. Für die Gesamtverformung $\sqrt{I'_2} > 3\cdot10^{-3}$ wird von (8.28) ausgegangen und die nichtlineare, viskose Dehnung durch

$$\sqrt{^nI'_2} = \sqrt{I'_2} - \frac{\sqrt{J'_2}}{2G} \tag{12.13}$$

ausgedrückt. Für die Meßergebnisse in Bild 8-1 erhält man nach (12.13) den in <u>Bild 12-1a</u> dargestellten Zusammenhang. In doppeltlogarithmischer Darstellung ordnen sich die Meßergebnisse je nach Beanspruchungsart einer Geraden an. Dabei fallen die Ergebnisse aus der Torsionsbeanspruchung (3) und diejenigen aus der Zugbeanspruchung mit überlagertem hydrostatischem Druck (2) fast zusammen, so daß auf die Berücksichtigung der kubischen Invarianten des Spannungstensors entgegen der Angabe in [182] verzichtet werden kann. Somit kann von einem Potential in J'_2 und J_1 ausgegangen werden, d.h. auch von (12.12).

Für die einachsige Zugbeanspruchung mit $(\sigma_z,0,0)$ und $(\varepsilon_z, -\nu_z\varepsilon_z, -\nu_z\varepsilon_z)$ liefert (8.15b)

$$\left(\sqrt{3J'_2}\right)_z = \sigma_z \tag{12.14a}$$

bzw.

$$\left(\sqrt{3\,^{\eta}I_2'}\,\right)_z \;=\; \left(1 + {}^{\eta}\nu_z\right)\,{}^{\eta}\varepsilon_z \quad, \tag{12.14b}$$

und aus der Vergleichsspannung (12.4) folgt, wie es sein muß,

$$\sigma_v \;=\; \sigma_z \tag{12.15a}$$

sowie aus (12.12) mit (11.61a) bis (11.61c) und (7.9a,b)

$$^{\eta}\varepsilon_v \;=\; {}^{\eta}\varepsilon_z \quad. \tag{12.15b}$$

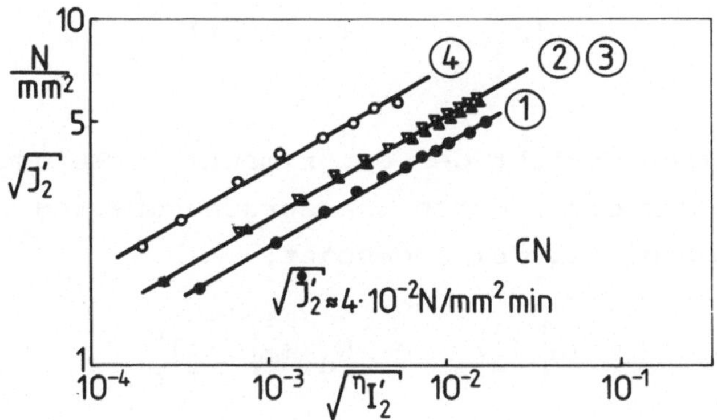

Bild 12-1a

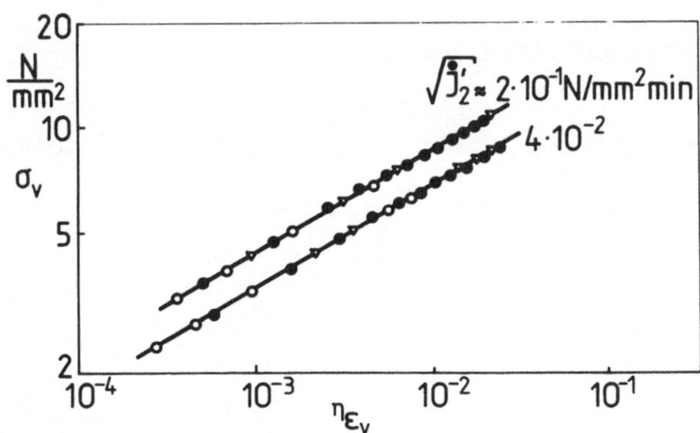

Bild 12-1b

230

Aus der mechanischen Zustandsgleichung (5.1o) bzw. (12.3)
mit $C \equiv 0$, $B = -{}^0\varepsilon_v$ sowie ${}^n\dot{\varepsilon}_v = $ const.:

$$\sigma_v = K* \; {}^n\varepsilon_v^a \tag{12.16}$$

und (12.14a) bis (12.15b) erhält man dann

$$\left(\sqrt{3J_2'}\right)_z = K*\left(\frac{\sqrt{3\,{}^nI_2'}}{1+{}^n\nu_z}\right)_z^a \tag{12.17a}$$

bzw. für ${}^n\nu_z = $ const. formal

$$\left(\sqrt{J_2'}\right)_z = K_z \left(\sqrt{{}^nI_2'}\right)_z^a \quad . \tag{12.17b}$$

Nach Bild 12-1 entspricht der experimentelle Befund dem Ergebnis (12.17b). Für die anderen Beanspruchungsarten in Bild 12-1
wird entsprechend (12.17b) angesetzt:

$$\left(\sqrt{J_2'}\right)_d = K_d \left(\sqrt{{}^nI_2'}\right)_d^a \tag{12.18a}$$

für die einachsige Druckbeanspruchung und

$$\left(\sqrt{J_2'}\right)_t = K_t \left(\sqrt{{}^nI_2'}\right)_t^a \tag{12.18b}$$

für die Torsionsbeanspruchung.

Schreibt man allgemein statt (12.17b) und (12.18a,b)

$$\sqrt{J_2'} = K(\sigma_{ij})\left(\sqrt{{}^nI_2'}\right)^a \; , \tag{12.19}$$

liefert (12.12)

$$\frac{\sigma_v}{{}^n\varepsilon_v} = \frac{3}{2+a_1+2a_2} K^{1/a}(\sigma_{ij})\sqrt{J_2'}^{\frac{a-1}{a}} \quad . \tag{12.2o}$$

Die Verhältnisse aus Zug-, Druck- und Torsionsbeanspruchung
gemäß (7.1o) erhält man bei konstanter Werkstoffanstrengung
$(\sigma_v, {}^n\varepsilon_v)$, so daß aus (12.2o) folgt:

$$K^{1/a} (\sigma_{ij}) (\sqrt{J_2'})^{\frac{a-1}{a}} = \text{const.} \tag{12.21}$$

Für die in Bild 8-1 angegebenen einzelnen Beanspruchungsarten
liefert (12.21) dann

$$K_z^{1/a} \sigma_z^{\frac{a-1}{a}} = K_d^{1/a} \sigma_d^{\frac{a-1}{a}} = K_t^{1/a} \tau^{\frac{a-1}{a}} \tag{12.22}$$

bzw. für (7.1o)

$$1 + \kappa = (K_d/K_z)^{\frac{1}{1-a}} , \quad 1 + \phi = (K_t/K_z)^{\frac{2}{1-a}} . \tag{12.23a,b}$$

Zur Überprüfung der auf (12.19) beruhenden Ergebnisse (12.23a,b)
schreibt man (12.2o) für die einachsige Zugbeanspruchung

$$\sigma_v = \sqrt{3} K_z \left(\frac{\sqrt{3}\ {}^n\varepsilon_v}{2 + a_1 + 2a_2}\right)^a \tag{12.24a}$$

bzw. mit (12.23a,b) und (7.9a,b)

$$\sigma_v = \sqrt{3} K_z \left[\frac{3(1+\kappa)\ {}^n\varepsilon_v}{(2+\kappa)(1+\phi)}\right]^a \tag{12.24b}$$

oder wegen (11.61a) bis (11.61c)

$$\sigma_v = \sqrt{3} K_z \left[\frac{(1 + {}^n\nu_z)\ {}^n\varepsilon_v}{\sqrt{3}}\right]^a . \tag{12.24c}$$

Bei einachsiger Druckbeanspruchung lauten wegen (12.4) die Vergleichsspannung

$$\sigma_v = \left(\sqrt{3J_2'}\right)_d / (1 + \kappa) \tag{12.25a}$$

und die Vergleichsdehnung

$$^{n}\varepsilon_{v} = (\sqrt{3\,{}^{n}I_{2}'})_{d} / (1 + {}^{n}v_{d}) \; . \qquad (12.25b)$$

Einsetzen von (12.25a,b) in (12.24c) liefert

$$(\sqrt{J_{2}'})_{d} = (1 + \kappa)\, K_{z} \left(\frac{1 + {}^{n}v_{z}}{1 + {}^{n}v_{d}}\right)^{a} (\sqrt{{}^{n}I_{2}'})_{d}^{a} \qquad (12.26a)$$

und mit

$$1 + \kappa = \frac{1 + {}^{n}v_{d}}{1 + {}^{n}v_{z}} \qquad (12.26b)$$

gemäß (11.61a) bis (11.61c), (7.9a,b) und (12.23a) die formal
angesetzte Ausgleichskurve (12.18a). Entsprechend folgen für
die Torsionsbeanspruchung mit

$$\sigma_{v} = (\sqrt{3J_{2}'})_{t} / \sqrt{1 + \phi} \qquad (12.27a)$$

und

$$\varepsilon_{v} = \frac{(2 + \kappa)\,\sqrt{1 + \phi}}{\sqrt{3}\,(1 + \kappa)} (\sqrt{{}^{n}I_{2}'})_{t} \qquad (12.27b)$$

aus (12.24b)

$$(\sqrt{J_{2}'})_{t} = (1 + \phi)^{\frac{1-a}{2}} K_{z} (\sqrt{{}^{n}I_{2}'})_{t}^{a} \qquad (12.28)$$

und wegen (12.23b) der Ansatz (12.18b). Der Zusammenhang zwischen Vergleichsspannung und viskoser Vergleichsdehnung entsprechend (12.24a,b,c) kann somit bei Zugrundelegung der Zustandsgleichung (12.16) auch durch

$$\sigma_{v} = 3^{\frac{1+a}{2}} K_{z} \left[\left(\frac{K_{t}}{K_{z}}\right)^{2} (1 + \frac{K_{z}}{K_{d}}) \right]^{-\frac{a}{1-a}} \varepsilon_{v} \qquad (12.29)$$

angegeben werden.

Mit (12.14b) und (12.18a,b) sind die Koeffizienten für das
Werkstoffbeispiel in Bild 12-1a nach der Methode der kleinsten
Fehlerquadratsumme bestimmt und in <u>Tabelle 12-I</u> entsprechend
(12.23a,b) angegeben.

Tabelle 12-I

κ	0,64		a	0,297
φ	0,42		K_z	17,14 N/mm^2

Für das Beispiel mit einer höheren "Spannungsgeschwindigkeit"
$\sqrt{\dot{J_2'}}$ in Bild 8-1b ist mit $K_z = 21,42$ N/mm^2 und den weiteren Parametern aus Tabelle 12-I die Abhängigkeit der Vergleichsdehnung
von der Vergleichsspannung nach (12.24b) berechnet und im Vergleich mit den Meßergebnissen in <u>Bild 12-1b</u> dargestellt. Ein
sinnvoller Zusammenhang mit der Beanspruchungsgeschwindigkeit
ist jedoch aufgrund des experimentellen Befunds nicht herzustellen.

Die Rückführung der Spannung-Verformung-Beziehungen aus unterschiedlichen Beanspruchungsarten (z.B. Bild 12-1a) auf ein
und dieselbe gemeinsame Kurve (Bild 12-1b), die den fiktiven
Vergleichszustand darstellt, kann zur Beurteilung der Werkstoffanstrengung bei mehrachsiger Beanspruchung verwendet werden.
So kann man z.B. eine bei einachsiger Zugbeanspruchung ermittelte oder festgelegte Beanspruchungsgrenze auch für mehrachsige Beanspruchung zugrundelegen und fordern, daß der berechnete Vergleichszustand diese Beanspruchungsgrenze nicht über-
schreitet.

Da sich das Spannung-Verformung-Verhalten des behandelten Werkstoffbeispiels hinsichtlich des viskosen Anteils der Gesamtverformung durch (12.12) gut wiedergeben läßt, sollten auch die
Stoffgleichungen (12.2) bzw. ihre im Sinne einer Deformationstheorie finite Form zur Beschreibung des Werkstoffverhaltens
anwendbar sein. Für den viskosen Anteil der Gesamtverformung

234

ε_{ij} liefert dann (12.2) nach Integration mit (12.24a)

$$^{\eta}\varepsilon_{ij} = K_z^{-a} [\, 3\sigma'_{ij} + (a_1\sigma_v + 2a_2\sigma_{kk})\delta_{ij}\,](\frac{\sigma_v}{\sqrt{3}})^{\frac{1-a}{a}} \; .$$

(12.3o)

Die Gesamtverformung ε_{ij} erhält man durch Superposition von (12.3o) mit (8.1).

Für den Deviator ε'_{ij} der Gesamtverformung liefert im Rahmen einer Deformationstheorie der viskosen Anteile (12.2) mit (11.37) für $m = q = 2$

$$^{\eta}\varepsilon'_{ij} = \frac{3}{2 + a_1 + 2a_2}\; \sigma'_{ij}\; \frac{^{\eta}\varepsilon_v}{\sigma_v}$$

(12.31a)

bzw. mit (12.23a,b) sowie (7.9a,b)

$$^{\eta}\varepsilon'_{ij} = (1 + {}^{\eta}\nu_z)\sigma'_{ij}\; \frac{^{\eta}\varepsilon_v}{\sigma_v}\; .$$

(12.31b)

Mit dem spontanen, linearelastischen Anteil (8.6) folgt aus (12.31b) der Deviator der Gesamtverformung dann zu

$$\varepsilon'_{ij} = \left[\frac{1}{2G} + (1 + {}^{\eta}\nu_z)\frac{^{\eta}\varepsilon_v}{\sigma_v}\right]\sigma'_{ij}\; .$$

(12.32)

Für Schubbeanspruchung $\sigma_{12} = \tau$, $\varepsilon_{12} = \gamma/2$ ergibt sich aus (12.27a) und (12.27b)

$$\frac{^{\eta}\varepsilon_v}{\sigma_v} = \frac{(2+\kappa)(1+\phi)}{3(1+\kappa)}\; \frac{^{\eta}\gamma}{2\tau}$$

(12.33a)

und aus (11.61a) bis (11.61c) sowie (7.9a,b)

$$\frac{^{\eta}\varepsilon_v}{\sigma_v} = \frac{1}{1 + {}^{\eta}\nu_z}\; \frac{^{\eta}\gamma}{2\tau}\; .$$

(12.33b)

Die Verknüpfung von (12.33b) mit (12.32) für Schubbelastung
liefert

$$\gamma/\tau \;=\; 1/G + {}^{\eta}\gamma/\tau \tag{12.34a}$$

und mit der Definition

$$\tau/{}^{\eta}\gamma \;=\; {}^{\eta}G \tag{12.34b}$$

für den viskosen Schub-Sekantenmodul ${}^{\eta}G$ erhält man den Schubmodul G_g der Gesamtverformung zu

$$1/G_g \;=\; 1/G + 1/{}^{\eta}G \;. \tag{12.34c}$$

Mit (12.34c) können schließlich die Stoffgleichungen (12.32)
für den Deviator der Gesamtverformung in der Form

$$\varepsilon'_{ij} \;=\; \sigma'_{ij}/(2\,G_g) \tag{12.35}$$

geschrieben werden. Läßt sich das viskose Verhalten wie im
Beispiel von Bild 12-1 durch das Potenzgesetz (12.16) beschreiben, dann folgt für den Schubmodul der Gesamtverformung aus
(12.34c), (12.33) und (12.24c)

$$1/G_g \;=\; 1/G + 6\,K_z^{\,-1/a}\,(\sigma_v/\sqrt{3})^{\frac{1-a}{a}} \;. \tag{12.36}$$

Dieser so formulierte Modul ist allerdings nur ein Sonderfall,
da (12.16) eine reduzierte Form der Zustandsgleichung (5.1o)
darstellt.

Zu den Stoffgleichungen (12.35) gehört noch die Spannung-Verformung-Beziehung für die Gesamtvolumendehnung ε_{vol}. Dazu geht
man für $m = q = 2$ von (11.37) aus

$${}^{\eta}\varepsilon_{vol} \;=\; {}^{\eta}\varepsilon_{kk} \;=\; 3\,\frac{a_1\sigma_v + 2a_2\sigma_{kk}}{2 + a_1 + 2a_2}\,\frac{{}^{\eta}\varepsilon_v}{\sigma_v} \tag{12.37}$$

und erhält durch Superposition von (8.4)

$$\varepsilon_{kk} = (1 - 2\,{}^{e}\nu)\frac{\sigma_{kk}}{E} + 3\,\frac{a_1\sigma_v + 2a_2\sigma_{kk}}{2 + a_1 + 2a_2}\,\frac{{}^{\eta}\varepsilon_v}{\sigma_v}\,. \tag{12.38}$$

Bei einachsiger Zugbeanspruchung $(\sigma_z,0,0)$ liefert (12.38) mit (12.15a,b)

$$\varepsilon_{kk} = (1 + 2\,{}^{e}\nu)\frac{\sigma_z}{E} + (1 - 2\,{}^{\eta}\nu_z)\cdot{}^{\eta}\varepsilon_z\,. \tag{12.39}$$

Entsprechend der Volumendehnung für die elastische bzw. die viskose Verformung setzt man für die Gesamtvolumendehnung

$$\varepsilon_{kk} = (1 - 2\nu)\varepsilon_v\,, \tag{12.4o}$$

so daß für (12.39) folgt

$$(1 - 2\,\nu_z)\varepsilon_z = (1 - 2\,{}^{e}\nu)\frac{\sigma_z}{E} + (1 - 2\,{}^{\eta}\nu_z)\,{}^{\eta}\varepsilon_z\,. \tag{12.41}$$

Mit den Definitionen für die Sekantenmoduln bei einachsiger Zugbeanspruchung

$$S_z = \frac{\sigma_z}{\varepsilon_z}\,, \qquad {}^{\eta}S_z = \frac{\sigma_z}{{}^{\eta}\varepsilon_z} \tag{12.42a,b}$$

und wegen

$$\frac{1}{S_z} = \frac{1}{E} + \frac{1}{{}^{\eta}S_z} \tag{12.43}$$

ergibt sich aus (12.41) die Querzahl ν_z für die Gesamtverformung bei einachsiger Zugbeanspruchung

$$\nu_z = {}^{\eta}\nu_z - ({}^{\eta}\nu_z - {}^{e}\nu)\frac{S_z}{E}\,, \qquad S_z = S_z(\sigma_z)\,. \tag{12.44}$$

Damit ist die Gesamtquerzahl ν_z bei elastoviskoser Verformung nicht konstant sondern vom Spannungszustand, d.h. von der Vergleichsspannung (12.4), abhängig.

Entsprechend (12.39) kann auch die Volumendehnung bei einachsiger Druckbeanspruchung $(-\sigma_d,0,0)$ formuliert werden. So folgt aus (12.38), (12.25a,b) sowie (11.61a) bis (11.61c) in der Schreibweise (12.41)

$$(1 - 2\nu_d)\,\varepsilon_d = (1 - 2\,{}^e\nu)\,\frac{\sigma_d}{E} + (1 - 2\,{}^n\nu_d)\,{}^n\varepsilon_d \; . \qquad (12.45)$$

Aus den (12.42a,b) entsprechenden Sekantenmoduln für einachsige Druckbeanspruchung und der (12.43) entsprechenden Beziehung ergibt sich dann

$$\nu_d = {}^n\nu_d - ({}^n\nu_d - {}^e\nu)\,\frac{S_d}{E} \; , \qquad S_d = S_d(\sigma_d) \; . \qquad (12.46)$$

Mit (12.44) oder (12.46) kann schließlich noch der Zusammenhang zwischen dem Zug- oder Drucksekantenmodul und dem Schubmodul G_g der Gesamtverformung gebildet werden. Man erhält dafür aus (12.34c) mit (8.5) und (12.33b)

$$\frac{1}{2G_g} = \frac{1 + {}^e\nu}{E} + (1 + {}^n\nu_z)\,\frac{{}^n\varepsilon_v}{\sigma_v} \; , \qquad \frac{{}^n\varepsilon_v}{\sigma_v} = \frac{1}{{}^nS_z} \; . \qquad (12.47\text{a,b})$$

Multipliziert man (12.47a) mit dem Sekantenmodul S_z der Gesamtverformung, so ergeben sich wegen (12.43)

$$\frac{S_z}{2G_g} = 1 + {}^n\nu_z - ({}^n\nu_z - {}^e\nu_z)\,\frac{S_z}{E} \qquad (12.48)$$

und durch Koeffizientenvergleich mit (12.44)

$$G_g = \frac{S_z}{2(1 + \nu_z)} \; . \qquad (12.49)$$

Entsprechend (12.49) liefert (12.46)

$$G_g = \frac{S_d}{2(1 + \nu_d)} \; , \qquad (12.5\text{o})$$

238

so daß aus (12.49) und (12.5o) folgt

$$\frac{S_d}{S_z} = \frac{1+\nu_d}{1+\nu_z} := Q^{-1} \,.$$ (12.51)

Einige faserverstärkte sowie pulvermetallurgisch hergestellte Verbundwerkstoffe (z.B. [246]) zeigen unterschiedliche Moduln gegenüber Zug- und Druckbeanspruchung. Für dieses Verhalten werden z.B. in [246 bis 250] lineare und nichtlineare, anisotrope Stoffgleichungen formuliert. Annähernd wird dieses Verhalten durch die bilineare Form der Spannung-Dehnung-Beziehung in Bild 12-2 dargestellt [246]. Dementsprechend gehen die Se-

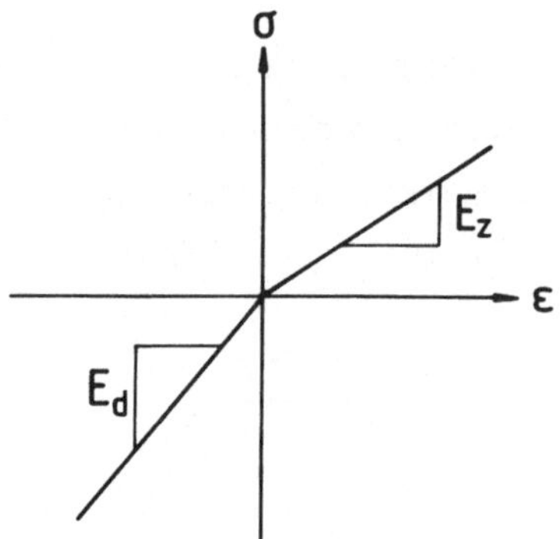

Bild 12-2

kantenmoduln in (12.51) in Ursprungsmoduln E_d, E_z über, und die Querzahlen müssen konstante, jedoch unterschiedliche Werte annehmen. Mithin kann dieses als quasi-isotrop angesehene Werkstoffverhalten formal auch mit der integrierten Form von (12.2) beschrieben werden. Mechanisch sinnvoller ist allerdings eine anisotrope bzw. orthotrope Betrachtungsweise mit Berücksichtigung unterschiedlicher Moduln bei Zug- und Druckbeanspruchung. Dafür müßte man dann von (9.1o) ausgehen.

Finite Stoffgleichungen für zeitabhängige Verformungen sind auf der Grundlage der sogenannten "Theorie der lokalen Deformation" z.B. auch in [251] angegeben.

c) Kriechbeanspruchung mit Berücksichtigung der Belastungsgeschichte, Spannungsrelaxation

Ausgehend von den viskosen Stoffgleichungen (12.2) sowie der Vergleichsspannung (12.4) und der Vergleichsdehnungsgeschwindigkeit (12.5) werden im folgenden die Werkstoffanstrengung bei kombinierter Kriechbeanspruchung sowie Kriechverformungen bei unterschiedlichen Belastungsgeschichten behandelt. Da die viskosen Querzahlen bei der Formulierung des Werkstoffverhaltens eine wesentliche Rolle spielen, werden deshalb die Gln. (12.2), (12.4) und (12.5) in Verknüpfung mit (11.61a) bis (11.61c) nochmals angegeben ($^{\eta}\nu = \nu$):

$$\sigma_v^2 - (1 - \frac{1+\nu_z}{1+\nu_d})J_1\sigma_v = \frac{1+\nu_z}{1+\nu_d}(2 + \nu_z + \nu_d)J_2' + \frac{1}{3}\frac{1+\nu_z}{1+\nu_d}(1 - \nu_z - \nu_d)J_1^2 \, , \quad (12.52)$$

$$^{\eta}\dot{\varepsilon}_v^2 = \frac{2 + \nu_z + \nu_d}{2(1+\nu_z)(1+\nu_d) + \dfrac{3(\nu_z - \nu_d)^2}{2(1-\nu_z-\nu_d)}} \left(^{\eta}\dot{\varepsilon}_{ij}' \, ^{\eta}\dot{\varepsilon}_{ij}' + \frac{1}{6}\frac{2+\nu_z+\nu_d}{1-\nu_z-\nu_d} \, ^{\eta}\dot{\varepsilon}_{ii} \, ^{\eta}\dot{\varepsilon}_{jj}\right), \quad (12.53)$$

$$^{\eta}\dot{\varepsilon}_{ij} = \{ (1 + \nu_z)\sigma_{ij} + [\frac{\nu_d - \nu_z}{2+\nu_z+\nu_d}\sigma_v - \frac{(1+\nu_z)(\nu_z+\nu_d)}{2 + \nu_z + \nu_d}\sigma_{kk}]\delta_{ij}\} \frac{^{\eta}\dot{\varepsilon}_v}{\sigma_v} . \quad (12.54)$$

Für den zweiachsigen Spannungszustand ($\sigma_{III} = 0$) sind in den Bildern 12-3 und 12-4 die Kurven gleicher Werkstoffanstrengung nach (12.52) und (12.53) in den für die Querzahlen üblichen Grenzen $\nu_{z,d}$ [0,1/2] dargestellt. Der Einfluß des numerischen Wertes der Querzahlen bzw. der Kombination der Querzahlen auf die Werkstoffanstrengung wird hier besonders deutlich.

Ebenso wie für (12.52) bis (12.54) werden schon in den finiten Stoffgleichungen (12.35) und (12.4o) für die Gesamtverformung die Querzahlen berücksichtigt. Zu prüfen ist jedoch, inwieweit Spannungszustand und Belastungsdauer die Querzahlen beeinflus-

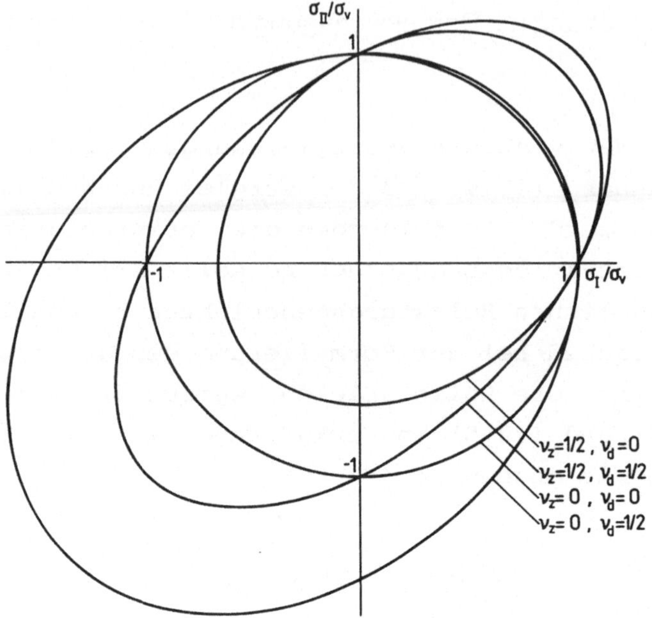

Bild 12-3

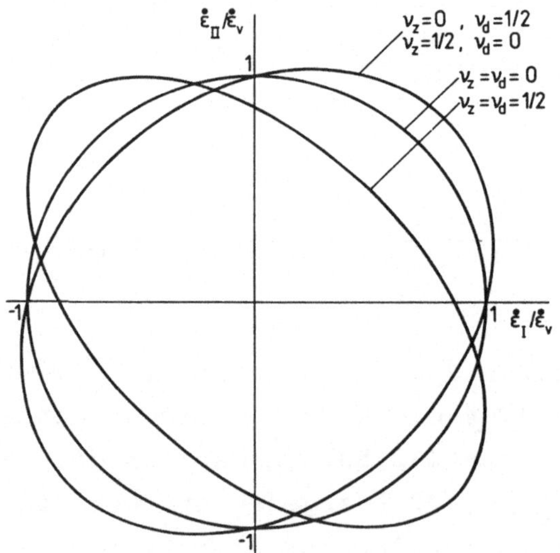

Bild 12-4

sen. Dazu sind in <u>Bild 12-5</u> Gesamtquerzahlen in Abhängigkeit vom Modulverhältnis S_z/E nach den Messungen von [252] dargestellt. Entsprechend der Beziehung (12.44) ordnen sich die Meßwerte jeweils einer Geraden an, so daß auch mittels einer

Ausgleichsrechnung für (12.44) nach der Methode der kleinsten
Fehlerquadratsumme die Querzahlen $^{\eta}\nu_z$ und $^e\nu$ aus den Meßergebnissen bestimmt werden können.

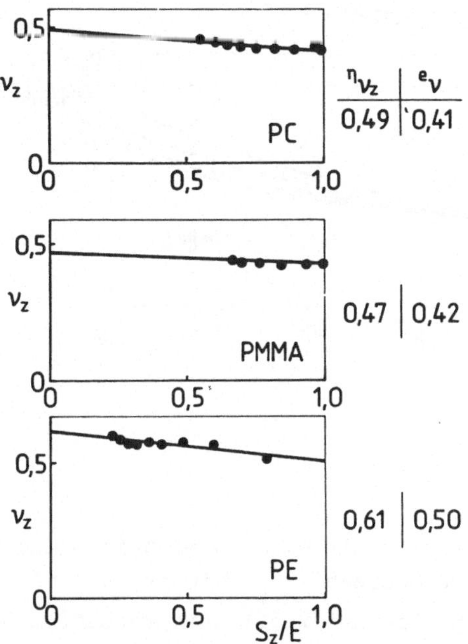

Bild 12-5

Die Zeitabhängigkeit der Querzahlen bei unterschiedlichen,
jeweils konstanten einachsigen Zug- und Druckspannungen ist
in Bild 12-6 z.B. für PMMA [253] gezeigt. Das dargestellte
unterschiedliche Verhalten kann ebenfalls mit (12.44) bzw.
(12.46) beschrieben werden. So folgt aus (12.44) mit (12.43)
und (12.42b)

$$\nu_z = {}^{\eta}\nu_z - ({}^{\eta}\nu_z - {}^e\nu)\ \frac{1}{1 - E\ \dfrac{^{\eta}\varepsilon_z}{\sigma_z}}\ . \tag{12.55}$$

Verwendet man für $^{\eta}\varepsilon_z$ z.B. den zeitabhängigen Anteil der Gesamtdehnung (5.16), dann folgt aus (12.55)

$$\nu_z = {}^{\bar{\eta}}\nu_z - ({}^{\eta}\nu_z - {}^e\nu)\ \frac{1}{1 + kE\ \sigma_z^{m-1} t^n}\ ,\quad m \geq 1. \tag{12.56}$$

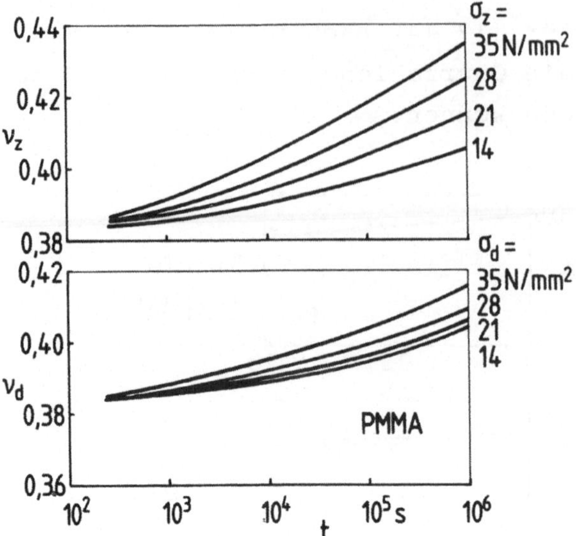

Bild 12-6

Nach (12.56) nähert sich mit wachsender Zeit t die Gesamtquerzahl ν_z der viskosen Querzahl $^n\nu_z$, wie es auch die Ergebnisse
in Bild 12-6 zeigen. Einen (12.56) entsprechenden Ausdruck
findet man für die Querzahl ν_d bei einachsiger Druckbeanspruchung.

Die viskosen Querzahlen, die z.B. bei Kriechbeanspruchung
einzusetzen sind, erhält man aus (12.33a), (12.42b) und
(12.34b) zu

$$^n\nu_z \;=\; \frac{^nS_z}{2\,^nG} - 1 \;=\; \text{const.} \qquad (12.57a)$$

und entsprechend für die Druckbeanspruchung zu

$$^n\nu_d \;=\; \frac{^nS_d}{2\,^nG} - 1 \;=\; \text{const.} \qquad (12.57b)$$

Die aus der Theorie des plastischen Potentials und aus der
hier verwendeten formalen Identität von plastischen und vis-

kosen Verformungen folgende Konstanz der viskosen Querzahlen
setzt die Ähnlichkeit isochroner Kriechkurven bei den Grund-
beanspruchungsarten voraus (Ziff. 3).

Als Anwendungsbeispiele für mehrachsige Kriechbeanspruchung
sind die Versuchsergebnisse [1o2] aus den Grundversuchen sowie aus kombinierter Zug- und Torsionsbeanspruchung an PUR
herangezogen. Bei der Auswertung [254] der Ergebnisse der
Grundversuche gemäß (3.52) zeigt sich, daß auch für den quasispontanen Anteil der Verformung unterschiedliches, schwach
nichtlineares (Gl. 2.2o) Verhalten vorliegt, und daß die
quasispontanen (elastischen) Querzahlen aufgrund der Berechnung gemäß (12.49) und (12.5o) angenähert jeweils konstante,
spannungsunabhängige Werte annehmen. Zu gleichen Ergebnissen
gelangt man bei der Auswertung [254] der isochronen Spannung-
Verformung-Schaubilder der Kriechversuche. Somit kann die
weitere Rechnung mit den konstanten Querzahlen (ν_z = o,36 und
ν_d = o,45 für das Beispiel PUR) durchgeführt werden.

Da auch das spontane Werkstoffverhalten Unterschiede gegenüber Zug- und Druckbeanspruchung zeigt, werden formal die
Gln. (12.52) bis (12.54) auch zur Beschreibung der spontanen
Verformung als brauchbar angesehen. Diese Überlegung steht
im Einklang mit der Auswertung der experimentellen Ergebnisse
aus zügiger quasispontaner Beanspruchung in den Grundversuchen (Bild 12-1). So kann die Vergleichsspannung (12.52) mit
der oben angegebenen Voraussetzung hinsichtlich der Querzahlen auch für den spontanen Anteil der Gesamtverformung und
damit für die Gesamtverformung verwendet werden.

Zu einem Ansatz für die Vergleichsdehnung ε_v bei Gesamtverformung gelangt man mit der Annahme konstanter Querzahlen und
derjenigen, daß (12.53) formal jeweils für den quasispontanen
als auch den viskosen Anteil der Gesamtverformung gültig ist,
durch Überschieben des Geschwindigkeitstensors von (12.1) mit

sich selbst. Mit der Zerlegung des Tensors gemäß (8.3c) erhält man dann

$$\dot{\varepsilon}'_{ij}\,\dot{\varepsilon}'_{ij} = {}^{e}\dot{\varepsilon}'_{ij}\,{}^{e}\dot{\varepsilon}'_{ij} + {}^{\eta}\dot{\varepsilon}'_{ij}\,{}^{\eta}\dot{\varepsilon}'_{ij} + 2\,{}^{e}\dot{\varepsilon}'_{ij}\,{}^{\eta}\dot{\varepsilon}'_{ij} \qquad (12.58a)$$

bzw.

$$\dot{\varepsilon}_{kk}\,\dot{\varepsilon}_{kk} = {}^{e}\dot{\varepsilon}_{kk}\,{}^{e}\dot{\varepsilon}_{kk} + {}^{\eta}\dot{\varepsilon}_{kk}\,{}^{\eta}\dot{\varepsilon}_{kk} + 2\,{}^{e}\dot{\varepsilon}_{kk}\,{}^{e}\dot{\varepsilon}_{kk}\,. \qquad (12.58b)$$

Bei Vernachlässigung [255] des gemischten Glieds in (12.58a)
bzw. (12.58b) kann (12.53) dann auch für die Gesamtverformung
benutzt werden. Mit (12.52) und (12.53) unter Berücksichtigung
von (12.6c) ist mit den oben angegebenen Querzahlen die Werkstoffanstrengung bei Kriechbelastung für die in [1o2] durchgeführten Versuchsarten für t = 1h berechnet und im Vergleich mit
den Meßergebnissen [1o2] in __Bild 12-7__ dargestellt. Die Auswertung zeigt, daß sich mit dieser mehr pragmatischen Rechenme-
thode die für konstante Druckbeanspruchung sowie konstante
Schubbelastung und für kombinierte Spannungszustände ermittelten Vergleichswerte mit der durch die Meßpunkte der einachsigen Zugkriechversuche vorgegebenen Kurve zusammenfallen.

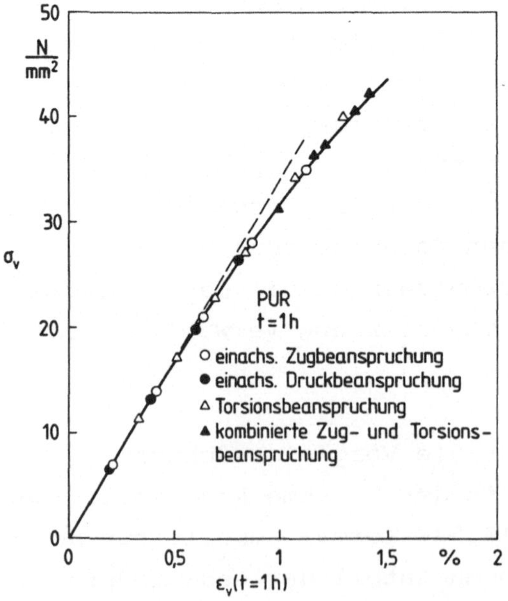

Bild 12-7

Zur Behandlung mehrachsiger Kriechprobleme mit Berücksichtigung einer Belastungsgeschichte in Form zeitlich sprunghafter
(abrupter) Spannungswechsel muß für die Stoffgleichungen
(12.54) ein Überlagerungsprinzip wie in Ziff. 6 für die einachsige Beanspruchung eingeführt werden. So kann man aus den
unterschiedlichen Ansätzen von Ziff. 6 z.B. von (6.26) ausgehen und für Kriechbeanspruchung in (6.26) Spannung und Deh-
nung ($\varepsilon_{kr} \equiv {}^{\eta}\varepsilon$) formal durch die entsprechenden Tensoren ersetzen:

$$ {}^{\eta}\varepsilon_{ij} = \sum_{p=1}^{r} [g(\sigma_{ij})_p - g(\sigma_{ij})_{p-1}]\, h\,(t-t_{p-1}); \qquad (12.59) $$

$$ r+1 \geq t > r \;. $$

Für $g(\sigma_{ij})h(t)$ werden in (12.59) die Stoffgleichungen (12.54)
eingesetzt:

$$ {}^{\eta}\dot{\varepsilon}_{ij} = g(\sigma_{ij})\,\frac{d}{dt}\,h(t)\;, \qquad (12.6o) $$

so daß z.B. für eine kombinierte Zug- Torsionsbeanspruchung
die Stoffgleichungen in Verbindung mit dem aus der mechanischen
Zustandsgleichung (5.1o) folgenden Kriechanteil von (5.16)
lauten ($\sigma = \sigma_{11}$, $\tau = \sigma_{12} = \tau_{12}$):

$$ g(\sigma)_p = \frac{1}{2+\nu_z+\nu_d}\,[2\,(1+\nu_z)\sigma_p +(\nu_d-\nu_z)\,(\sigma_v)_p]g^*(\sigma_v)_p, \qquad (12.61) $$

$$ g(\tau)_p = (1+\nu_z)\tau_p\;, \qquad (12.62) $$

$$ g^*(\sigma_v)_p = [\,(\sigma_v)_p - A]^m\,/\,(\sigma_v)_p\;, \qquad (12.63) $$

$$ h(t-t_{p-1}) = k(t-t_{p-1})^n\;. \qquad (12.64) $$

Zur Überprüfung des Überlagerungsprinzips (12.59) mit (12.61)
bis (12.64) werden die experimentellen Ergebnisse aus den schon
erwähnten Untersuchungen [1o2] an PUR verwendet. Da auch die

246

spontane Verformung unterschiedliches Verhalten gegenüber Zug-
Druckbeanspruchung zeigt, werden formal die integrierten Stoffgleichungen (12.54) auch für diesen Anteil der Gesamtverformung
verwendet. Bei konstanten, zeitlich unabhängigen Gesamtquerzahlen ändert sich dann in den Stoffgleichungen für die Gesamtverformung nur (12.63). Hierfür muß man im Kriechgesetz (5.16) die
spontane Vergleichsdehnung $^{\mathrm{o}}\varepsilon_{\mathrm{v}}$ berücksichtigen, so daß entsprechend (3.55) für (12.63) folgt:

$$g^{**}(\sigma_v)_p = l_o(\sigma_v)_p + k_o(\sigma_v)_p^{m_o} + [(\sigma_v)_p - A]^m /(\sigma_v)_p \ . \quad (12.65)$$

Mit den Koeffizienten aus Tabelle 3-III und 5-I sowie dem Überlagerungsprinzip (12.59) mit (12.61), (12.62), (12.65) und
(12.64) sind die Gesamtverformungen ε_{11} und ε_{12} aus der in
Bild 12-8a angegebenen Belastungsgeschichte berechnet und im
Vergleich mit den Meßergebnissen [1o2] in den Bildern 12-8a
und 12-8b dargestellt. Während die Zugspannung über den Belastungszeitraum konstant bleibt, ändert sich die Schubspannung
spontan bei $t = 2$ bzw. 3 h. Dabei zeigt sich anhand der Meßergebnisse, daß sich auch die Längsdehnung ε_{11} abrupt ändert.
Dieses Verhalten wird durch die Verwendung der Stoffgleichun-

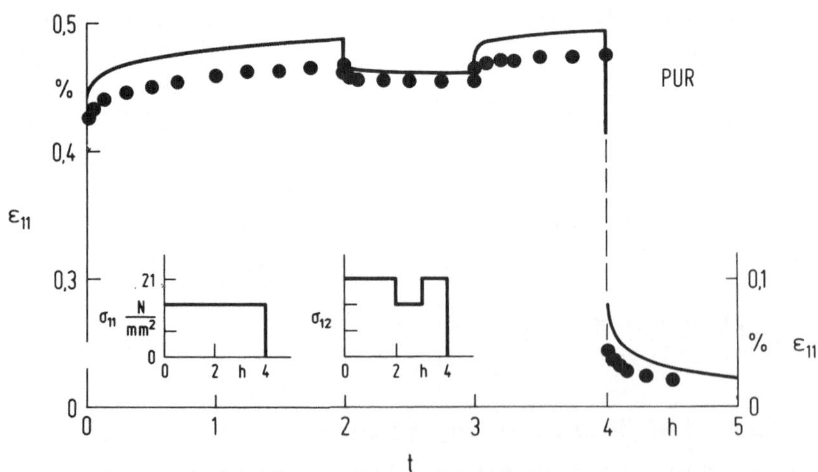

Bild 12-8a

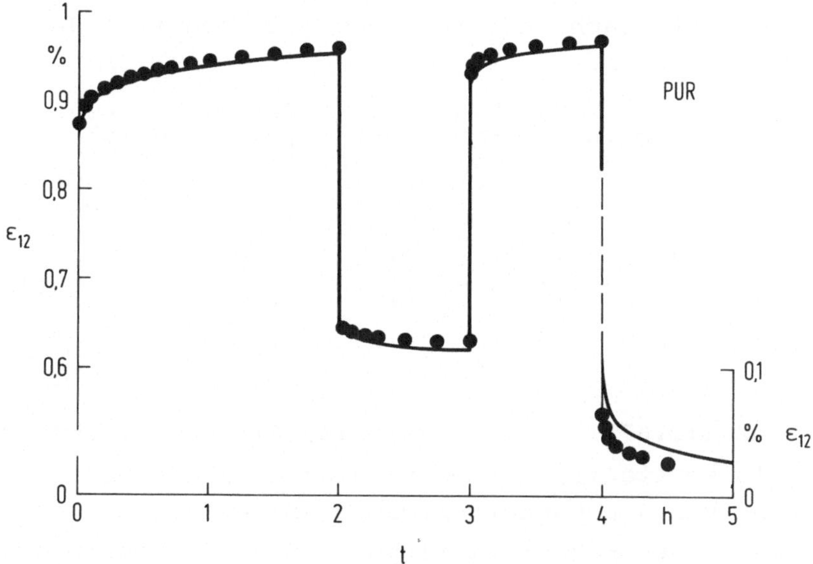

Bild 12-8b

gen (12.54) in der Rechnung berücksichtigt. Da im Intervall 2 - 3 die Vergleichsspannung kleiner als in den Intervallen 0 - 2 bzw. 3 - 4 ist, ändern sich sowohl $g^{**}(\sigma_v)_p$ nach (12.65) als auch $(\nu_d - \nu_z)(\sigma_v)_p$ in (12.61).

Die in den Bildern 12-7 und 12-8a,b dargestellten Rechenergebnisse zeigen im Vergleich mit dem experimentellen Befund, daß die aus der mechanischen Zustandsgleichung (Ziff. 5) und dem plastischen Potential (Ziff. 9 bis 11) hergeleiteten Ansätze ein brauchbares Rechenverfahren zur Bestimmung des zeitabhängigen Verformungsverhaltens bei mehrachsiger Kriechbeanspruchung liefern. Von Vorteil ist dabei neben der einfachen rechnerischen Handhabung der geringe experimentelle Aufwand, der sich allein auf einachsige Grundversuche beschränkt.

So läßt sich z.B. auch das Werkstoffverhalten bei simultaner Spannungsrelaxation und Kriechbeanspruchung abschätzen. Ist die Beanspruchung eines Bauteils z.B. durch die Kombination aus konstanter, zeitunabhängiger Dehnung ε_{11} und konstanter, zeitunabhängiger Spannung σ_{12} gegeben, so liefern die Stoffgleichungen (12.54) nach Integration die zu bestimmenden Variablen

$$\sigma_{11}(t) = \frac{1}{2} \left[\frac{2 + \nu_z + \nu_d}{1 + \nu_z} \frac{\varepsilon_{11}}{\varepsilon_v(t)} - \frac{\nu_d - \nu_z}{1 + \nu_z} \right] \sigma_v(t) \quad , \quad (12.66)$$

$$\varepsilon_{12}(t) = (1 + \nu_z)\sigma_{12} \frac{\varepsilon_v(t)}{\sigma_v(t)} \quad . \tag{12.67}$$

In (12.66) und (12.67) werden wie in (12.61) und (12.62) die Querzahlen als konstante, zeit- und spannungsunabhängige Größen eingesetzt und die Gesamtverformungen betrachtet. Entsprechend der Beanspruchungsart verringern sich die Spannung $\sigma_{11}(t)$ und somit auch $\sigma_v(t)$ mit der Zeit, ebenso wachsen $\varepsilon_{12}(t)$ sowie die Vergleichsdehnung $\varepsilon_v(t)$. Geht man für die einachsigen Grundversuche mit jeweils konstanter, zeitunabhängiger Beanspruchung von der Kriechgleichung (5.16) mit $A \equiv 0$

$$\varepsilon_v(t) = {}^{\circ}\varepsilon_v + k \, \sigma_v^m(t) \, t^n \tag{12.68}$$

sowie von dem Ansatz für die Spannungsrelaxation (4.37) aus,

$$\sigma_v(t) = {}^{\circ}\sigma_v - k \, \varepsilon_v^M(t) \, t^N \quad , \tag{12.69}$$

so kann man in (12.69) ε_v durch (12.68) ausdrücken:

$$\sigma_v(t) = {}^{\circ}\sigma_v - k[{}^{\circ}\varepsilon_v + k \, \sigma_v^m(t) t^n]^M \, t^N \quad . \tag{12.70}$$

Einsetzen von (12.68) und (12.70) in (12.66) liefert

$$\sigma_{11}(t) = \frac{1}{2} \left[(1 + 1/Q) \frac{\varepsilon_{11}}{{}^{\circ}\varepsilon_v + k\sigma_v^m t^n} - (1/Q - 1) \right] [{}^{\circ}\sigma_v - K({}^{\circ}\varepsilon_v + k\sigma_v^m t^n) \, t^N] \tag{12.71a}$$

mit

$$Q := (1 + \nu_z)/(1 + \nu_d) \quad . \tag{12.71b}$$

Die Vergleichsspannung σ_v für die kombinierte Zug-Torsionsbe-
anspruchung folgt aus (12.52) zu

$$\sigma_v(t) = \frac{1}{2}(1-Q)\sigma_{11}(t) + \sqrt{\frac{1}{4}(1+Q)^2\sigma_{11}^2(t) + (1+\nu_z)(1+Q)\sigma_{12}^2} \;, \qquad (12.72)$$

so daß durch die Verknüpfung von (12.72) mit (12.71a,b) die
Zugspannung $\sigma_{11}(t)$ durch bekannte Größen ausgedrückt wird.
Für $t = 0$ liefert diese Verknüpfung mit dem Ansatz gemäß
(2.19) und (2.2o)

$$\overset{o}{\varepsilon}_v = k_o \; \overset{o}{\sigma}_v^m \qquad (12.73)$$

die spontane Vergleichsspannung und -dehnung. Die zeitabhängige
Schiebung $\varepsilon_{12}(t)$ erhält man ebenso zu

$$\varepsilon_{12}(t) = (1+\nu_z)\sigma_{12}\left[\frac{\overset{o}{\varepsilon}_v}{\sigma_v(t)} + k\;\sigma_v^{m-1}(t)\,t^n\right] \;. \qquad (12.74)$$

Mit diesem Rechenverfahren sind für das Werkstoffbeispiel PUR
die Spannungsrelaxation $\sigma_{11}(t)$ und die Kriechschiebung $\varepsilon_{12}(t)$
unter Benutzung der Koeffizienten der Tabellen 3-III und 6-II
numerisch ausgewertet und im Vergleich mit den Meßergebnissen
[256] in den Bildern 12-9a und 12-9b dargestellt. Ebenso wie

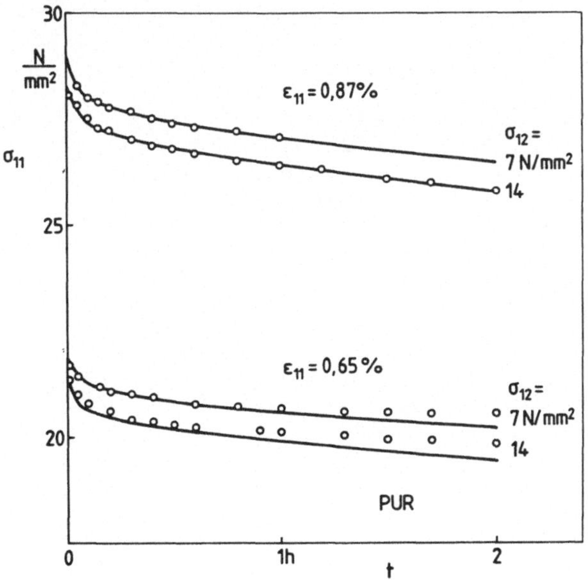

Bild 12-9a

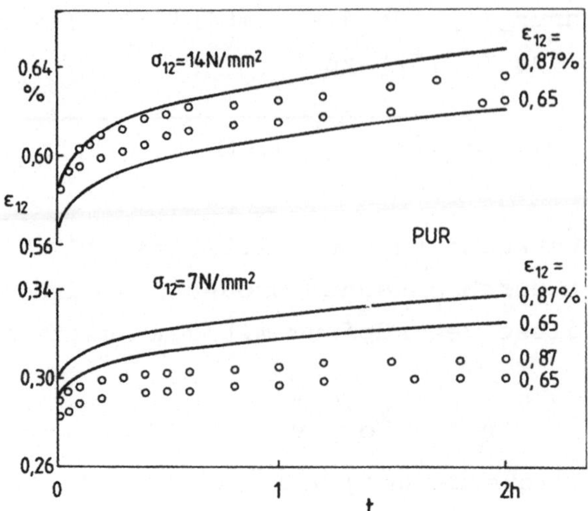

Bild 12-9b

in Bild 12-8a zeigen sowohl Messung als auch Rechnung die durch Dilatanz und Nichtlinearität bedingten Quereffekte.

D Anhang

Obwohl bei Polymerwerkstoffen und superplastischen Metallen
z.B. Bruchdehnungen von A > 1oo % ermittelt werden, sind in
den entsprechenden Normen für den Zugversuch an metallischen
Werkstoffen (DIN 5o 145) oder Kunststoffen (DIN 53 455) die
Spannung und Dehnung als Nennspannung bzw. Nenndehnung angegeben. Diese Nenngrößen haben bei größeren Verformungen nur
fiktiven Wert, da sie die tatsächliche Beanspruchung des
Werkstoffes im Augenblick t der Belastung nur ungenau kenn-
zeichnen. Im folgenden sollen deshalb diese mechanischen Variablen behandelt werden, um damit die Versuchsdurchführun-
gen bzw. Meßmethoden aus den wesentlichen Arbeiten des zitierten Schrifttums zu untersuchen. Darüber hinaus wird auf Probleme eingegangen, die sich aus dem Zusammenhang von experimentellem Befund und Beschreibung des mechanischen Werkstoffverhaltens ergeben.

a) Spannung, Dehnung, Dehnungsgeschwindigkeit

Für den geraden, zylindrischen oder prismatischen Probestab der Länge $L = L(t)$ und der Querschnittfläche $S = S(t)$
erhält man mit den Anfangswerten $L_o = L(t_o)$ und $S_o = S(t_o)$
im Zugversuch zur Zeit t durch die angreifende Kraft $F = F(t)$
die Nennspannung (konventionelle Spannung)

$$\sigma_N = F / S_o \tag{D1}$$

in Abhängigkeit von der Nenndehnung (konventionelle Formänderung)

$$\varepsilon_N = \frac{L-L_o}{L_o} \tag{D2}$$

und der Nenndehnungsgeschwindigkeit (konventionelle Formänderungsgeschwindigkeit)

$$\dot{\varepsilon}_N = \dot{L} / L_o . \tag{D3}$$

Physikalisch sinnvoll sind jedoch nicht diese konventionellen Größen, sondern vielmehr die wahre Spannung (CAUCHYsche Spannung)

$$\sigma = F / S \tag{D4}$$

und die wahre Formänderungsgeschwindigkeit

$$\dot{\varepsilon} = \dot{L} / L, \tag{D5}$$

aus der durch Integration die wahre (effektive, natürliche
oder HENCKYsche) Dehnung

$$\varepsilon = \ln \frac{L}{L_o} \tag{D6}$$

folgt. Den Zusammenhang zwischen den wahren kinematischen
Variablen und den konventionellen Größen erhält man aus
(D2), (D5) und (D6) zu:

$$\varepsilon = \ln(1+\varepsilon_N), \quad \dot{\varepsilon} = \dot{\varepsilon}_N / (1+\varepsilon_N). \tag{D7a,b}$$

Für $|\varepsilon_N| \ll 1$ liefern (D7a,b)

$$\varepsilon \approx \varepsilon_N, \quad \dot{\varepsilon} \approx \dot{\varepsilon}_N. \tag{D8a,b}$$

Die Beziehung (D7a) zwischen wahrer Formänderung ε und
konventioneller Formänderung ε_N ist in <u>Bild D-1</u> dargestellt.

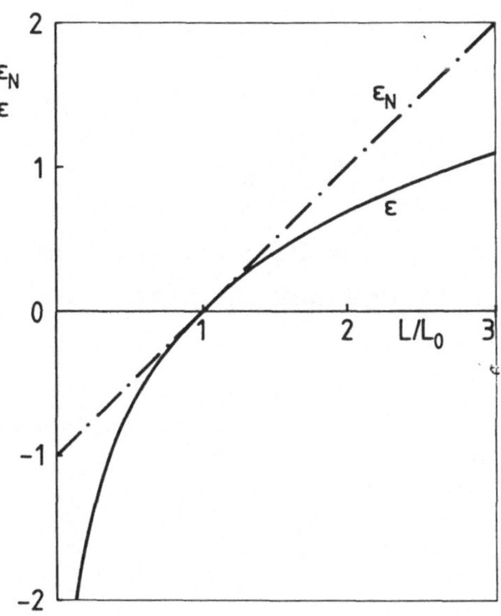

Bild D-1

Für die maximale Verlängerung (L = ∞) ergibt sich die Nenndehnung zu ε_N = ∞, für die maximale Stauchung (L = 0) erhält man ε_N = -1. Dagegen liegt die wahre Formänderung
zwischen +∞ und -∞.

Die Formänderung des Querschnitts S bei Längsbeanspruchung
des Stabes bildet man entsprechend (D2) und (D6). Die konventionelle Querschnittsformänderung[9] lautet

$$q_N = \frac{S-S_0}{S_0} \, , \qquad\qquad (D9)$$

---

9) In DIN 5o 145 wird für die Querschnittsverminderung ΔS_{rel}
   benutzt

die wahre Formänderung ergibt sich zu

$$q = \ln \frac{S}{S_o} \tag{D1o}$$

und für die Beziehung zwischen wahrer und konventioneller Formänderung gilt

$$q = \ln(1+q_N). \tag{D11}$$

Mit (D9) erhält man die Beziehung zwischen der wahren Spannung σ nach (D4) und der Nennspannung σ_N nach (D1) zu

$$\sigma \, / \, \sigma_N = (1+q_N)^{-1} \tag{D12}$$

bzw. mit (D1o) zu

$$\sigma \, / \, \sigma_N = e^{-q}. \tag{D13}$$

Bei Längsbelastung des Stabes lautet der Zusammenhang zwischen der Querschnittsformänderung q_N und der Längsdehnung ε_N unter Berücksichtigung der Querzahl ν

$$1 + q_N = (1-\nu\varepsilon_N)^2, \tag{D14}$$

der mit (D12) die Beziehung zwischen wahrer Spannung σ und Nennspannung σ_N in Abhängigkeit von der Nenndehnung ε_N liefert:

$$\sigma \, / \, \sigma_N = (1-\nu\varepsilon_N)^{-2}, \tag{D15a}$$

bzw. mit (D2)

$$\sigma \, / \, \sigma_N = \left[1-\nu\left(\frac{L}{L_o}-1\right)\right]^{-2}. \tag{D15b}$$

In Bild D-2 ist das Verhältnis $\sigma \, / \, \sigma_N$ entsprechend (D15b) dargestellt.

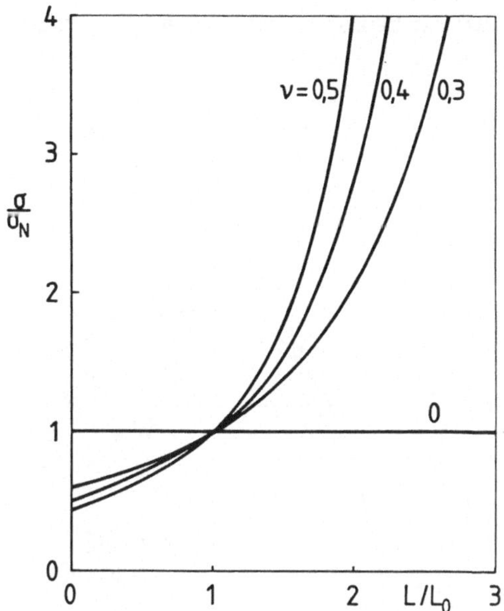

Bild D-2

Die Bilder D-1 und D-2 zeigen, daß bei kleinen Formänderungen, in denen sich die Abmessungen L und L_0 nur wenig unterscheiden, die Nenndehnung und die Nennspannung benutzt werden können.

Bei größeren Verformungen, die bei Kunststoffen z.B. während der Langzeitbeanspruchung und/oder im Bereich hoher Spannungen auftreten, müssen im allgemeinen die wahren mechanischen Variablen σ, ε und $\dot{\varepsilon}$ bestimmt bzw. bei der Formulierung des Werkstoffverhaltens verwendet werden.

Ob ein Werkstoff sich bei größerer Verformung linear oder nichtlinear in seiner Spannung-Verformung-Beziehung verhält, kann mithin erst bei der Betrachtung des Zusammenhangs der Momentanwerte geklärt werden. Geht man z.B. von einer linearen, einachsigen wahren Spannung-wahren Dehnung-Beziehung aus, so ergibt sich mit (D15a) und (D2) sowie dem Ursprungsmodul E der nichtlineare Zusammenhang in den Nenngrößen zu

$$\sigma_N = E(1-\nu\varepsilon_N)^2 \ln(1+\varepsilon_N), \qquad (D16)$$

der in __Bild D-3__ für unterschiedliche Querzahlen ν dargestellt ist.

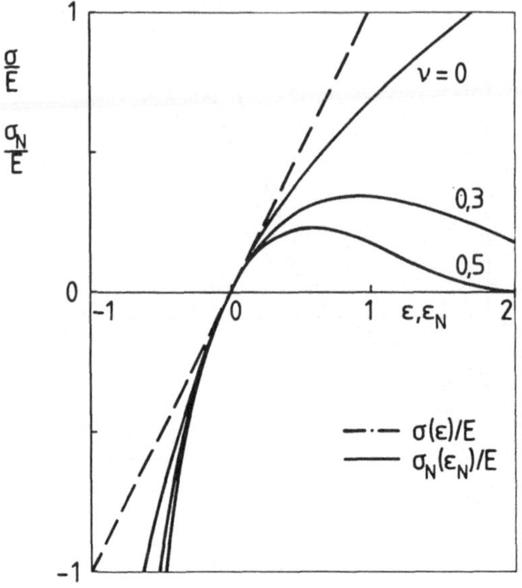

Bild D-3

b) Diskussion experimenteller Untersuchungen und Ergebnisse

Für die in Bild 1-1 dargestellten experimentellen Ergebnisse
[2] an einachsig vorgerecktem (verstrecktem) Werkstoff wurde
wegen der "kleinen" Dehnungen ($\varepsilon < 8\%$) nicht zwischen den
wahren und konventionellen kinematischen Variablen unterschieden. Die jeweils konstanten Dehnungsgeschwindigkeit-
ten wurden aus der Querhauptgeschwindigkeit der Zerreißma-
schine bestimmt. Die Probengeometrie war so ausgewählt, daß
der Fehler infolge der Maschinensteifigkeit unter 1% lag.
Alle Untersuchungen lagen im Bereich der Gleichmaßdehnung.
Zur Berechnung der wahren Spannung wurden die Querdehnungen
gemessen.

Nach diesem Versuchsmuster wurden die meisten herangezogenen Untersuchungen bei zügiger Beanspruchung durchgeführt. Dabei wurde zum Teil auch auf die gesonderte Bestimmung der Querschnittsverminderung verzichtet.

Unter der Voraussetzung, daß die Querhauptverschiebung
der Zerreißprüfmaschine mit der Probenverlängerung ΔL
übereinstimmt, wird nach den Angaben in [13] als wahre
Dehnungsgeschwindigkeit die mit Hilfe einer potentiome-
trischen Messung des Querhauptweges geregelte Querhauptgeschwindigkeit angesetzt (Bild 1-5). Bei einer derarti-
gen Regelung kann aber nur bei großen Probenverlänger-
rungen (nach [13] ist $\Delta L > 5o$ mm) eine hinreichende Genauigkeit erwartet werden, da sonst Meßfehler infolge
der Nachgiebigkeit der Prüfmaschine und der Längenänderung der Probenabschnitte außerhalb der Meßlänge in das
Ergebnis eingehen. Genauer läßt sich zur Erzielung einer
konstanten wahren Dehnungsgeschwindigkeit die Querhauptgeschwindigkeit über die mit Hilfe elektrischer, an die
Probe aufgesetzter Dehnungsaufnehmer regeln, die jedoch
aufgrund ihrer Schneidenkräfte insbesondere bei weichen Werkstoffen auch von Nachteil sein können. Deshalb sollten künf-
tige Untersuchungen mit berührungslosen Meßsystemen durchgeführt werden.

In [14] sind hinsichtlich der im Bild 1-7 dargestellten Meßergebnisse keine Angaben über das Querdehnungsverhalten des
Versuchswerkstoffes während der technischen Kriechbeanspruchung gemacht. Nimmt man an, daß sich die Zugprobe im Ver-
suchszeitraum gleichmäßig über die Meßlänge verformt hat, er-
hält man z.B. für $\varepsilon = 6\%$ und $\sigma_N = 56$ N/mm^2 mit der Querzahl
$\nu = o,4$ gemäß (D15a) eine um etwa 5% höhere wahre Spannung
von $\sigma = 59$ N/mm^2. Für den untersuchten [14] Bereich der hohen Spannungen, in dem schon Nennspannungsunterschiede von
1 N/mm^2 zu Dehnungsgeschwindigkeiten einer anderen Größenordnung führen (Bild 1-7), können deshalb nur physikalische
Kriechversuche mit $\sigma = $ const. genaue Aussagen über das Werkstoffverhalten liefern. Dagegen können z.B. für die Unter-
suchungsergebnisse aus [15] die im Bereich "kleiner" Spannungen und Dehnungen ermittelten konventionellen Größen den
Momentanwerten gleichgesetzt werden (Bild 1-8).

258

Die in Bild 2-2 dargestellten Spannung-Verformung-Kurven
wurden in Zugversuchen 28 mit Dehnungsgeschwindigkeiten
im Bereich $3 \cdot 10^{-3} s^{-1}$ bis $3 \cdot 10^{-2} s^{-2}$ ermittelt. Bei den zä-
hen Werkstoffen wurde die wahre Spannung aus dem Momentan-
querschnitt des verstreckten Bereiches der Zugprobe ermittelt, die wahre Dehnung wurde nach (D7a) bestimmt. Für den
spröden Werkstoff POM in Bild 2-2 wurde die wahre Spannung
über die Annahme der Volumenkonstanz aus

$$\sigma = \sigma_N (1+\varepsilon_N) \qquad\qquad (D17)$$

bestimmt.

Die konventionelle Streck- bzw. Fließspannung, bei der
"die Steigung der Kraft-Längenänderungskurve zum ersten-
mal gleich Null wird" (DIN 53 455) unterscheidet sich we-
gen $\varepsilon_{FN} \approx \varepsilon_F$ (ε_F wahre, ε_{FN} konventionelle Dehnung bei
der Streckspannung) kaum von der wahren Spannung σ_F. Die
Abhängigkeit der Fließgrenze σ_F von der Dehnungsgeschwindigkeit $\dot\varepsilon$ (Bild 2-3) wurde nach [6] aus der Querhauptgeschwindigkeit ermittelt. Da bei Erreichen des Spannungs-
maximums die augenblickliche Spannungsgeschwindigkeit verschwindet, bleiben die üblichen Fehler unberücksichtigt
und die Querhauptgeschwindigkeit kann mit der Nenndehnungsgeschwindigkeit gleichgesetzt werden [6]. Wesentliche Unterschiede in den Streckspannungen treten bei Verwendung der Nenndehnungsgeschwindigkeit gegenüber der wahren Dehnungsgeschwindigkeit im allgemeinen nicht auf, wie
auch experimentelle Ergebnisse in [13] zeigen.

Zur Messung der Probenverlängerung bei einachsiger Längsbeanspruchung wurden in den herangezogenen Untersuchungen
die für Polymerwerkstoffe üblichen optischen, mechanischen
oder elektrischen Methoden angewandt. In [54] ist angegeben, daß die Untersuchungen an PC (Bilder 5-5 bis 5-7) mit
Dehnungsmeßstreifen durchgeführt worden sind, eine Technik,
die für Kunststoffe problematisch ist. Schwierigkeiten bei

der Anwendung der DMS-Meßtechnik können die Temperaturkom-
pensation, die zu Crazes oder Rissen führende Unverträg-
lichkeit von Klebstoff und Probenwerkstoff sowie die ver-
steifende Wirkung von Klebstoff und DMS bereiten. So versagen insbesondere dünnwandige Probekörper bevorzugt in
unmittelbarer Nähe der Meßstelle. Hinsichtlich der Versuchsergebnisse in [54] sollen jedoch Voruntersuchungen
gezeigt haben, daß das mechanische Verhalten der untersuchten Werkstoffe durch die Applikation der DMS nicht beeinflußt worden ist. Darüber hinaus sollen die Ergebnisse
in guter Übereinstimmung mit anderen Untersuchungsergebnis-
sen stehen, die mit optischen bzw. mechanischen (Setz-
dehnungsmeßgeräte) Verfahren ermittelt worden sind.

Bei der experimentellen Untersuchung des mechanischen
Werkstoffverhaltens spielt die Probenpräparation im Hinblick auf Eigenspannungen und mechanische Anisotropie
eine wesentliche Rolle. Ohne gesonderten Nachweis wurde
in den meisten der angeführten Untersuchungen angenommen, daß Eigenspannungsfreiheit durch Tempern erzielt
werden konnte. Wenn nicht gezielt vorverformte Werkstoffe untersucht werden sollten, wie z.B. in [16,28],
wurde bei den Untersuchungen mit einachsigem Spannungszustand im allgemeinen Isotropie vorausgesetzt. Diese
Vorgehensweise ist im Bereich kleiner Verformungen möglich, wenn z.B. die Längsachsen der zu prüfenden Proben
mit der gleichen Richtung des Ausgangsmaterials zusammenfallen. Bei größeren Formänderungen, bei denen mit
der wahren Spannung gerechnet werden muß, ist das anisotrope mechanische Verhalten, das sich z.B. durch unterschiedliche Querdehnungen bei einachsiger Längsbeanspruchung des Zugstabes bemerkbar macht, experimentell zu
bestimmen und in der Rechnung zu berücksichtigen. In diesem Fall kann die wahre Spannung nicht mehr nach (D15a,b)
berechnet werden.

Bei der makroskopischen Betrachtungsweise des mechanischen Werkstoffverhaltens bleiben die durch Beanspruchung entstehenden strukturellen Änderungen des Werkstoffes, die zu gegenüber dem Ausgangszustand geändertem mechanischen Verhalten führen können, unberücksichtigt. In dem für die konstruktive Verwendung interessierenden Bereich "kleinerer" Verformungen ist diese Vorgehensweise im Sinne der Kontinuumsmechnik gerechtfertigt; sie führt am einfachsten zu Ergebnissen. Jedoch müssen insbesondere beim Auftreten von Werkstoffschädigungen mikromechanische Prozesse [216] in Berechnungsverfahren zum Einsatz von Polymerwerkstoffen mit einbezogen werden.

Zur Überprüfung kontinuumsmechanischer Ansätze zur Beschreibung des Werkstoffverhaltens haben deshalb FINDLEY und Mitarbeiter [42] die Kriech- und/oder Relaxationsversuche bei kleinen Belastungen und kurzen Belastungszeiten durchgeführt. Die zum Vergleich mit den in dieser Arbeit entwickelten Rechenverfahren herangezogenen experimentellen Ergebnissen sind in den Bildern 3-3, 4-3, 5-4, 6-3, 6-13 bis 6-15 und 12-7 bis 12-9 dargestellt. Sowohl die einachsigen Untersuchungen als auch diejenigen mit kombinierter Zug-, Druck- und Torsionsbeanspruchung wurden an ein und derselben Prüfmaschine unter den gleichen Umgebungsbedingungen durchgeführt. Sie eignen sich deshalb besonders gut zur Vorhersage des mechanischen Verhaltens bei mehrachsiger Beanspruchung aus den Ergebnissen einachsiger Grundversuche. Die Prüfmaschine wurde eigens für diese Untersuchungen entwickelt; durchführen lassen sich mit ihr Kriech- oder Relaxationsuntersuchungen und kombinierte zeitabhängige Versuche, bei denen der Probenkörper simultan in der einen Richtung kriecht und in der anderen relaxiert. Zur Vermeidung von Exzentrizitätsfehlern beim Einspannen der zylindrischen Hohlproben wurde ein spezielles, mit induktiven Wegaufnehmern arbeitendes Meßgerät verwendet. Die Längenänderungen wurden mittels eines aufsetzbaren, von der überla-

gerten Torsionsbeanspruchung unbeeinflußten Dehnungsmeß-
gerätes aufgenommen und die Winkeländerungen infolge
Torsionsbeanspruchung durch optisches Vermessen der re-
lativen Verschiebung von Markierungen ermittelt. Die
von FINDLEY u.a. durchgeführten Untersuchungen zeichnen
sich durch einen, für Polymerwerkstoffe besonders erforderlichen, hohen Grad an Genauigkeit aus. Diese umfangreichen experimentellen Ergebnisse an ein und demsel-
ben Werkstoff sind in ihrer Gesamtheit im Schrifttum ein-
malig. Sie wurden deshalb auch zur Überprüfung theoreti-
scher Untersuchungen in anderen Arbeiten herangezogen.

Einen hohen experimentellen Aufwand erfordern die Versuche mit hydrostatischer Druckbeanspruchung, in denen
das mechanische Werkstoffverhalten bei Zug-, Druck-
oder Torsionsbeanspruchung in Abhängigkeit vom überlagerten hydrostatischen Druck untersucht werden kann
[123 bis 144]. Für diese Untersuchungen wurden unterschiedliche Belastungsvorrichtungen entwickelt. Mögli-
che Einflüsse des Druckmittels auf die Versuchswerk-
stoffe wurden z.B. durch dünne Überzüge verhindert. Besonders zur genauen Bestimmung des unterschiedlichen
Verhaltens gegenüber Zug- und Druckbeanspruchung bei
hydrostatischer Drucküberlagerung (für die Streckgrenze als S-D-Effekt, strength-differential-effect, bezeichnet) müssen die wahren Spannungen ermittelt werden. Da in den hydrostatischen Druckvorrichtungen keine Dehnungsaufnehmer an die Proben angesetzt werden können, wurde die Längsformänderung der Probestäbe aus dem
Querhauptweg der Zugprüfmaschine und/oder mittels foto-
grafischer Aufnahmen des Meßlängenprofils durch entsprechende Fenster (z.B. [125,139]) ermittelt. Damit
läßt sich auch der momentane Durchmesser zur Bestimmung
der wahren Spannung ermitteln. Zur Separierung der im
Querhauptweg enthaltenen Prümaschinenverformung wurde
an Stahlproben die elastische Verformung bei gleichem
Belastungszustand wie bei den Polymerwerkstoffen ge-

messen und von der Querhauptverschiebung bei der Prü-
fung der Kunststoffproben abgezogen (z.B. [144]). Die
wahren Spannungen konnten dann gemäß (D15a) bestimmt
werden (z.B.[134]).

Für die Untersuchungen über die Abhängigkeit des Schubmoduls bzw. der Schubfließgrenze vom hydrostatischen
Druck wurde z.B. in [13o] eine Versuchseinrichtung verwendet, mit der die Verdrehung der zylindrischen Hohlprobe über ein Spiegelsystem außerhalb der Hochdruck-
einheit gemessen werden konnte. Die wahre Spannung an der
Probenoberfläche wurde nach einer Analyse von NÁDAI aus
dem Torsionsmoment, dem Außendurchmesser der Probe und
der Schiebung an der Oberfläche berechnet[13o].

Die aus den zitierten Untersuchungen mit hydrostatischer
Drucküberlagerung verwendeten Versuchsergebnisse sind in
den Bildern 7-1a bis 7-5b und 1o-1 dargestellt. In den
Bildern 8-1a,b, 8-5 und 12-1 sind experimentelle Ergebnisse aus spannungsoptischen Untersuchungen [182,191]
bei überlagerter hydrostatischer Druckbeanspruchung der
Zugprobe wiedergegeben. Die Verformungen wurden dabei
als Verschiebung von Meßmarken fotografisch aufgenommen
und in wahren Formänderungen angegeben. Die Dehnungsgeschwindigkeit wird für diese Gruppe der Versuche zwischen $10^{-3}s^{-1}$ bis $10^{-5}s^{-1}$ angegeben. Da es sich dabei
aber ausnahmslos um die Querhauptgeschwindigkeit der Zerreißprüfmaschine handelt, in die die hydrostatische Druck-
vorrichtung eingesetzt wurde, bleibt die Frage nach dem
Einfluß der wahren Formänderungsgeschwindigkeit auf das
Werkstoffverhalten bei überlagerter hydrostatischer Druckbeanspruchung bisher ungeklärt.

Zur Untersuchung des orthotropen Fließverhaltens der
behandelten Werkstoffgruppe wurden die Experimente an
Proben durchgeführt, die aus verstreckten Folien (z.B.
[2o4,2o5]), Platten (z.B.[224]) oder Stangen (z.B.[227])

hergestellt worden sind. Die verwendeten experimentellen Ergebnisse sind in den Bildern 9-2, 9-4 bis 9-7,
9-9 bis 9-11 dargestellt. Die Nenndehnungsgeschwindig-
keiten für diese Versuche wurden mit etwa $10^{-5}s^{-1}$ bis
$10^{-3}s^{-1}$ angegeben. Die Schubversuche an Folien (Folien-
dicke etwa o,2 bis o,5 mm) wurden mit Belastungsrahmen
durchgeführt [2o4]. Da bei Beanspruchung Folienebene
und Belastungsebene nicht immer zusammenfallen, muß mit
fehlerhaften Versuchsergebnisse gerechnet werden. Dagegen
wurde mit der in [2o5] angegebnen, gekerbten Probenform
(Dumbell-Probe) und der entsprechenden Belastungsvorrich-
tung ein fast "reiner Schubspannungszustand" verwirklicht.
Druckversuche in Abhängigkeit von der Orientierung wurden
nach den Angaben in [224] im Flachstauchversuch durchgeführt. Wegen der versuchsbedingten Querdehnungsbehinderung
sind keine einachsigen Druckfließgrenzen ermittelt worden.

Geeigneter zur Untersuchung orthotroper Werkstoffeigenschaften sind dünnwandige, zylindrische Hohlproben aus
orientiertem Werkstoff, in denen z.B. durch Innendruck
und/oder Längsbeanspruchung unterschiedliche zweiachsige Hauptspannungszustände erzeugt werden können. Für
entsprechende Untersuchungen [277] wurden dafür gerade,
zylindrische Vollstäbe im einachsigen Zugversuch plastisch verformt und aus dem sich über die Stablänge aus-
gebreiteten Einschnürbereich dünnwandige Hohlproben hergestellt. Während der Belastung wurden die Längsverfor-
mung und die Änderung des Außendurchmessers registriert,
so daß mit der Annahme der Volumenkonstanz wahre Spannung-Verformung-Kurven gezeichnet werden konnten. Für
die einachsige Beanspruchung wurden daraus o,3 %-wahre
Dehnspannungen bestimmt.

Bei mehrachsiger Beanspruchung können bei fehlender aus-
geprägter Streckgrenze die Dehnspannungen nicht wie in
[158] vorgeschlagen aus den Spannung-Dehnung-Kurven der
einzelnen Belastungsvorrichtungen unmittelbar bestimmt

264

werden, sondern sie sind im Hinblick auf den Vergleichs-
spannung-Vergleichsdehnung-Zusammenhang (Werkstoffanstrengung) mechanisch sinnvoll bei ein und derselben Vergleichsdehnung festzulegen. Dazu bildet man aus den gemessenen
Formänderungen der einzelnen Richtungen die Abhängigkeit
der Spannungen der einzelnen Richtungen von der Vergleichsdehnung und ermittelt die entsprechende Dehnspannung.
Schwierigkeiten bereitet diese Vorgehensweise aber,
wenn durch das Experiment die Vergleichsspannung bzw.
-dehnung erst formuliert oder nachgeprüft werden soll.
Deshalb wurde für die Untersuchung orthotroper Werkstoffe in [227] als Vereinfachung die isotrope Vergleichsdehnung ε_v nach (8.31c) mit $\nu = 1/2$ berechnet
und die "Fließgrenze" in Längs- und Umfangsrichtung
ebenfalls als o,3 %-wahre "Vergleichsdehnspannungen"
bestimmt. Bei strenger Vorgehensweise hätte eine mit
der orthotropen Vergleichsspannung korrespondierende
orthotrope Vergleichsdehnung nach der Theorie des plastischen Potentials formuliert werden müssen. Da in
dieser allerdings auch Anisotropie- und BAUSCHINGER-
Koeffizienten z.B. entsprechend (9.19) enthalten sind
und diese Koeffizienten aus statischen (Gln. (9.2oa)
bis (9.2oe)) oder aus statischen und kinematischen
Kenngrößen (Gln. (11.19a) bis (11.23c)) zu ermitteln
sind, ist die Bestimmung der Dehnspannung schon unter
der Voraussetzung konstanter, von der Verformung unabhängiger Koeffizienten problematisch.

Die Bestimmung der einzelnen Dehngrenzen von isotropen Werkstoffen bereiten bei mehrachsigem Spannungszustand ähnliche Schwierigkeiten, wenn das Werkstoffverhalten nicht mit den aus dem quadratischen plastischen Potential folgenden Beziehungen beschreibbar ist.
Wie die Bilder 11-3 und 11-4 zeigen, ergeben sich für
$\varepsilon_v =$ const. (in den Bildern sind die plastischen Form-
änderungsgeschwindigkeiten formal durch die Formänderungen zu ersetzen) bei unterschiedlichem Werkstoff-

verhalten gegenüber Zug- und Druckbeanspruchung ($\kappa \neq 0$)
Fließortkurven, die je nach numerischem Wert von κ erheblich vom "MISESschen Verhalten" ($\kappa = 0$) abweichen.
Ermittelt man jedoch die Ansatzfreiwerte - im isotropen Fall z.B. a_1 und a_2 in (12.12) - aus einachsigen
Grundversuchen z.B. für die Vergleichsspannung (12.4),
dann läßt sich bei mehrachsiger Beanspruchung die Vergleichsdehnung z.B. nach (12.12) aus den Meßwerten berechnen und die $\sigma_{ij} - \varepsilon_v$ (i,j, = 1...3) Zusammenhänge
darstellen. Aus diesen können dann nach der üblichen
Methode die Dehnspannung für einen bestimmten Betrag
von ε_v ermittelt werden.

Die herangezogenen experimentellen Ergebnisse [113,16o,
162,166] bei zweiachsigem Spannungszustand und Isotropie sind in den Bildern 1o-4 und 1o-5 dargestellt. Für
die Ergebnisse in Bild 1o-4 wurden die üblichen Versuchs-
techniken verwendet. Diejenigen in Bild 1o-5 sind dagegen an gekerbten Proben ermittelt worden, die ursprünglich zur Untersuchung faserverstärkter Werkstoffe entwickelt worden sind und durch deren Geometrie bei einachsiger äußerer Last gleichmäßige ebene Spannungsfel-
der erzeugt werden können. Die Probengeometrie bringt
Vorteile etwa in der einfachen Herstellung der Probenkörper, in der Verwendung von Universalzugprüfmaschinen
und in der Bestimmung von Zug- und Druckfließgrenzen
ohne Änderung der Probenform. Als nachteilig ist anzusehen, daß nur Hautspannungen mit unterschiedlichem Vor-
zeichen aufgebracht werden können und die Homogenität
des Spannungszustandes durch Spannungskonzentration beschränkt ist. Die experimentellen Ergebnisse [166], die
mit dieser Probengeometrie ermittelt worden sind, zeigen
aber eine gute Übereinstimmung mit Ergebnissen anderer
Untersuchungen und lassen damit eine erfolgversprechen-
de Anwendung erwarten.

E Schrifttumsverzeichnis

1   Troost, A., Einführung in die allgemeine Werkstoffkunde
        metallischer Werksroffe I, Mannheim/Wien/
        Zürich 1980

2   Brereton, M.G., S.G. Croll, R.A. Duckett und J.M. Ward,
        J. Mech. Phys. Solids 22 (1974) 97

3   Duckett, R.A., S. Rabinowitz und J.M. Ward,
        J. Mater. Sci. 5 (1970) 905

4   Roetling, J.A., Polymer 6 (1965) 311

5   Lohr, J.J., Trans. Soc. Rheol. 9 (1965) 65

6   Bauwens-Crowet, C., J. Bauwens und G. Homes,
        J. Polym. Sci. 7 (1969) 735

7   Zitek, P. und J. Zelinger, J. Appl. Polym. Sci.14 (1970)
        1243

8   Truss, R.W. und G.A. Chadwik, J. Mater. Sci. 11 (1976) 111

9   Mac Gregor, C.W. und J.C. Fisher,
        J. Appl. Mech. 67 (1945) 217

10 Orowan, E., Brit. Iron Steel Res. Assn. Rep. MW/F 22/50,
        London 1950

11 Hocket, J.E., Proc. ASTM 59 (1959) 1309

12 Kienzle, O. und H. Bühler, Z. Metallkde. 55 (1964) 668

13 Roeder, E. und H.G. Hilpert, Kunststoffe 73(1983)199

14 Mindel, M.J. und N. Brown, J. Mater. Sci. 8 (1973) 863

15 Benham, P.P. und S.J. Hutchinson,
        Polym. Eng. Sci. 11 (1971) 335

16   Ward, J.M. und E.T. Onat, J. Mech. Phys. Solids
          11 (1963) 217

17   Andrade, E.N. da C. und B. Chalmers,
          Proc. Roy. Soc. A 138 (1932) 348

18   Norman, E.C. und S.A. Duran, Acta Met. 18 (197o) 723

19   Borch, N.R. und J.R. Hauber, Trans. Met. Soc. AIME
          242 (1968) 1933

2o   Watanabe, T. und S. Karashima, Supp. Trans. Jap. Inst.
          Met. 9 (1968) 242

21   Schmidt, H., Kunststoffe 66 (1976) 9o

22   Lee, D. und E.W. Hart, Met. Trans. 2 (1971) 1245

23   Gupta, J. und J.C.M. Li, Met. Trans. 1 (197o) 2323

24   Rohde, R.W. und T.V. Nordstron, Mater. Sci. Eng.
          12 (1978) 179

25   Li, J.C.M., Can. J. Phys. 45 (1967) 493

26   Kubát, J., J. Petermann und M. Rigdahl,
          Mater. Sci. Eng. 19 (1975) 185

27   Davis, L.A. und C.A. Pampillo,
          J. Appl. Phys. 42 (1971) 4659

28   Bahadur, S., Polym. Eng. Sci. 13 (1973) 266

29   Eyring, H., J. Chem. Phys. 4 (1936) 283

3o   Ludwik, P., Elemente der technologischen Mechanik,
          Berlin 19o9

31   Robertson, R.E., Appl. Polym. Symp. 7 (1968) 2o1

32   Holt, D.L., J. Appl. Polym. Sci. 12 (1968) 1653

33   Imai, Y. und N. Brown, J. Polym. Sci. 14 (1976) 723

34   Verheulpen-Heymans, N. und J.C. Bauwens,
          J. Mater. Sci. 11 (1976) 17

35   Holt, D.L. und W.A. Backofen, Trans. ASME 59 (1966) 755

36   Frommeyer, G., Z. Metallkde 7o (1979) 573

37   Menges, G., Kunststoffe 63 (1973) 95, 173

38   Brüller, O.S., H. Potente und G. Menges, Rheol. Acta
          16 (1977) 282

39   Burgers, J.M., First Report on Viscosity and Plasticity,
          Amsterdam 1935

4o   Ehrenstein, G.W., Elastisches, viskoelastisches und vis-
          koses Verformungsverhalten, in: Belastungsgren-
          zen von Kunststoffbauteilen, VDI-Verlag 1975

41   Turner, A., Mechanical Behavior of High Polymers,
          New York 1948

42   Findley, W.N., J.S. Lai und K. Onaran,
          Creep and Relaxation of Nonlinear Viscoelastic
          Materials, Amsterdam,New-York,Oxford 1976

43   Nutting, P.G., Proc. ASTM 21 (1921) 1162

44   Prandtl, L., Z. angew. Math. Mech. 8 (1928) 85

45   Soderberg, C.R., Trans. ASME 58 (1936) 733

46   Dorn, J.E., J. Mech. Phys. Solids 3 (1955) 85

47   Garofalo, F., Fundamentals of Creep and Creep Rupture
          in Metals, New York 1965

48   Norton, F.N., The Creep of Steel at High Temperature,
          New York 1926

49   Bailey, R.W., Trans. World Powder Conf., Tokyo 1929

5o   Sauer, J.A. und K.D. Pae, Colloid and Polym. Sci.
          252 (1974) 68o

51   Miles, M.J. und N.J. Mills, Polym. Eng. Sci.
          17 (1977) 1o1

52   Draper, N.R. und H. Smith, Applied Regression Analysis,
          New York 1966

53   Bronstein, J. und K. Semendjajew, Taschenbuch der
          Mathematik, Frankfurt, Zürich 1973

54   Brinson, H.F. und A. Das Gupta, Exp. Mech.15(1975) 458
          und H. Kausch u.a. (Hrsg.): Deformation and
          Fracture of High Polymers, New York 1974

55   Shaw, R.P. und F.A. Cozzarelli, Int. J. Non-Linear Mech.
          5 (197o) 171

56   Marin, J. und Y.H. Pao , Proc. ASTM 51 (1951) 1277

57   Lewin, G. und T. Wagner, Wiss. Z. O.v. Guericke 23 (1979)
          159

58   McVetty, P.G., Trans. Am. Soc. Mech. Engrs. 55 (1933) 99

59   Brüller, O.S. und D. Pütz, Rheol. Acta 15 (1976) 143

6o   Bland, D.R., The Theory of Linear Viscoelasticity,
           New York 196o

61   Boltzmann, L., Pogg. Ann. Physik 7 (1876) 624

62   Gummert, P., Materialgesetze des Kriechens und der
           Relaxation, Düsseldorf 1978

63   Schreyer, G. (Hrsg.), Konstruieren mit Kunststoffen,
           München 1972

64   Leaderman, H. , Elastic and Creep Properties of
           Filamentous Materials, Textile Foundation,
           Washington, D.C. 1943

65   Green, A.E. und R.S. Rivlin, Arch. Rat. Mech. Anal.
           4 (196o) 387

66   Pipkin, A.C., Rev. of Modern Physics, 36 (1964) 1o34

67   Onaran, K. und W.N. Findley, Trans. Soc. Rheol.
           9 (1965) 299

68   Lifschitz, J.M., H. Kolsky, Int. J. Solids and Structures,
           3 (1967) 383

69   Lockett, F.J., Int. J. Eng. Sci. 3 (1965) 59

7o   Neis, V.V. und J.L. Sackmann, Trans. Soc. Rheol.
           11 (1967) 3o7

71   Sturm, G., C. Dumont und F.M. Howell,
           J. Appl. Mech. 3 (1939) A 62

72   Crussard, C., Métaux 457 (1963) 299

73   Vinogradov, G.V., V.D. Fikhman und B.V. Radushkevich,
           Rheol. Acta 11 (1972) 286

74   Phillips, F., Phil. Mag. 9 (19o5) 513

75   Weaver, S.H., Trans. ASME 58 (1936) 745

76   Andrade, E.N., Proc. Roy. Soc. A 84 (191o) 567

77   Graham, A. und K.F.A. Walles, J. Iron and Steel Inst.
           179 (1955) 1o5

78   Terlaak, D., Dr.-Ing. Dissertation, RWTH Aachen 1963

79   Menges, G. und F. Overath, 3 R international 17 (1978) 483

8o   Rabotnov, Y.N., Creep Problems in Structural Members,
     Amsterdam, London 1969

81   Davenport, C.C., J. Appl. Mech. 5 (1938) A 55

82   Gross, B., J. Appl. Phys. 18 (1947) 212

83   Henderson, C., Proc. Roy. Soc. A 2o6 (1951) 72

84   Aklonis, J.J. und A.V. Tobolsky, J. Appl. Phys. 37
         (1966) 1949

85   Gradowczyk, M.H., F. Moavnzadeh und J.E. Soussou,
         J. Appl. Phys. 4o (1969) 1783

86   Lai, J.S.Y. und W.N. Findley, Trans. Soc. Rheol.
         12 (1968) 259

87   Lai, J.S.Y. und W.N. Findley, Trans. Soc. Rheol.
         12 (1968) 243

88   Zener, C. und J.H. Hollomon, J. Appl. Phys. 17 (1946) 69

89   Swift, H.W., J. Mech. Phys. Solids 1 (1952) 1

9o   Troost, A. und E. El-Magd, Metall 27 (1973) 335

91   El-Magd, E. und A. El-Schennawi, Metall 31 (1977) 51o

92   Struik, L.C.E., Polymer. Eng. Sci. 17 (1977) 165

93   Schlimmer, M., Kunststoffe 7o (198o) 5oo, 778

94   Schlimmer, M., Z. Werkstofftechn. 1o (1979) 417

95   Hart, E.W., Acta Metallurgica 18 (197o) 599

96   Pink, E. und A. Kronthaler, Materialprüf. 19 (1977) 2o1

97   Bauwens-Crowet, C., J.M. Ots und J.C. Bauwens,
         J. Mater. Sci. 9 (1974) 1197

98   Penny, R.K. und D.L. Mariott, Design for Creep,
         London 1971

99   Finnie, J. und W.R. Heller, Creep of Engineering
         Materials, London 1959

1oo Pipkin, A.C. und T.G. Rogers, J. Mech. Phys. Solids
         16 (1968) 59

1o1 Findley, W.N. und J.S.Y. Lai, Trans. Soc. Rheol.
         11 (1967) 361

1o2   Nolte, K.G. und W.N. Findley, Trans. ASME,
         J. Basic Eng. 92 (197o) 1o5

1o3   Turner, S., Polym. Eng. Sci. 1o (1966) 3o6

1o4   Schlimmer, M., Rheol. Acta 18 (1979) 62

1o5   Distéfano, N. und R. Todeschini, Int. J. Solids and
         Structures, 9 (1973) 8o5

1o6   Hill, R., J. Mech. Phys. Solids 1 (1953) 271

1o7   Theocaris, P.S. und C.R. Hazell, J. Mech. Phys. Solids
         13 (1965) 281

1o8   Hazell, C.R. und J. Marin, Int. J. Mech. Sci. 9 (1967) 57

1o9   Shiratori, E. und K. Ikegami, J. Mech. Phys. Solids
         16 (1968) 373

11o   Arcan, M., Z. Hashin und A. Voloshin, Exp. Mech.
         18 (1978) 147

111   Michno, M.J. und W.N. Findley, Int. J. Non-Linear Mech.
         11 (1976) 59

112   Bowden, P.B. und J.A. Jukes, J. Mater. Sci. 3 (1968) 183

113   Whitney, W. und R.D. Andrews, J. Polym. Sci. 16 (1967)
         2981

114   Mises, R.v., Nachr. d. Kgl. Ges., Math. Phys. Klasse,
         Göttingen (1913) 582

115   Hencky, H., Z. angew. Math. Mech. 5 (1925) 116

116   Mises, R.v., Z. angew. Math. Mech. 8 (1928) 161

117   Lévy, M., C.R. Acad. Sci. Paris 7o (187o) 1323

118   Prandtl, L., Proc. 1st. Inst. Long. Appl. Mech.
         Delft (1924) 43

119   Reuss,A., Z. angew. Math. Mech. 1o (193o) 226

12o   Troost, A., Naturwiss. 56 (1969) 559

121   Bridgman, P.W., Studies on Large Plastic Flow and
         Fracture, New York 1952

122   Holliday, L., J. Mann, G.A. Pogany, H. Pugh und D.A. Gunn,
         Nature 2o2 (1964) 381

123   Ainbinder, S.B., M.G. Laka und J.Yu Maiors,
         Mekh. Polim. 1 (1965) 65

124 Pae, K.D. und D.R. Mears, Polym. Letters 6 (1968) 269

125 Sadar, D., S.V. Radcliffe und E. Baer, Polym. Eng. Sci.
        8 (1968) 29o

126 Mears, D.R., K.D. Pae und J.A. Sauer, J. Appl. Phys.
        4o (1969) 4229

127 Vroom , W.J. und R.F. Westover, SPEJ 25 (1969) 58

128 Biglione, G., E. Baer und S.V. Radcliffe, Proc. 2th. Int.
        Conf. on Fracture, Brighton 1969

129 Sauer, J.A., D.R. Mears und K.D. Pae,
        Europ. Polymer J. 6 (197o) 1o15

13o Rabinowitz, S., J.M. Ward und J.S.C. Parry,
        J. Mater. Sci. 5 (197o) 29

131 Joseph, S.H. und R.A. Duckett, Polymer 19 (1978) 837

132 Ward, J.M., J. Mater. Sci. 6 (1971) 1397 und
        Polym. Sci. Symp. 32 (1971) 195

133 Truss, R.W., R.A. Duckett und J.M. Ward,
        J. Mater. Sci. 16 (1981) 1689

134 Christiansen,A.W., E. Baer und S.V. Radcliffe,
        Phil. Mag. 24 (1971) 451

135 Pugh, H., E.F. Chandler, L. Holliday und J. Mann,
        Polym. Eng. Sci. 11 (1971) 463

136 Bhateja, S.K. und K.D. Pae, Polym. Letters 1o (1972) 531

137 Radcliffe, S.V., in: Deformation and Fracture of
        High Polymers, New York 1973

138 Parry, E.J. und D. Tabor, J. Mater. Sci. 9 (1974) 289

139 Matsustige, K., S.V. Radcliffe und E. Baer,
        J. Mater. Sci. 1o (1975) 833

14o Matsustige, K., S.V. Radcliffe und E. Baer,
        J. Appl. Polym. Sci. 14 (1976) 7o3
        und 2o (1976) 1853

141 Yoon, H.N., K.D. Pae und J.A. Sauer,
        Polym. Eng. Sci. 16 (1976) 564 und
        J. Polym. Sci. Polym. Phys. 14 (1976) 1611

142 Silano, A.A., K.D. Pae und J.A. Sauer,
        3rd Int. Conf. on Deformation, Yield and
        Fracture of Polymers, Cambridge 1976

143 Sauer, J.A., Polym. Eng. Sci. 17 (1977) 15o

144 Duckett, R.A., J. Mater. Sci. 15 (198o) 2471

145 Murnaghan, F.D., Am. J. Math. 59 (1937) 235

146 Birch, F., J. Appl. Phys. 9 (1938) 279

147 Pae, K.D., J. Mater. Sci. 12 (1977) 12o9

148 Sternstein, S.S. und L. Ongchin,
        A.C.S. Polym. Prep. 1o (1969) 1117

149 Tresca, H., Mém. Prés. par div. Savants 2o (1868) 733

15o Coulomb, C.A., Mém. Math. et Phys. 7 (1773) 343

151 Tschoegel, N.W., J. Polym. Sci. C 32 (1971) 239

152 Hu, L.W. und K.D. Pae, J. Franklin Inst. 275 (1963) 491

153 Drucker, D.C. und W. Prager, Quart. Appl. Math.
        1o (1952) 157

154 Schleicher, F., Z. angew. Math. Mech. 6 (1926) 199

155 Schlimmer, M., Dr.-Ing. Dissertation, RWTH Aachen 1974

156 Troost, A. und M. Schlimmer, Mech. Res. Comm. 2 (1975) 165

157 Troost, A. und M. Schlimmer, Mater. Sci. Eng. 26 (1976) 23

158 Bardenheier, R., Mechanisches Versagen von Polymer-
        werkstoffen, München 1982

159 Ehrhard, G., VDI-Z. 121 (1979) 179

16o Raghava, R., R.M. Caddell und G.S.Y. Yeh, J. Mater. Sci.
        8 (1973) 225

161 Raghava, R. und R.M. Caddell, Int. J. Mech. Sci. 15 (1973)
        967

162 Bauwens, J.C., J. Polym. Sci. 8 (197o) 893

163 Whitfield, J.K. und C.W. Smith, Exp. Mech. 12 (1972) 67

164 Wronski, A.S. und M. Pick, J. Mater. Sci. 12 (1977) 28

165 Spitzig, W.A. und O. Richmond, Polym. Eng. Sci.
        19 (1979) 1129

166 Freire, J.L.F. und W.F. Riley, Exp. Mech. 2o (198o) 118

167 Sternstein, S.S. und F.A. Myers, J. Mater. Sci. Phys.
          B 8 (1973) 557

168 Oxborough, R.J. und P.B. Bowden, Phil. Mag. 28 (1973) 547

169 Gent, A.N., J. Mater. Sci. 5 (1970) 925

170 Brown, N., Mater. Sci. Eng. 8 (1971) 69

171 Haward, R.N., B.M. Murphy und E.F.T. White,
          J. Polym. Sci. A 2, 9 (1971) 801

172 Kitagawa, M., J. Polym. Sci. 15 (1977) 1601

173 Menges, G., Werkstoffkunde der Kunststoffe,
          München, Wien 1979

174 Brown, N., J. Mater. Sci. 18(1983)2241

175 Argon, A.S. und M.J. Bessonov,
          Polym. Eng. Sci. 17 (1977) 174

176 Bowden, P.B. und S. Raha,
          Philos. Mag. 29 (1974) 149

177 Thierry, A., R.J. Oxborough und P.B. Bowden,
          Philos. Mag. 30 (1974) 52

178 Menges, G., Kunststoffe 57 (1967) 1

179 Menges, G. und H. Schmidt,
          Plastics and Polym. (1970) 1

180 Skupin, L., MM-Industriejourn. 78 (1972) 723

181 Betten, J., Elementare Tensorrechnung für Ingenieure,
          Braunschweig 1977

182 Nishitani, T. und Y. Murayama,
          J. Mater. Sci. 15 (1980) 1609

183 Pipkin, A.C., Lectures on Viscoelasticity Theory,
          New York 1972

184 Gross, B., Mathematical Structure of the Theory
          of Viscoelasticity, Paris 1953

185 Muki, R. und E. Sternberg, J. Appl. Mech.
          (1961) 193

186 Cristescu, N., Dynamic Plasticity, Amsterdam 1967

187 Drucker, D.C., Proc. 1st U.S. Nat.Congr. Appl. Mech.
          (1951) 487

188   Drucker, D.C., Quater. Appl. Math. 14 (1956) 35

189   Betten, J., Acta Mech. 32 (1979) 233

19o   Troost, A., E. El-Magd und A. El-Schennawi, Mehrach-
                siges Druck-, Zug-, Schicht- und Behäl-
                terkriechen in elementarer und einheit-
                licher Darstellung, Forschungsbericht des
                Landes Nordrhein-Westfalen Nr. 3o71, 1981

191   Nishitani, T., J. Mater. Sci. 12 (1977) 1185

192   Ramberg, W. und W.R. Osgood, NACA TN 9o2 (1943)

193   Troost, A. und J. Betten, Arch. Eisenhüttenwesen
                41 (197o) 499

194   Odquist, F.K.G., IV. Int. Cong. Appl. Mech.
                Cambridge 1934, 228

195   Marin, J., J. Appl. Mech. 4 (1937) 21

196   Marin, J., Mech. Properties of Materials and Design,
                New York 1942

197   Betten, J., Rheol. Acta 14 (1975) 715

198   Johnson, A.F., J. Mech. Phys. Solids 25 (1977) 117

199   Edelstein, W.S. und R.A. Valentin,
                Int. J. Nonlinear Mech. 14 (1976) 265

2oo   Einarsson, B., J. Eng. Math. 2 (1968) 123

2o1   Ponter, A.R.S. in: Creep in Structures,
                (Hrsg. J. Hult), New York 1972

2o2   Hart, E.W., C.Y. Li, H. Yamada und G.L. Wire, in:
                Constitutive Equations in Plasticity,
                (Hrsg. A.S. Argon), Cambridge (Mass.)
                London 1975

2o3   Hill, R., The Mathematical Theory of Plasticity,
                Oxford 195o

2o4   Bridle, C., A. Buckley und J. Scanlan,
                J. Mater. Sci. 3 (1968) 622

2o5   Brown, N., R.A. Duckett und J.M. Ward,
                Phil. Mag. 18 (1968) 438

2o6   Raghava, R.S. und R. Caddell,
                Int. J. Mech. Sci. 16 (1974) 789

2o7 Lekhnitskii, S.G., Anisotropic Plates
            (English Translation 1968),
            Moskau-Leningrad 1957

2o8 Hahn, H.T., J. Comp. Mater. 7 (1973) 257

2o9 Shiratori, E., K. Ikegami und T. Hattori,
            J. Mater. Sci. 9 (1974) 591

21o Olszak, W. und W. Urbanowski,
            Bull. Acad. Pol. Sci., Cl. 4,5 (1957) 39

211 Franklin, H.G., Fib. Sci. Technol. 1 (1968) 137

212 Hoffmann, O., J. Comp. Mater. 1 (1967) 2oo

213 Love, A.E.H., A Treatise on the Mathematical Theory
            of Elasticity, New York 1944

214 Kadashevich, J.J. und V.V. Novozhilov,
            J. Appl. Math. Mech. 22 (1958) 1o4

215 Troost, A. und J. Betten, Mech. Res. Comm. 3 (1976) 225

216 Lehmann, Th., Rheol. Acta 4 (1964) 281

217 Backhaus, G., Z. Angew. Math. Mech. 56 (1976) 513

218 Edelmann, F. und D.C. Drucker,
            J. Franklin Inst. 251 (1951) 581

219 Backhaus, G., Acta Mech. 14 (1972) 31

22o Eisenberg, M.A. und A. Phillips,
            Acta Mech. 5 (1968) 1

221 Kishi, T. und T. Tanabe,
            J. Mech. Phys. Solids 21 (1973) 3o3

222 Hinrichsen, G., D. Wach, W. Renger und H. Springer,
            Kunststoffe 7o (198o) 27

223 Troost, A. und M. Schlimmer,
            Rheol. Acta 16 (1977) 34o

224 Shinozaki, D. und G.W. Groves,
            J. Mater. Sci. 8 (1973) 71

225 Rawson, F.F. und J.G. Rider,
            J. Polym. Sci. C , 33 (1971) 87

226 Caddell, R.M., R.S. Raghava und A.G. Atkins,
            J. Mater. Sci. 8 (1973) 1641

227 Caddell, R.M. und A.R. Woodliff,
J. Mater. Sci. 12 (1977) 2o28

228 Crisp, N.D., M.J. Miles und N.J. Mills,
J. Mater. Sci. 12 (1977) 1625

229 Melan, E., Ing. Arch. IX (1938) 116

23o Prager, W., J. Appl. Mech. 23 (1956) 493

231 Mróz, Z., H.P. Shrivastava und R.N. Dubey,
Acta Mech. 25 (1976) 51

232 Beltrami, E., Rend. Lomb. 18 (1885) 7o4

233 Sauer, R., Z. Angew. Math. Mech. 29 (1949) 274

234 Sauer, R., Anfangswertprobleme bei partiellen
Differentialgleichungen,
Berlin, Göttingen, Heidelberg 1958

235 Troost, A., J. Betten und M. Schlimmer,
Mech. Res. Comm. 2 (1975) 171

236 Backofen, W.A., W.F. Hosford und J.J. Burke
Trans. ASM 55 (1962) 264

237 Reynolds, O., Phil. Mag. 20 (1885) 469

238 Pampillo, C.A. und L.A. Davis, J. Appl. Phys.
42 (1971) 4674

239 Bollenrath, F. und A. Troost, Arch. Eisenhüttenwesen
22 (1951) 32

24o Schlimmer, M., Mech. Res. Comm. 3 (1976) 387

241 Troost, A. und J. Betten, Arch. Eisenhüttenwesen
41 (197o) 499

242 Chu, S.C. und J.D. Vasilakis, Exp. Mech. 13 (1973) 113

243 Sidebottom, O.M., Exp. Mech. 12 (1972) 18

244 Hohenemser, K., Z. angew. Math. Mech. 11 (1931) 15

245 Nádai, A., J. Appl. Phys. 8 (1937) 2o5

246 Jones, R.M., AIAA - J. 15 (1977) 16

247 Ambartsumyan, S.A., Isvestia Mekh. 4 (1965) 77

248 Farshad, M., Int. J. Mech. Sci. 16 (1974) 559

249 Green, A.E. und J.Z. Mkrtichian, J. Elast. 7 (1977) 369

250   Benveniste, Y., Acta Mech. 15 (1980) 143

251   Mālmeisters, A., V. TamuŽs und G. Teters, Mechanik der Polymerwerkstoffe, Berlin 1977 (aus dem Russischen übersetzt 1976)

252   Powers, J.M. und R.M. Cadell, Polym. Eng. Sci. 13 (1973) 273

253   Mallon, P.J., D. Mc Cammond und P.P. Benham, Polym. Eng. Sci. 12 (1972) 420

254   Schlimmer, M., Z. Werkstofftech. 8 (1977) 130

255   Troost, A. und O. Benning, Metall 31 (1977) 365

256   Lai, J.S.Y. und W.N. Findley, Trans ASME, J. Appl. Mech. (1969) 22

257   Schlimmer, M. und A. Troost, Mat. Sci. Eng. 44 (1980) 89

258   Schlimmer, M., Z. Werkstofftechnik 11 (1980) 374, 379

259   Perzyna, P., Quart. Appl. Math. 2o (1963) 321

26o   Valanis, K.C., Arch. Mech. 23 (1971) 517, 535

261   Kuksenko, V.S. und V. TamuŽs, Fracture Mikromechanics of Polymer Materials, The Hague, Boston, London 1981

F Sachwortverzeichnis

Aktivierungsenergie 26
- volumen 26
Anisotropie 162ff.
- koeffizienten 165, 171, 2o7
-, orthogonale 168, 2o7
-, Verformungs 186
Ansatzfreiwerte 61, 89, 92, 93,
  131, 19o
Ansätze
-, empirische 59f., 67, 74f.
Anstrengungshypothesen 1, 125
-, experimentelle Nachprüfung
  125, 264
Arbeitsprinzip 144
AVRAMI-Gleichung 3o

BAUSCHINGER
- Effekt 153, 162, 167f.
- Koeffizienten 167, 171
- Tensor 166
Beanspruchung
-, einachsige 4ff.
-, Kriechwechsel 1o2
-, mehrachsige 125ff.
-, quasistatische 6, 25f.
-, zeitlich veränderliche
  96f.
- Analyse 1, 187
Belastung
- Geschichte 56, 98, 111,
  113, 122, 246
- Geschwindigkeit 111, 114
-, proportionale 228
-, Stufen 96, 119
- Umkehr 217
- Weg 78

Betafunktion 111
BOLTZMANN
- Konstante 26
- Superpositionsprinzip
  53, 64
Bruchdehnung 42, 251
BURGERS-Modell 35, 64f.

CAUCHYsche Spannung 252
Charakteristiken 2oo
Crazes 34, 136

Deformationstheorie 226
Deformationszuwachstheorie
  226
Dehngrenze 26, 132
Dehnung
- Geschwindigkeit 6, 77,
  98, 252
-, HENCKYsche 252
-, logarithmische 252
- Messung 258f.
- Verfestigungshypothese
  96f., 1o4f., 11of.
-, wahre 143, 252
Deviator 143
- Invarianten 147
Differentialoperator 52
DIRACsche Funktion 64
Druck
-, hydrostatischer
  s. Spannungszustand
- Fließgrenze 133, 168, 173
--, Orientierungsabhängig-
  keit 171f.

Eigenspannung 22, 165
Einschnürung 25
Einstensor 144, 185
EINSTEINsche Summations-
    konvention 145
Elastizitätsgleichungen
-, lineare anisotrope 164
-, lineare isotrope 128, 143
-, nichtlineare 13o
Elastizitätsgrenze 216
- modul 6, 44, 129, 137f.
- tensor 164
Erinnerungsfunktion 53
Energie
-, potentielle 145
Entlastung 5o, 1o4f.
Entfestigung 1o9

Fehlerquadratsumme
-, Methode der kleinsten
    46, 87
Festigkeitsrechnung 1, 195f.
Fließbedingung
-, anisotrope 162ff.
-, isotrope 132f., 185ff.
-, n. BELTRAMI 189
-, n. DRUCKER-PRAGER 189
-, n. MISES 126, 133
-, n. SCHLEICHER 187
Fließbeginn 26
Fließen
-, ebenes 196
-, NEWTONsches 149
-, nicht NEWTONsches 26
Fließdruck 198
Fließfläche 152
Fließgrenze
-, Druck 188
-, orthotrope 167f.
-, Schub 158, 186f.
-, Torsion 186f.
-, Zug 26f., 188
Fließ
- grenzverhältnis 133, 195
- kriterium s. - bedingung
- kurve 6, 35, 39
- ortkurve 171, 189
- regel 153
- spannung 3o
Formänderungsenergie 144
- geschwindigkeit 6, 252

Gammafunktion 54, 69
Gedächtnisfunktion 53
Gesamtdehnungshypothese 97
Gesamtspannung 185
Geschwindigkeitsempfindlich-
    keit 2, 3o, 151f.
- exponent 27, 8of.
Gestaltänderungsenergie 145,
    152, 187
Gleichmaßdehnung 257
Gleitlinien 2oo
Grundversuche 4ff.
- mit überlagertem hydro-
    statischem Druck 127ff.

Hauptdehnung 15, 158, 21of.
- invarianten 144
- normalspannung 18o, 188, 192
- spannungsraum 152, 154
Hauptspannungszustand
-, ebener 192f.
-, zweiachsiger 18of., 188,
    195
HEAVISIDE-Funktion 56
HENCKYsche Dehnung 252
HILL-Kriterium 163, 17o
HOOKEsches Gesetz 143
Hyperfläche 152

Impulsfunktion 64
Inkompressibilität 153, 156
-, Bedingung 169
Innendruck (Rohr) 195f.
Integrabilitätsbedingung 78
Integralgleichungen 52f., 67f.
Integralkern 53
Interpolationsfunktion 6of.,
    74f.
Invarianten
- d. Deviators 146
- d. Tensors 146
Isotropie 142f., 185f.

Kernfunktion 53, 151
Koaxialität 167
Kompressibilität 153, 163
Kompressionsmodul 15o
- nachgiebigkeit 15o
Konvexität d. Fließfläche 154
Koordinaten
- d. Spannungstensors 143

- d. Verzerrungstensors 143
- Transformation 153, 172f.,
  2o1
Kriechen
- Beanspruchung 1o, 44ff.,
  86, 96ff.,158, 239ff.
- Dehnung 59
- Erholung 1o4f.
- Gesetze, empirische 59f.,
  79f.
- Geschwindigkeit 11
- Hypothesen 96f.
- Kurve 1of.
- Modul 12
- Nachgiebigkeit 13, 45f.
- Potential 153
- Stadien 1o
- Versuch 1o, 44f.
Kugeltensor 144

Lagewinkel 2oof.
LAPLACE-Transformation 65, 68
LÉVY-MISES-Gleichungen 126, 156

Meßmethoden 256f.
Modell
-, BURGERS 35, 64f.
-, lineares Standard 51
-, MAXWELL 35, 66, 149, 224
-, VOIGT/KELVIN 54, 149
Mischungsregel 11o
MOHRscher Kreis 2o1

Nachgiebigkeit 13, 53
Nenndehnung 8, 252
- Geschwindigkeit 7, 252
Nennspannung 96, 251
Normalspannung 136
NUTTING-Gleichung 37, 61

Oktaederebene 152, 154
Operatorenschreibweise 52
Orientierung 171f.
Orthotropie 167f.

Plastizitätsfaktor 215
- tensor 164
Plastometer 9
Potential
- b. Anisotropie 162ff.

- b. Isotropie 185ff.
-, elastisches 145, 164
-, plastisches 151, 162ff.
-, quadratisches
  - n. DRUCKER-PRAGER 154
  - n. MISES 152
Potenzansatz
-, multiplikativer 16, 54
Potenzreihe 63, 71
PRANDTL-REUSS-Gleichungen
  126, 149

Querdehnung 15, 2o5, 256
Querschnittsformänderung 253
- verminderung 16, 253
Querzahlen
-, elastische 143f., 236
-, elastoplastische 215
-, Gesamtverformung 236, 241
-, isotrope 213, 218
-, orthotrope 2o5
-, plastische 2o5
-, viskose 236, 239

Reihe, binomische 71
Reißfestigkeit 41
Relaxationsmodul 18, 67
- spektrum 51
- zeit 51
Retardationsspektrum 51, 55
- zeit 51
Richtungskosinus 164
Rohr, dickwandiges 195f.
Rückkriechen 5o, 96, 1o4f.
R-Wert 2o6

Schermodul 149
- viskosität 149
Scheiben, dünne 171f.
Schiebung 143
Schubfließgrenze 132, 139, 168,
  186
-, Orientierungsabhängigkeit
  174
Schubmodul
-, linearelastischer 129, 14o
- Gesamtverformung 237
-, viskoelastischer 15o
-, viskoser 237
Schubnachgiebigkeit 15o
Schubspannung 143

Sekantenmodul 13, 237f.
-, Druck 237
- Gesamtverformung 237
-, Schub 237
-, Zug 237
Spannung
- Dehnung-Kurve 26ff.
--, isochrone 13, 19
-, innere 22, 76
-, wahre 128, 252
Spannungsdeviator 144
--, Invarianten 146
- exponent 22, 24
- funktion 36, 82
- geschwindigkeit 11o
- relaxation 18, 64f., 83,
  12o, 249
--, Grundgleichung 21
- raum 152
- tensor 143
--, Invarianten 146
Spannungszustand
-, ebener 197
-, einachsiger 4ff.
-, hydrostatischer 127ff.,
  148, 151f., 187, 261
-, zweiachsiger 125, 192, 211,
  24o
Spannung-Verformung-Beziehung
-, isotrope 142f., 228f.
-, zeitabhängige 224ff.
Spontandehnung 57
Sprungfunktion 56
Standardmodell, lineares 51
Stauchen 196
Stoffgesetz 1
Stoffgleichungen
-, geschwindigkeitsempfindliche
  151f.
-, Integration plastischer 224f.
-, linearelastische 143
-, linearviskoelastische 149f.
-, nichtlinearviskoelastische
  15o
-, plastische 2o3f., 2o9, 224
-, viskose 225f.
Streckgrenze 131
Strukturparameter 5, 77
Stufenversuch 56
Summationsvereinbarung 145
Superpositionsprinzip 53, 245

Tangentenmodul 38, 12o

Temperatureinfluß 26, 139
Tensor
-, symmetrischer 144
-, Invarianten 146
Torsionsfließgrenze
  s. Schubfließgrenze
- versuch 131, 26o
Transformationsgleichungen
  164, 172

Überlagerungsprinzip 1o2, 245
Überschiebung 156
Ursprungsmodul 128

Variable
-, dynamische 4, 153
-, kinematische 4, 153
-, mechanische 4, 153, 251
Verfestigung 39f.
-, anisotrope 152
- Exponent 39
Fläche 152
- Hypothesen 96f.
-, isotrope 153
-, kinematische 171
Verformung
- Bänder 199f.
-, elastische 57, 143, 235
-, elastoplastische 126, 149
- Geschwindigkeit 5
-, plastische 2o9
- Tensor 143
-, viskose 234
- Zustand, ebener 196
Verhalten
-, kinematisches 199ff.
Vergleichsdehnung
-, quadratische 148, 156
-, viskose 24o
Vergleichsformänderungs-
  geschwindigkeit 156,
  21of., 222, 243
Vergleichsspannung 147, 2o9,
  225, 23o, 246
-, quadratische 147
Versagensbedingung 1, 162ff.
- f. Kriechen 17
Versuchsbedingungen 4f.,
  162f.
Verzerrungstensor 143
Vielintegraldarstellung 55,
  7o, 15o

Viskoelastizitätstheorie
-, lineare 52, 67
-, nichtlineare 55, 7o
  15o
Viskosität 35
VOLTERRAsche Integral-
  gleichung 55, 7o, 15o
Volumenänderungsarbeit 145
Volumendehnung
-, elastische 213
-, elastoplastische 214
- Geschwindigkeit 212
-, plastische 214
-, viskose 235
Volumendilatation 2o9f.
Vorverformung 42, 217, 263

Werkstoff
-, idealplastischer 152
-, verfestigender 39, 152
- Anstrengung 1, 125ff.,
  264

Werkstoffverhalten
-, einachsiges 4ff.
-, mehrachsiges 125ff.
-, symmetrisches 133, 165
-, unsymmetrisches 134,
  165f.

Zeit
- Dehnspannung 14
  Funktion 6o
Zeitstandschaubild 13
Zeitverfestigungshypothese
  98, 11of.
-, erweiterte 1o2, 111f.
Zugfließgrenze 25f., 168,
  171
-, Orientierungsabhängigkeit
  181f.
Zugprobe 2oo
Zugversuch 6, 25ff., 131
Zustandsgleichung
-, mechanische 77f., 225f.
Zustandsvariable 5, 77

WFT Werkstoff-Forschung und -Technik

Herausgeber: **B. Ilschner**

Springer-Verlag
Berlin
Heidelberg
New York
Tokyo

Band 1
E. Sommer

Bruchmechanische Bewertung von Oberflächenrissen

Grundlagen, Experimente, Anwendungen

1984. 81 Abbildungen. Etwa 220 Seiten
DM 78,–. ISBN 3-540-13422-0

Inhaltsübersicht: Einleitung. – Bereitstellung charakteristischer mechanischer Größen. – Experimentelle Überprüfung. – Bewertung der von Oberflächenrissen ausgehenden Gefährdung. – Zusammenfassung. – Sachverzeichnis.

Dieses Buch vermittelt eine Zusammenfassung des derzeitigen Wissensstandes über die Ausbreitung von Oberflächenrissen. Für diesen Zweck werden fremde und eigene Forschungsarbeiten analysiert. Richtungweisend für die eigenen – experimentell ausgerichteten – Untersuchungen des Autors war die Vorstelung, die Übertragbarkeit bruchmechanischer Methoden, die sich besonders zur Bewertung von Makrorissen in ebenen Fällen bewährt haben, auf Rißsysteme unter komplexen, aber bauteilgerechten Bedingungen zu beweisen. Ausgehend von der Erfahrung, daß kein Bauteil fehlerfrei herzustellen ist, werden Oberflächenrisse als gefährlichste Form von Fehlerstellen angesehen, die ein Versagen auslösen können.

Um den Grad der Gefährdung eines Bauteils durch das Vorhandensein von Oberflächenrissen bewerten zu können, werden in diesem Buch die örtlichen Beanspruchungen entlang von Rißkonturen analysiert, Brucheinsatz- und -ausbreitungskriterien untersucht sowie numerisch-analytische Ergebnisse mit experimentellen verglichen. Als Beurteilungsmaß dient die widerspruchsfreie Beschreibung der experimentell vermessenen Ausbreitungscharakteristiken von Oberflächenrissen. Damit werden Aussagen über die Sicherheit und Restlebensdauer von Bauteilen und über das Auftreten von Lecks vor einem Bruch möglich.

Materials Research and Engineering

Editor: **B. Ilschner**

Volume 1
D. G. Altenpohl

Materials in World Perspective

Assessment of Resources, Technologies and Trends for Key Materials Industries

In collaboration with T. S. Daugherty
With contributions by numerous experts

1980. 33 figures, 40 tables. XV, 220 pages
Cloth DM 72,–
ISBN 3-540-10037-7

From the contents:
Role of Materials in the World Economy. – Present Structure and Future Trends in Key Materials Industries (Introduction, Iron and Steel, Aluminium, Copper, Cement and Concrete, Plastics, Wood and Wood Products, Advanced Materials). – Technology Planning as Part of Industry's Planning Process. – Key Issues for Technology Planning and Assessment. – Research and Development Opportunities. – Outlook. – Index.

This book deals with the entire materials cycle – from extraction or harvesting to processing, manufacture, use, and reuse or disposal. It covers the present status and ongoing developments in six key materials industries in both industrialized and developing countries. Techno-economic trends, which are recognizable today, as well as important changes taking place from the mine, through the refining stage on to finished products are outlined. The "problem triangle" of the materials industry – basic or raw materials, ecology, and energy – is discussed. Of specific importance are the impacts which a given material or technology can have on the environment. Methods of assessing these impacts, which should be integrated into overall technology planning by the materials industry, are described. This book discusses resources, industry's social responsibilities and limits-to-growth. An explanation is given for opposing views on contraints and growth, not only for the materials industry, but also for the automotive and packaging industries.
Thus, this book spotlights the interactions between different fields of technology and their interrelationship with different regions on earth.

Volume 2
K. A. Padmanabhan, G. J. Davies

Superplasticity

Mechanical and Structural Aspects, Environmental Effects, Fundamentals and Applications

1980. 86 figures, 3 tables. XIV, 312 pages
Cloth DM 72,–
ISBN 3-540-10038-5

From the contents:
Historical Introduction. – The Mechanics of Superplastic Deformation and the Assessment of Superplastic Behaviour. – Structural Superplasticity – Experimental. – Structural Superplasticity – Theoretical. – Environmental Superplasticity. – Applications of Superplasticity. – References. – Subject Index.

Superplasticity in metallic materials has attracted the attention of scientists and technologists over a number of years. A great deal of work has been devoted to both the fundamental and the technological aspects of this phenomenon, resulting in alloys of considerable commercial interest as well as numerous practical forming operations involving the use of superplastic deformation.
The interest that superplasticity continues to attract has brought with the need for a comprehensive review of the field as a whole. In answer to this need, this monograph considers for the first time the full range of theoretical and experimental superplasticity, together with areas of actual and potential application. It emphasizes a multidisciplinary approach, especially since the deformation behavior of a class of metallic materials in the superplastic state is similar to that of viscous pitch and hot glass. The book is intended for materials scientists, metallurgists, physicists, and engineers in industry and academic institutions, with the aim of promoting research in and an understanding of this unique phenomenon.

Springer-Verlag Berlin Heidelberg New York Tokyo